통계의 함정

Probably Overthinking It: How to Use Data to Answer Questions, Avoid Statistical Traps, and Make Better Decisions by Allen B. Downey

This Korean edition was published by aCORN Publishing Co. in 2024 by arrangement with The University of Chicago Press, Chicago, Illinois, U.S.A. through KCC(Korea Copyright Center Inc.), Seoul.

Probably Overthinking It

통계의 함정

통계의 역설로 본 환상과 거짓

앨런 B. 다우니 지음　김상현 옮김

에이콘

에이콘출판의 기틀을 마련하신 故 정완재 선생님 (1935-2004)

| 지은이 소개 |

앨런 B. 다우니Allen B. Downey

올린 공과대학교Olin College of Engineering 컴퓨터공학과의 명예교수이자 온라인 교육 회사인 브릴리언트Brilliant의 커리큘럼 디자이너이다. 『씽크 파이썬』(길벗, 2017), 『파이썬을 활용한 베이지안 통계』(한빛미디어, 2023), 『Think Stats』(한빛미디어, 2013) 등 다수의 저서가 있다. 통계학과 데이터 과학, 그리고 관련 주제들로 자신의 블로그 〈Probably Overthinking It〉에 흥미로운 글들을 올리고 있다.

| 감사의 말 |

시카고 대학 출판부에서 이 책의 편집을 담당한 조셉 칼라미아Joseph Calamia와 이 책의 출간을 도와준 출판부 직원들께 감사한다. 타이틀 인수를 담당한 맷 랭Matt Lang, 원고 편집을 맡은 타마라 가타스Tamara Ghattas, 디자인을 담당한 브라이언 샤티에Brian Chartier, 프로덕션을 맡은 스카이 애그뉴Skye Agnew와 애니카 레이Annika Rae 그리고 프로모션을 담당한 앤 스트로서Anne Strother. 원고 리뷰와 기술 리뷰를 담당한 이들께 특별한 감사를 표한다.

이 프로젝트를 그 초기 단계인 〈Probably Overthinking It〉이라는 제목의 블로그 시절부터 지원해준 내 전 직장인 올린 공과대학교Olin College of Engineering 측과, 조언과 제언을 베풀어준 조너선 애들러Jonathan Adler, 새라 헨드렌Sara Hendren, 캐리 뉴젠트Carrie Nugent 동료 교수들에게 감사한다.

지속적인 지원을 아끼지 않는 나의 현 직장인 드리븐데이터DrivenData에 감사하며, 이 책을 읽고 유익한 피드백을 제공해준 동료들에게 감사의 말을 전하고 싶다.

나는 가능할 때마다 초고 단계의 장들을 관련 전문가들에게 보내 논평을 구했다. 시간을 할애해 원고를 리뷰하고 제언을 아끼지 않은 여러 조력자들께 감사한다. 데이터 과학 학생인 케일라 브랜드Kayla Brand, 이스턴 일리노이 대학의 라이언 버지Ryan Burge 교수, 콜로라도 대학 볼더 캠퍼스의 애런 클

라우셋Aaron Clauset 교수, 펜실베이니아 대학의 데니스 컬헤인Dennis Culhane 교수, 데이터 과학자이자 〈lifelines package for survival analysis〉의 저자인 캐머런 데이비슨 필론Cameron Davidson-Pilon, 캘리포니아 대학 산타바버라 캠퍼스의 앨리슨 호스트Allison Horst 교수, 내추럴리스 생명다양성센터Naturalis Biodiversity Center의 프릿슨 게일리스Frietson Galis 박사, 미시건 대학의 필립 깅리치Philip Gingerich 명예교수, 하버드 대학의 소니아 에르난데즈 디아즈Sonia Hernández-Díaz 교수, RAND 코퍼레이션의 니드히 칼라Nidhi Kalra 박사와 숀 부시웨이Shawn Bushway 박사, 펜실베이니아 대학의 제프리 모리스Jeffrey Morris 교수, 콜로라도 대학교 볼더 캠퍼스의 세르게이 니가이Sergey Nigai 교수, 「뉴욕타임스」의 전직 금융담당 팀장으로 현재 존스 홉킨스 대학교에 몸담고 있는 플로이드 노리스Floyd Norris, NOAA 연구 과학자인 코트니 펙Courtney Peck 박사, 펜실베이니아대의 새뮤얼 프레스턴Samuel Preston 교수, 플랫아이언 연구소Flatiron Institute의 에이드리안 프라이스 웰런Adrian Price-Whelan, 『평균의 종말』(2021, 21세기북스)의 저자인 토드 로즈Todd Rose, 데이터 과학자인 에단 로젠탈Ethan Rosenthal, 과학자이자 통계학자인 패트릭 로이스턴Patrick Royston 박사, 펜실베이니아 대학교의 엔리케 쉬스터먼Enrique Schisterman 교수, 연방준비위원회의 안드레아 스텔라Andrea Stella 박사, 존스 홉킨스 대학교의 프란시스코 빌라비첸시오Francisco Villavicencio 교수, 행성과학연구소Planetary Science Institute의 캣 볼크Kat Volk 박사. 물론 이들 중 어느 누구도 내가 저지른 어떤 오류에도 아무런 책임이 없다.

여러 장들의 초교를 읽어준 준 다우니June Downey와 제니퍼 터나우어Jennifer Tirnauer 박사께 특별한 감사를 표한다.

그리고 예정보다 일주일 먼저 세상에 나온 아이와 두 주 늦게 세상에 나온 아이는 앞에 언급한 글을 쓰는 데 영감을 주었고 나아가 이 책의 출발점이 됐다. 두 아이에게 특별한 감사를 전한다. 그리고 이 프로젝트를 진행하는 동안 모든 장을 교정하는 것은 물론, 깊은 사랑과 후원을 아끼지 않은 리사 다우니Lisa Downey에게 진심으로 감사한다.

고맙소!

| 옮긴이 소개 |

김상현

캐나다에서 정보공개 및 프라이버시 전문가로 일하고 있다. 토론토 대학교, 앨버타 대학교, 요크 대학교에서 개인정보보호와 프라이버시 법규, 사이버보안을 공부했다. 캐나다 온타리오 주 정부와 앨버타 주 정부, 브리티시 컬럼비아[BC] 주의 의료서비스 기관 FNHA, 밴쿠버 아일랜드의 수도권청 Capital Regional District 등을 거쳐 지금은 캘리언 그룹[Calian Group]의 프라이버시 관리자로 일하고 있다. 저서로 『디지털의 흔적을 찾아서』(방송통신위원회, 2020), 『유럽연합의 개인정보보호법, GDPR』(커뮤니케이션북스, 2018), 『디지털 프라이버시』(커뮤니케이션북스, 2018), 『인터넷의 거품을 걷어라』(미래M&B, 2000)가 있고, 번역서로는 에이콘출판사에서 출간한 『해커의 심리』(2024), 『어둠 속의 추적자들』(2023), 『공익을 위한 데이터』(2023), 『인류의 종말은 사이버로부터 온다』(2022), 『프라이버시 중심 디자인은 어떻게 하는가』(2021), 『마크 저커버그의 배신』(2020), 『에브리데이 크립토그래피 2/e』(2019), 『보이지 않게, 아무도 몰래, 흔적도 없이』(2017), 『보안의 미학』(2015), 『똑똑한 정보 밥상』(2012), 『불편한 인터넷』(2012), 『디지털 휴머니즘』(2011) 등이 있다.

| 옮긴이의 말 |

“세상에는 세 가지 종류의 거짓말이 있다. 거짓말, 새빨간 거짓말, 그리고 통계다.” 마크 트웨인을 통해 유명해진 벤저민 디즈레일리의 이 말은 통계가 현실에서 얼마나 자주 오용되거나 남용되는지 잘 드러낸다. 통계의 배후에 도사린 정치적 의도를 경계해야 하며, 따라서 통계 자료를 볼 때는 겉으로 드러난 결과와 해석에만 무작정 휩쓸리지 말고 꼼꼼하고 엄정하게 ‘팩트 체크’를 해볼 필요가 있다는 경고로도 해석된다.

최근 몇 년간 세상을 휩쓴 COVID-19(코로나바이러스감염증-19)와 그를 둘러싼 통계 논쟁은 ‘거짓말, 새빨간 거짓말, 그리고 통계’의 냉소적 경고를 새삼 상기시켰다. 팬데믹 기간 거짓 정보의 발원지 중 하나로 악명 높았던, 그러나 구독자가 워낙 많아 사회적 영향력 또한 매우 컸던 한 팟캐스트를 통해 나온 “영국에서 60세 이하의 백신 접종자는 같은 연령대의 비접종자보다 두 배 더 높은 사망률을 보인다”라는 주장은 일파만파의 글로벌 논쟁으로 비화했다. 그 주장을 펼친 장본인은 당시 「뉴욕타임스」 기자였고, 더욱이 근거가 영국의 국립통계청이 내놓은 공식 자료여서 더욱 큰 파장을 불러일으켰다. 언뜻 보기에 아무런 왜곡도 없어 보이는 공식 자료에 근거한 그 주장은 백신 접종 거부자들, 그리고 팬데믹 음모론자들에게 엄청난 무기가 됐다.

국립통계청의 공식 데이터를 정확히 반영한 것처럼 보이는 그 자료와 그래프는 그러나 두 가지 치명적인 문제를 안고 있었다. 첫째, 백신이 도리어 사망률을 높인다고 주장한 기자는 통계 자료를 제대로 해석할 아무런 지식과 전문성을 갖고 있지 않았다. 둘째, 자신의 주장과 부합하는 연령대와 시간 간격만 선택하고 그렇지 않은 데이터는 무시했다. 그래서 실상은 백신의 효과를 입증하는 자료로 나온 통계청의 자료를 그 반대의 목적으로 왜곡한 것이었다. 개별 연령대나 성별로 나눠 해당 데이터를 보면 감소 추세 — 혹은 증가 추세 — 를 보이는데, 전연령대와 성별을 한데 묶어 데이터를 보면 거꾸로 증가 추세 — 혹은 감소 추세 — 를 보이는 소위 '심슨의 역설'이 이 언론인의 백신 위험론에 작용했다.

이 책의 10장 '펭귄, 염세주의자 그리고 역설'은 팬데믹 상황을 더욱 악화하는 데 일조한 위 주장의 허점들을 쉽게 명쾌하게 드러낸다. 남극 펭귄에 대한 측정값의 수수께끼와, 과연 우리는 나이가 들수록 예외 없이 염세주의자가 되느냐는 질문을 풀어가는 일은 그 허점을 명확하게 보여주기 위한 두 가지 관련 사례이다.

저자 앨런은 어려운 — 혹은 어려워 보이는 — 통계를 쉽게 풀어내는 데 발군이다. 이 책은 그의 그런 재능을 유감없이 발휘한 증거물이다. 통계를 제대로 이해하면 정치, 경제, 사회, 심지어 우리의 마음까지 좀더 잘 이해할 수 있겠다는 생각이 들게 할 만큼, 그가 제시하는 사례들은 우리 주변에서 흔히 찾아볼 수 있는 내용들이다. 달리기 대회에서 왜 나를 추월하는 사람들은 전부 나보다 엄청 더 빠른 것 같고, 내가 추월하는 사람들은 훨씬 더 느린 것처럼 여겨질까? 왜 지진이나 자연 재난을 예측하기는 어려울까? 왜 똑같은 유형의 암 진단을 받았는데도 생존 기간은 다를까? 왜 '나는 평균이야', 혹은 '나는 정상이야'라는 말은 틀릴까? 왜 운전할 때, 나보다 더 느리게 운전하는 사람은 다 바보처럼 여겨지고 더 빨리 운전하는 사람은 미쳤다고 여기게 될까?

한국 사회는 요즘 너무 낮은 출산율로 고민이 깊다. '인구 절벽'이라는 말이 유행어처럼 회자될 정도다. 이 책의 3장 '전통을 거부하고 세계를 구하라'는 그런 면에서 시의성이 각별한 대목이다. 특히 정책 입안자들에게 일독을 권하고 싶은 장이기도 하다. 저자는 중국의 '한 가정 한 자녀' 출산 정책이 어떤 영향을 몰고 왔는지 통계학의 시각에서 분석하는 한편, 적절한 출산 정책이 감안해야 할 여러 변수도 제시하고 있다. 좀더 눈 밝은 통계적 시각으로 사안을 바라본다면 인구 절벽의 위기에서 벗어날 수 있는 좀더 획기적인 정책과 아이디어가 나올 수 있을지도 모른다.

번역은 다른 한편 좋은 배움의 기회이기도 하다. 내게는 이 책이 특히 더 그런 역할을 많이 했다는 생각이다. 그 다음 내용을 알고 싶어 조바심이 자주 일었다. 그래서 더욱 즐겁게 번역할 수 있었다. 이 책과 만나는 독자 여러분도 모쪼록 그런 즐거움을 느끼실 수 있기를 기대한다.

늘 그렇듯, 아내 김영신과 두 아들 동준, 성준에게 감사하다는 말을 전한다.

– 김상현

| 서문 |

먼저 전제가 있다. 증거와 논리에 근거해 결정을 내리는 것이 우리 모두에게 이익을 준다는 것이다. 여기에서 '증거evidence'는 제기된 질문과 연관된 데이터를 뜻한다. '합리성reason'은 증거를 해석하고 결정을 내리는 데 사용하는 사고 과정을 뜻한다. 그리고 '모두에게 이익better off'이라는 말은 우리가 착수한 어떤 일을 성취할 가능성이 더 높고 원치 않는 결과를 회피할 공산도 더 높다는 뜻이다.

때로 데이터 해석은 쉽다. 예를 들면, 우리가 흡연이 폐암을 유발한다는 점을 아는 이유 중 하나는 흡연 인구는 전체의 20%밖에 안되는 반면 폐암 환자의 80%가 흡연자라는 데이터 때문이다. 만약 당신이 폐암 환자를 치료하는 의사라면 그와 같은 수치를 인지하는 데 그리 오랜 시간이 걸리지 않을 것이다.

하지만 데이터 해석이 늘 쉽기만 한 것은 아니다. 예컨대 1971년 캘리포니아 대학교 버클리 캠퍼스의 한 연구자는 임신 중 흡연, 출생아의 체중, 출생 첫 달 동안의 사망률 간의 상관관계를 분석한 한 논문을 발표했다. 그에 따르면 흡연 여성의 아기들은 태어날 때 더 가볍고 따라서 '출생 시 저체중Low BirthWeight, LBW'으로 분류될 가능성이 더 컸다. 또한 저체중 아기들은 출생 후 한 달 안에 사망할 확률이 정상 체중 아기들보다 22배 더 높았다. 이 결과들은 놀랍지 않았다.

그러나, 그 저체중 아기들에 관한 자료를 면밀히 검토한 결과, 그는 흡연 여성의 아기가 비흡연 여성의 아기보다 사망률이 2배 더 낮다는 점을 발견했다. 이 결과는 놀라운 것이었다. 그는 저체중 아기 가운데 흡연 여성의 아기가 선천적 장애를 가졌을 확률도 2배 더 낮다는 점을 발견했다. 이 결과들에 따른다면 임신 중 흡연이 어떤 식으로든 저체중 아기들을 선천적 장애와 조기 사망으로부터 보호해주는 것처럼 보였다.

그 논문의 영향력은 컸다. 2014년에 발간된 「International Journal of Epidemiology(국제역학저널)」에 실린 한 회고 글에서 저자는 그 논문이 "미국에서 임산부들 사이에 금연 규범이 정착하는 것을 10년 정도 지연시키는" 역할을 했을 것이라고 추정했다. 또 다른 저자는 그 논문이 영국에서 "산모들의 흡연 습관을 바꾸는 온갖 캠페인들을 여러 해 지연시켰다"고 지적했다.

하지만 그 논문의 주장은 실수였다. 실상은, 산모의 흡연은 출산시 저체중 여부와는 상관없이 아기에게 해롭다. 해당 논문의 흡연 혜택 주장은 내가 7장에서 설명할 통계적 오류 때문이었다.

이 사례는 질병학자들 사이에서 '출생 시 저체중의 역설low-birthweight paradox'로 알려져 있다. 그와 연관된 또 다른 현상은 '비만의 역설obesity paradox'이다. 이 책에 소개한 다른 사례들로는 '벅슨의 역설Berkson's paradox'과 '심슨의 역설Simpson's paradox'이 있다. 역설이라는 단어에서 짐작할 수 있듯이, 데이터를 이용해 질문에 답하는 일은 까다로울 수 있다. 하지만 영 희망이 없지는 않다. 몇몇 사례들을 보고 나면 문제점들을 인식하기 시작할 것이고, 그러면 쉽게 속아넘어가지 않을 것이다. 그리고 나는 아주 많은 사례를 모아왔다.

우리는 질문에 답하고 논쟁을 해소하는 데 데이터를 이용할 수 있다. 더 나은 결정을 내리는 데도 데이터를 이용할 수 있지만 늘 쉽지만은 않은 일이다. 그중 한 문제는 확률에 대한 우리의 직관이 때로 위험할 정도로 사실을 호도한다는 점이다. 예를 들면, 2021년 10월, 한 유명 팟캐스트의 출연자는 "영국에서 COVID-19로 인한 사망자의 70% 이상이 백신 접종을 받은 사람들"이라고 우려 섞인 목소리로 주장했다. 그의 주장은 정확했다. 그 숫자는 영국 공중보건국Public Health England이 신뢰할 만한 전국 통계를 바탕으로 발표한 보고서에서 나온 것이었다. 하지만 백신이 소용없거나 실제로는 해롭다는 그의 암시는 잘못된 것이다.

9장에서 볼 수 있듯이, 우리는 동일한 보고서의 데이터를 바탕으로 백신의 효율성을 계산해 몇 명의 목숨을 구했는지 추산할 수 있다. 그에 따르면 백신은 사망을 예방하는 데 80% 넘게 효과적이었고, 4주의 기간 동안 4800만 명의 인구 가운데 7000명 이상의 목숨을 구했다. 만약 한 달에 7000명의 목숨을 구할 기회가 우리에게 주어진다면, 그 기회를 잡아야 할 것이다.

이 팟캐스트의 출연자가 저지른 실수는 '기저율 오류base rate fallacy'라고 불리는데 누구나 쉽게 저지를 수 있는 실수다. 이 책에서 우리는 확률에 근거한 의사 결정이 건강이나 자유, 혹은 생명을 좌우할 수 있는 의료, 사법 체계, 그리고 다른 관련 분야의 사례들을 보게 될 것이다.

기본 규칙

얼마 전까지도 신문에 소개되는 통계 수치는 스포츠 분야에 국한됐다. 요즘 신문들은 기자들이 직접 수집하고 분석한 데이터를 기반으로 한 단독 연구 결과를 효과적으로 잘 디자인된 시각 자료와 함께 소개하곤 한다. 그리고 데이터 시각화는 괄목할 만한 변화를 겪었다. 미국의 전국 일간지 「USA Today」가 1982년 창간과 더불어 1면에 인포그래픽을 선보였을 때만 해도 데이터 시각화는 퍽 신선했다. 하지만 많은 경우는 단일 통계나 파이 차트 형태로 소개하는 것이 고작이었다.

이후 데이터 보도는 점점 더 활성화했다. 2015년 「뉴욕타임스」는 'The Upshot'이라는 제목의 온라인 섹션을 만들어 매우 어려운 경제학 개념 중 하나인 수량곡선yield curve을 3차원의 쌍방향 형태로 소개하기 시작했다. 내가 이 수치를 확실히 이해하는지는 확신할 수 없지만 노력만은 높이 산다. 그리고 독자들에게 까다로운 생각거리를 안겨주겠다는 저자들의 대담한 의도도 칭찬할 만하다. 나도 독자들에게 생각거리를 제시하겠지만 그렇다고 독자들이 기초적 수준을 넘어선 통계학 지식을 갖췄을 것이라고 추정하지는 않겠다. 다른 모든 것은 해당 항목에서 설명하겠다.

이 책에서 다루는 몇몇 사례들은 기존에 출간된 연구 내용이고, 다른 경우는 데이터에 대한 내 나름의 관찰과 탐구 내용이다. 이전 연구 결과를 그대로 보고하거나 수치를 베끼기보다는 해당 분석을 따라해 보고, 스스로 수치를 만들었다. 어떤 경우는 오리지널 작업이 검증을 통과하지 못했고, 그런 사례는 이 책에서 제외했다. 일부 사례의 경우, 나는 더 최근 데이터를 가지고 같은 분석을 수행할 수 있었다. 이런 업데이트는 미처 예상하지 못한 깨우침도 주었다. 예컨대 '출생 시 저체중의 역설'은 1970년대에 처음 관찰됐고 1990년대까지 지속됐지만 최근 데이터에서는 사라졌다.

이 책에 소개된 모든 작업은 재현 가능한 과학 분야의 툴과 방법론에 근거하고 있다. 나는 주피터Jupyter 노트북[1]을 사용해 글과 컴퓨터 코드와 결과들을 한 문서로 통합했다. 이 문서들은 버전 관리 시스템으로 정리함으로써 일관성과 정확성을 확보했다. 최종적으로 나는 넘파이NumPy, 사이파이

1 주피터(Jupyter)에서 제작한 파이썬(Python)용 통합 개발 환경. 주피터는 비영리 오픈소스 프로젝트이다. – 옮긴이

SciPy, 판다스pandas 등과 같이 신뢰할 수 있는 오픈소스 라이브러리를 이용해 약 6000줄의 파이썬 코드를 작성했다. 물론 내 코드에 버그가 있을 수도 있지만, 결과들에 심각하게 영향을 미치는 오류의 위험을 최소화하기 위해 테스트를 거쳤다. 나의 주피터 노트북은 온라인에 공개돼 있기 때문에 누구라도 내가 실행한 분석을 손쉽게 재현해 볼 수 있다.

기본 전제는 다 풀어놨으니 이제 본격적으로 시작해 보자.

출처와 관련 자료

출처의 괄호 안 숫자는 책 말미의 참고문헌 번호를 가리킨다.

- 수량곡선의 3차원 시각화 사례는 「뉴욕타임스」의 블로그 'The Upshot'에서 볼 수 있다[5].
- 나의 주피터 노트북은 깃허브GitHub에서 찾아볼 수 있다[35].

문의

한국어판의 정오표는 에이콘출판사의 도서정보 페이지(http://acornpub.co.kr/book/probably-overthinking-it)에서 찾아볼 수 있다.

| 차례 |

지은이 소개 5
감사의 말 6
옮긴이 소개 9
옮긴이의 말 10
서문 13

1장 당신은 정상인가? 힌트: 아니오 25

존재…팔 길이 26
왜? 29
분포도 비교 32
얼마나 가우스적인가? 35
'평균 남성'의 신화 36
빅 파이브 40
우리는 모두 똑같이 비정상이다 45
하지만 누군가는 다른 이들보다 더 평등하다 47
출처와 관련 문헌 49

2장 릴레이 경주와 회전문 51

강좌 크기 52

데이터의 편향성 제거 55
내 기차는 어디에? 57
당신은 인기가 있는가? 힌트: 아니오 59
슈퍼 전파자 찾기 61
도로에서 느끼는 분노 64
그냥 한 번 방문하는 경우 66
재범률 68
검사의 역설은 어디에나 널렸다 71
출처와 관련 문헌 71

3장 전통을 거부하고 세계를 구하라 75
가족의 규모 77
대공황과 베이비 붐 79
더 최근에는 81
프레스턴의 역설 83
한 자녀를 덜 낳으면 85
장기적으로는 86
현실은 87
현재 87
출처와 관련 문헌 89

4장 극한치의 사람들, 아웃라이어들 그리고 역대 최고들(GOATs) 91
예외 93
출생 체중은 가우스적이다 96
체중 증량 시뮬레이션 97
달리는 속도 101
체스 순위 105
역대 최고 110

우리는 무엇을 해야 할까? 112
출처와 관련 문헌 114

5장 **새것보다 나은** 117
전구 119
지금이라도 곧 122
암 환자의 생존 기간 124
출생 시 기대 수명 129
아동 사망률 131
불멸의 스웨덴인 133
출처와 관련 문헌 140

6장 **속단하기** 141
수학과 구술 능력 142
엘리트 대학교 144
덜 우수할수록 더 커지는 상관관계 146
세컨티에이 대학교 147
병원 데이터에 나타난 벅슨의 역설 148
벅슨과 COVID-19 151
벅슨과 심리학 153
벅슨과 우리 154
출처와 관련 문헌 155

7장 **인과, 충돌 그리고 혼란** 157
300만 명의 유아 데이터가 틀릴 수 없다 160
다른 그룹들 162
역설의 끝 165

쌍둥이의 역설 166
비만의 역설 167
벅슨의 토스터 170
인과 관계의 다이어그램 171
출처와 관련 문헌 173

8장 재난의 긴 꼬리 175

재난의 분포 176
지진 182
태양 플레어 187
달 분화구 191
소행성 193
긴 꼬리 분포도의 기원 195
주식 시장의 붕괴 197
블랙 스완과 그레이 스완 199
긴 꼬리 분포도의 세계 201
출처와 관련 문헌 204

9장 공정과 오류 207

의료 검사 209
더 높은 유병률 212
더 높은 특이도 213
나쁜 의학 214
음주 운전 216
백신의 유효성 220
범죄 예측 226
그룹 비교 229
공정성은 정의하기 어렵다 232
공정성은 성취하기 어렵다 236

기저율의 모든 것 239
출처와 관련 문헌 240

10장 **펭귄, 염세주의자 그리고 역설** 243
늙은 낙관주의자, 젊은 비관주의자 244
실질 임금 249
펭귄들 251
심슨의 처방 254
백신은 효과가 있는가? 힌트: 그렇다 258
실체 폭로 재론 264
공개 데이터, 공개 토론 266
출처와 관련 문헌 268

11장 **마음 바꾸기** 269
나이든 인종차별주의자들? 270
젊은 페미니스트들 275
동성애 공포증의 괄목할 만한 감소 278
1990년에 무슨 일이 있었나? 282
집단 효과인가, 아니면 시대 효과인가? 283
오버튼 창 286
출처와 관련 문헌 288

12장 **오버튼 창을 좇아서** 291
늙은 보수주의자, 젊은 자유주의자? 292
'보수주의적'이라는 것은 무슨 뜻인가? 294
어떻게 이럴 수 있을까? 297
중심은 정지해 있지 않다 298

모든 것은 상대적이다 300
우리는 더 양극화했는가? 301
오버튼을 좇아서 302
출처와 관련 문헌 304
부록: 15개의 질문 305

에필로그 309
참고문헌 313
찾아보기 322

1장

당신은 정상인가? 힌트: 아니오

정상normal이란 무슨 뜻인가? 그리고 비정상weird이란 또 무슨 뜻인가? 정상/비정상 여부에 대한 우리 직관의 바탕에는 두 가지 변수가 있다고 생각한다.

- '정상'과 '비정상'은 평균average의 개념과 연관된다. 만약 일정한 측정치가 평균에 가까우면 당신은 정상이고 평균과 멀면 비정상이다.
- '정상'과 '비정상'은 희귀성rarity의 개념과도 연관된다. 만약 당신의 어떤 능력이나 특성이 흔하다면 그것은 정상이고, 드물다면 비정상이다.

직관적으로, 대부분의 사람들은 이런 것들이 함께 간다고, 다시 말해 평균에 가까운 측정치가 흔하고 평균으로부터 먼 측정치는 드물다고 생각한다. 많은 경우 이 직관은 유효하다. 예를 들면, 미국 성인의 평균 키는 170센티미터cm이다. 대부분의 사람들은 이 평균에 가깝다. 성인의 약 64%는 그 평균치로부터 10cm 안팎이며, 93%는 평균치로부터 20cm 내외다. 그리고 소수만이 평균으로부터 멀리 있다. 인구의 1%만이 145cm보다 작거나

195cm보다 크다.

하지만 한 가지 특징만을 고려할 때 맞는 것이 몇몇 특징들을 함께 고려하면 부분적으로 틀리고, 그보다 더 많은 특징들을 고려하면 표나게 틀린 경우도 있다. 사실은, 사람들이 서로 다른 여러 특징들을 고려해 보면 이런 발견과 만나게 된다.

- 평균에 근접한 사람들은 드물거나 아예 존재하지 않으며,
- 모두가 평균과 거리가 멀고,
- 모두가 평균으로부터 대략 비슷한 거리만큼 떨어져 있다.

적어도 수학적 관점에서 보면 누구도 정상이 아니고 모두가 비정상이며 모두가 동일한 양만큼 비정상이다. 왜 이것이 맞는지 보기 위해, 우리는 단 하나의 측정 항목으로 시작해 수백 개, 이어 수천 개로 늘려갈 것이다. 정규 곡선Gaussian curve을 소개하고 그것이 이런 측정들에 놀라우리 만치 잘 맞는다는 사실을 보여줄 것이다.

군 인력에 대한 신체 측정들에 더해, 다섯 가지 성격 특성 요소Big Five personality traits를 감별하는 검사 결과를 써서 심리적 측정도 고려할 것이다.

존재…팔 길이

당신의 키는 얼마인가? 팔 길이는 얼마인가? 오른쪽 팔꿈치 뼈부터 오른쪽 손목뼈까지 길이는 얼마인가?

많은 이들은 마지막 수치를 모를 수도 있지만 미 육군은 알고 있다. 좀더 정확히 말하면, 2010-2011년 인체측정학 조사ANthropometric SURveys의 일환으로 내틱 솔저 센터Natick Soldier Center(우리집에서 불과 몇 킬로미터밖에 떨어져 있지 않다)에서 측정한 6068명의 육군 요원들의 길이를 알고 있다. ANSUR-

II라는 군대식 약어로도 통용되는 그 인체측정학 조사에서 육군은 각 참가자의 손목뼈-팔꿈치뼈 길이에 더해, "육군과 [해병대]의 현재와 미래의 요구에 부응하는 가장 유용한 측정 항목들"로 선별된 93개의 다른 측정치들도 포함했다. 그 결과들은 2017년 비밀에서 해제되어 누구든 온라인에서 내려받을 수 있다.

우리는 이 데이터세트에서 키를 시작으로 모든 측정 항목들을 탐구할 것이다. 아래 그림은 조사에 참여한 남성과 여성 군인들의 신장 분포를 보여준다. 세로축은 1cm 간격으로 떨어지는 참가자들의 비율을 보여준다. 두 분포 모두 종 모양 곡선의 형태다.

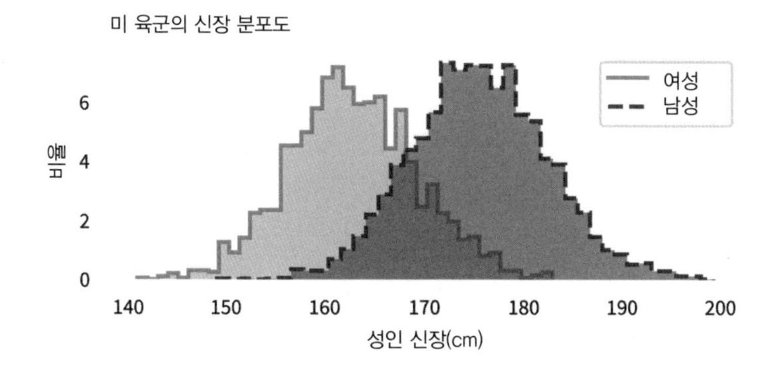

통계의 역사에서 가장 이른 발견 중 하나는 이런 곡선 형태와 놀라운 정확도로 일치하는 단순한 모델이 있다는 점이다. 수학 공식으로 쓰면, 당신이 그리스 문자에 얼마나 익숙한지에 따라 그리 간단하게 보이지 않을 수도 있다. 그래서 나는 이것을 일종의 게임으로 설명할 것이다. (가능하면 작은) 숫자 하나를 떠올려보라. 그리고 그 숫자로 이 단계를 따라가 보라.

1. 그 숫자를 제곱하라. 예컨대 당신이 2를 상상했다면 그 결과는 4가 된다.
2. 1의 결과만큼 10을 거듭제곱하라. 1의 결과가 4니까 10^4, 즉

10,000이 된다.

3. 그 결과를 뒤집어라. 2의 결과를 뒤집으면 1/10,000이 된다.

이제 −2부터 2 사이의 값들에 똑같은 계산을 한 뒤 그 결과를 표시할 것이다. 그러면 이런 모양이 나온다.

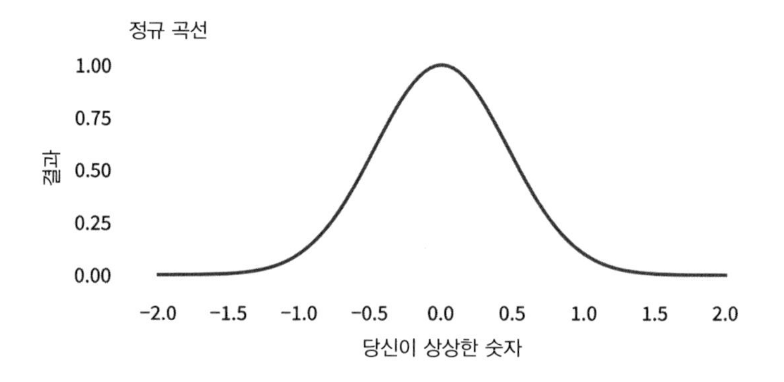

이 결과는 수학자 카를 프리드리히 가우스Carl Friedrich Gauss의 이름을 따 '가우스 곡선' 혹은 '정규 곡선'으로 불린다. 사실 이것은 수많은 가우스 곡선 중 하나에 불과하다. 방금 한 게임의 규칙을 바꿈으로써, 우리는 곡선을 오른쪽이나 왼쪽으로 이동시키거나, 더 넓거나 좁게 만들 수 있다. 그리고 이동시키거나 늘리는 가운데 실제 데이터와 일치하는 가우스 곡선을 찾을 수 있다. 다음 그림에서 회색으로 표시된 영역들은 신장의 분포 상황을 보여주며, 곡선은 그 데이터와 일치하도록 내가 선택한 가우스 곡선이다. 그리고 그 곡선들은 데이터와 퍽 잘 맞는다. 이와 비슷한 결과를 다른 데서 본 적이 있다면 별로 놀라지 않을지 모르지만 사실은 놀라워해야 할 대목이다.

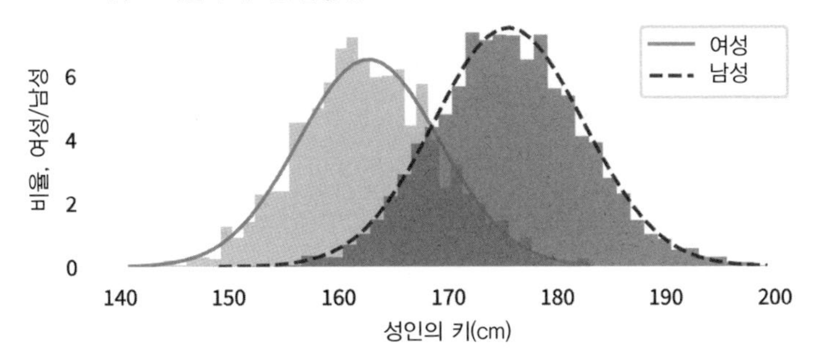

수학적으로, 가우스 곡선은 간단하다. 그것을 계산하는 데 사용하는 제곱하기, 거듭제곱하기, 뒤집기 같은 연산은 기초적인 수학 교육을 받은 사람이라면 낯설지 않다. 그와 대조적으로, 사람들은 복잡하다. 우리에 관한 거의 모든 것은 유전자와 성장 과정의 환경 요소들을 비롯해 수백 혹은 수천 개에 달하는 인과 관계들의 영향을 받는다.

따라서 불과 수천 명의 키를 재서 그 결과를 표시한 결과가 단순한 모델과 잘 맞는다면 우리는 놀라워해야 마땅하다. 더욱이 그것은 사람과 키에만 국한되지 않는다. 거의 어떤 종을 불문하고 거기에서 개체들을 선택해 거의 어느 부분이든 측정한다면 그 결과는 가우스 곡선의 형태를 닮는다. 많은 경우 근사치는 놀랄 만치 가깝다. 자연히 왜 그럴까 궁금해지지 않을 수 없는 부분이다.

왜?

답은 세 부분으로 정리된다.

- 키와 같은 신체적 특징은 유전적으로, 그리고 환경적으로 많은 변수들에 의존한다.

- 이 변수들은 부가적 효과를 갖는다. 다시 말하면, 측정치는 많은 원인들의 합이다.
- 무작위로 선택된 개인의 경우, 그가 유전적으로 물려받았거나 경험한 변수들의 세트는 사실상 무작위적이다.

이런 무작위 변수들의 기여를 모두 더하면, 그 결과로 나타나는 분포도는 대체로 가우스 곡선의 형태를 따른다.

그것이 사실임을 보여주기 위해, 나는 한 모델을 써서 무작위 변수들을 시뮬레이션한 결과로 얻은 무작위 신장 세트들을 ANSUR의 데이터세트와 비교해 볼 것이다. 내가 사용한 모델은 신장에 영향을 미치는 20개의 변수를 포함하고 있다. 이것은 임의적인 선택이고 더 많거나 적은 변수를 사용할 수도 있다. 각 변수마다 두 가지 가능성이 연계되는데, 이는 다른 유전자나 환경 조건들로 생각할 수 있다. 개인 모델을 만들기 위해 나는 각 변수의 부재 혹은 존재를 가리키는 0과 1의 무작위 배열을 발생시켰다. 예를 들면,

- 대립 형질allele로 알려진 두 가지 형태의 유전자가 있다면, 0은 그 둘 중 하나를 1은 나머지를 가리킨다.
- 특정한 영양소가 어떤 발달 단계에서 키를 키우는 데 기여한다면, 0과 1은 그 영양소의 결핍이나 충족을 표시한다.
- 특정한 감염이 성장에 부정적 영향을 미친다면, 0과 1은 그 감염원의 부재나 존재를 가리킨다.

이 모델에서 각 변수의 기여는 −3cm와 3cm 사이의 임의 값이다. 즉, 각 변수는 불과 몇 센티미터 상관으로 신장에 긍정적이거나 부정적 영향을 미친다.

인구를 시뮬레이션하기 위해 나는 각 개인에 대해 0과 1의 무작위 변수를 생성하고, 각 변수의 기여도를 찾아보고 그를 더한다. 그 결과는 시뮬레이션 된 신장들의 샘플이고, 이를 데이터세트의 실제 키와 비교할 수 있다. 다음 그림은 그 결과를 나타낸 것이다. 여기에서도 회색으로 표시된 부분들은 실제 신장의 분포를 나타내고, 곡선은 시뮬레이션으로 얻은 신장의 분포를 보여준다.

시뮬레이션으로 얻은 결과와 비교한 신장의 분포도

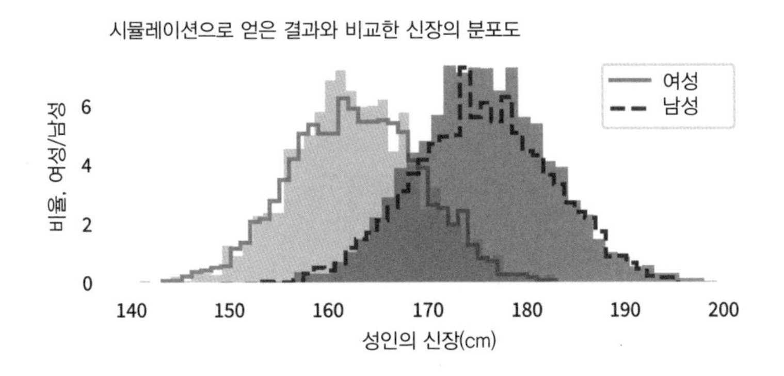

시뮬레이션으로 얻은 결과는 실제 데이터와 잘 맞는다. 이 시뮬레이션 작업을 하기 전부터 나는 이와 비슷한 결과가 나올 것으로 예상했다. 방대한 수의 임의값을 더하면 가우스 분포가 나타난다는 '중심 극한 정리Central Limit Theorem' 때문이다. 수학적으로, 이 정리는 임의값들이 동일한 분포에서 나오고 그 값들이 서로 상관되지 않는 경우에만 참이다.

물론, 유전적 변수와 환경적 변수는 이보다 더 복잡하다. 현실에서 어떤 변수의 기여는 다른 변수보다 더 크기 때문에 모두 동일한 분포에서 나오지는 않는다. 이들이 서로 상관관계일 확률도 크다. 그리고 이들의 효과는 부가적이기만 한 것이 아니라 더 복잡한 방식으로 상호 작용할 수도 있다.

그러나, 중심 극한 정리의 요구 조건들이 정확히 일치하지 않는 경우에도, 많은 변수들이 결합된 효과는 다음 조건들이 만족되는 한 대략 가우스 분포를 따를 것이다.

- 어떤 변수의 기여도 다른 변수들보다 훨씬 더 크지 않고,
- 이들 간의 상관관계가 지나치게 강하지 않으며,
- 총 효과total effect가 부분들의 합과 너무 멀지 않다면.

많은 자연 시스템들은 이런 요구 사항을 충족하며, 세계의 수많은 분포 양상이 가우스 곡선을 따르는 이유도 그 때문이다.

분포도 비교

지금까지 나는 가로축에 여러 가능한 범위의 값을 표시하고 세로 축에 비율(%)을 표시하는 히스토그램histogram을 사용해 분포도를 보여줬다. 더 나아가기 전에, 나는 특히 비교 목적에 잘 부합하는 또 다른 분포 시각화 방식을 소개하고자 한다. 이 표시 방식은 백분위percentile ranks에 근거한다.

표준화 검사를 받아본 적이 있다면 아마 백분위의 개념에 익숙할 것이다. 예컨대 당신의 백분위가 75라면 같은 검사를 받은 사람들의 75% 수준 이상이라는 뜻이다. 혹은 자녀를 둔 경우라면 소아 성장 차트의 백분위를 본 적이 있을 것이다. 예컨대, 체중이 11kg인 두 살바기 남자 아기의 백분위가 10이라면, 그의 체중은 그 나이대 아이들의 10% 수준이거나 그 이상이라는 뜻이다.

백분위를 계산하기는 어렵지 않다. 예를 들어, ANSUR 조사에서 한 여성 참가자의 키가 160cm라면 전체 여성 참가자들의 34%나 그 이상에 해당하고, 따라서 백분위는 34이다. 어떤 남성 참가자의 키가 180cm라면 그는 남성 참가자들의 75% 수준이거나 그 이상으로 크다는 뜻이고 백분위는 75가 된다. 같은 방식으로 각 참가자의 백분위를 계산해 세로 축으로 표시

한다면 이런 모양이 된다.

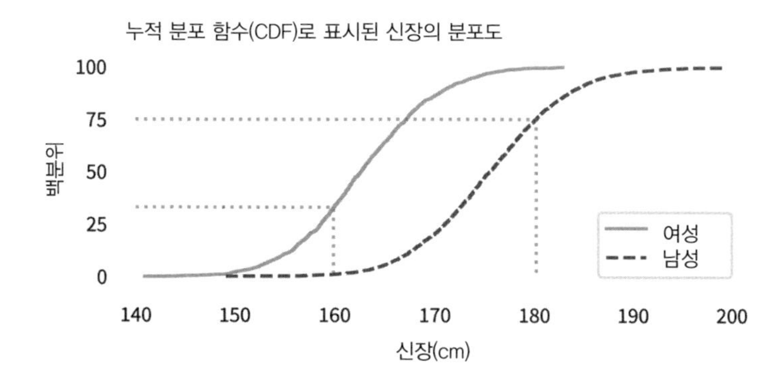

이와 같은 분포도 표시 방식은 'CDF(Cumulative Distribution Function, 누적 분포 함수)'라고 불린다. 이 사례에서, 실선으로 표시된 곡선은 여성 참가자들의 키를 나타내는 CDF이고, 파선으로 표시된 곡선은 남성 참가자들의 CDF이다. 점으로 표시된 두 직선은 남성과 여성 참가자들의 백분위를 나타낸다. 여성 참가자들의 CDF에서 160cm는 백분위 34에 해당하고, 남성 참가자들의 CDF에서 180cm는 백분위 75에 해당한다.

왜 이런 방식의 분포도 표시가 유용한지는 아직 분명하지 않을 수도 있다. 아마 분포 양상을 비교하는 좋은 방법 중 하나이기 때문이 아닐까? 예를 들면, 다음 그림에서, 곡선들은 신장의 CDF들을 보여준다. 회색으로 표시된 영역들은 그 데이터에 맞추기 위해 내가 선택한 가우스 분포의 CDF들을 보여준다.

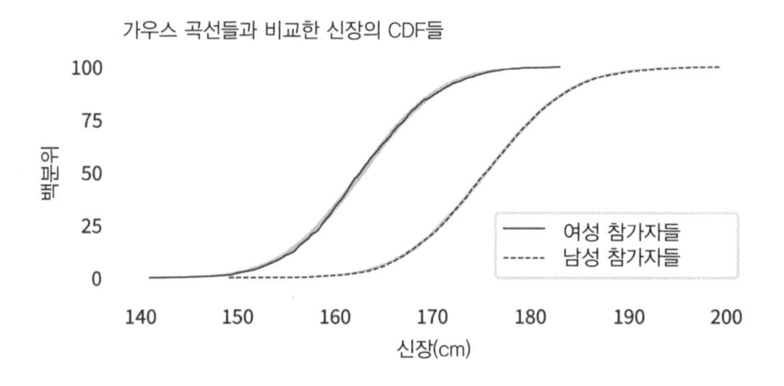

회색으로 표시된 영역들의 너비는 우리가 가우스 모델을 사용해 시뮬레이션으로 신장을 생성하는 경우 어느 정도의 변화가 예상되는지 보여준다. 곡선이 회색 영역 안에 놓이는 경우 데이터는 가우스 모델과 일치한다. 회색 영역 밖으로 벗어난 경우는 무작위 변주 탓에 예상보다 더 큰 편차가 벌어졌음을 뜻한다. 이 사례들에서, 두 곡선 모두 우리가 예상한 변화 범위 안에 있다.

여기에서 잠깐, 내가 데이터와 모델 간의 차이를 뜻하는 데 사용한 '편차 deviation'라는 단어를 짚고 넘어가고자 한다. 편차는 두 가지 관점에서 생각해볼 수 있다. 하나는 통계학과 자연철학의 역사에서 널리 통용되는 시각으로, 모델은 일정한 이상적 상태를 대표하며 세계가 그 이상과 부합하지 않으면 잘못은 세계에 있지 모델에 있지 않다는 생각이다.

내 생각에 이것은 난센스다. 세계는 복잡하다. 때로는 그것을 단순한 모델들로 설명할 수 있고, 그렇게 할 수 있을 때 유용한 점도 있다. 그리고 때로는 한 모델이 데이터와 부합하는 이유를 발견할 수 있고, 그런 경우 그 모델은 세계를 설명하는 데 도움이 된다. 하지만 세계가 모델로부터 벗어나는 deviate 경우, 그것은 모델에 문제가 있기 때문이지 세계에 어떤 결핍이 있기 때문은 아니다.

일단 그렇게 전제하고, 그러한 편차들이 얼마나 큰지 알아보도록 하자.

얼마나 가우스적인가?

ANSUR 데이터세트의 94개 측정 항목들 가운데 93개는 가우스 분포[정규 분포] 모델과 잘 부합한다. 이 장에서 우리는 그처럼 모델과 부합해 표시되는 측정치들을 탐구할 것이다. 예외는 4장에서 공개하겠다.

각 측정 항목에 대해, 나는 데이터와 가장 잘 부합하는 가우스 분포를 고른 뒤, 데이터의 CDF와 모델의 CDF 간의 최대 수직 거리를 계산했다. 그리고 이 편차의 크기를 사용해 가우스 분포에 가장 가까운 측정 항목과 가장 먼 측정 항목을 가려냈다. 이 측정 항목들 중 많은 경우는 남성과 여성 간에 분포도가 상당히 다르기 때문에, 나는 남성과 여성 참가자들의 측정 결과들을 따로 구분해서 고려했다.

모든 측정 항목들 중에서 가우스 분포와 가장 근접한 양상을 보이는 것은 남성 참가자들의 오금높이popliteal height로, 이것은 "발판부터 오른무릎 뒤까지의 수직 거리"를 가리킨다. 아래 그림은 파선 곡선으로 표시된 측정 결과와 회색 영역으로 표시된 가우스 모델을 보여준다. 가우스 모델이 데이터와 얼마나 잘 부합하는지 계량화하기 위해, 나는 둘 사이의 최대 수직 거리를 계산했다. 이 사례의 경우, 그 결과는 백분위 0.8로, 아래 그림에서 수직 점선으로 표시했다. 그 편차는 쉽게 구분하기 어렵다.

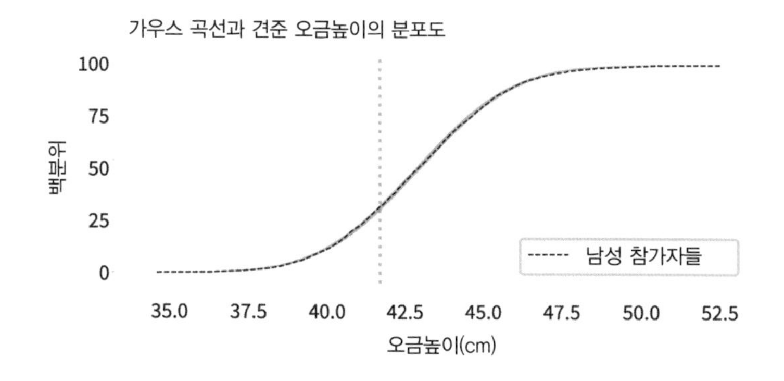

모델에 잘 부합하는 측정 항목들 가운데, 가우스 모델과의 일치도가 가장 낮은 측정 항목은 여성 참가자들의 팔뚝길이forearm length로, 앞에 언급했다시피 손목부터 팔꿈치까지의 길이를 가리킨다. 다음 그림은 이 측정 결과의 분포도와 가우스 모델 간의 차이를 보여준다. 둘 사이의 최대 수직 거리는 수직 점선이 파선의 곡선과 만나는 부분으로 백분위 4.2이다. 이 부분을 보면 24cm와 25cm 사이에 가우스 분포에서 예상하는 것보다 더 많은 측정치들이 있는 것처럼 보인다. 그렇다고 해도 편차는 작고, 가우스 모델은 충분히 유효하다고 판단된다.

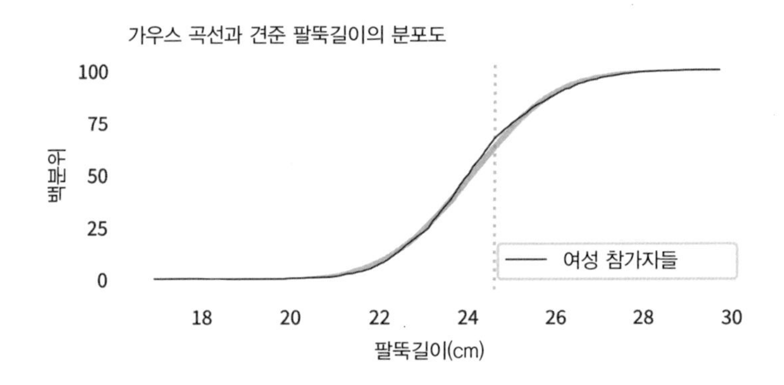

'평균 남성'의 신화

우리는 지금까지 여러 신체적 특징들이 가우스의 분포를 잘 따른다는 점을 확인했다. 이런 분포도들의 한 특징은 대부분의 사람들은 평균에 가깝고 그 이하나 이상으로 점점 더 멀어질수록 그에 해당하는 사람들의 수도 점점 줄어든다는 점이다. 하지만 이 장의 앞부분에서 언급했듯이, 한 가지 특징만을 고려할 때 참인 것이 몇 가지 특징들을 한꺼번에 고려하면 예상과 달리 거짓으로 판명되고, 그 특징들의 숫자를 더 늘리면 더욱 명확하게 거짓으로 드러난다. 특히, 각 개인이 평균과 어떤 부분들에서 다른지 면밀히 고려해 보면, 모든 부분들에서 평균과 가까운 사람은 드물거나 아예 없다.

이런 관찰 내용이 주목을 받게 된 계기는 1952년 길버트 대니얼스Gilbert Daniels가 미 공군에 제출한 「'평균 남성?The 'Average Man'?'」이라는 제목의 기술 문서였다. 서문에서 그는 이렇게 설명한다.

> '평균 남성'이라는 관점에서 생각하는 경향은 인간의 신체 데이터를 디자인 문제들에 적용하려 시도할 때 많은 이들을 실수하게 만드는 함정이다. 실상은, 공군 인력에서 '평균 남성'을 찾아내기는 사실상 불가능하다.

그 증거로 대니얼스는 앞에 소개한 ANSUR 데이터세트의 전조 격인 1950년의 공군 인체측정학 조사Air Force Anthropometric Survey에서 나온 데이터를 제시했다. 이 데이터세트는 전원 남성인 4063명의 공군 '비행 요원flying personnel'들로부터 얻은 131개의 측정 항목으로 구성된다. 그 데이터로부터 대니얼스는 '의복 디자인에 유용한' 10개 측정 항목을 선택한다. 그는 항공기 조종석을 디자인하는 데 유용한 측정 항목들을 골라도 비슷한 결과를 얻을 것이라고 소극적으로 언급하는데, 명시하지는 않았지만 그 보고서의 실제 목적은 거기에 있었다.

대니얼스는 4063명의 남성 중 1055명은 "대략 평균approximately average" 신장이라면서, 이를 "전체 표본의 중간 30%" 내에 놓인 것으로 정의한다. 그들 중 302명은 대략 평균 가슴 둘레를 가졌다. 그들 중 143명은 대략 평균 소매길이를 보여준다. 그는 계속해서 다른 측정 항목을 적용해 전체 표본의 중간 30% 밖에 놓이는 대상자를 솎아낸다. 궁극적으로, 그는 세 명이 8개의 측정 항목을 통과했고, 두 명이 9개까지 갔지만, 10개 항목 모두에서 대략 평균을 보여준 사람은 한 명도 없다는 사실을 발견한다. 만약 모든 10개 측정 항목의 평균에 맞도록 제복을 — 혹은 조종석을 — 디자인한다면 누구에게도 맞지 않게 된다는 뜻이다.

대니얼스는 "거의 모든 그룹의 사람들에 신체 데이터를 수집해 이와 동일한 유형의 분석을 적용한다면 여기에 보고된 내용과 비슷한 결론에 도달할 것"이라고 시사한다. 그의 추정이 맞는지 확인하기 위해 우리는 ANSUR 조사에 참가한 사람들의 데이터를 사용해 그의 분석을 재현해 보았다. ANSUR 조사의 많은 측정 항목들은 공군 조사와 똑같지만 모두 그렇지는 않다. 대니얼스가 선택한 10개 항목들 중 8개는 ANSUR 데이터세트에서 동일한 항목을 찾을 수 있었고 두 개는 비슷한 것으로 대체했다. 다음 표는 그 측정 항목들, 값의 평균과 표준 편차, "대략 평균"으로 간주되는 범위의 저점과 고점, 그리고 그런 범위에 드는 조사 참가자들의 비율을 보여준다.

측정 항목(cm)	평균	표준 편차	저점	고점	범위 내 비율
신장	175.6	6.9	173.6	177.7	23.2
가슴 둘레	105.9	8.7	103.2	108.5	22.9
소매 길이	89.6	4.0	88.4	90.8	23.1
회음 높이	84.6	4.6	83.2	86.0	22.1
수직 몸통 둘레	166.5	9.0	163.8	169.2	24.2
앉은 엉덩이 너비	37.9	3.0	37.0	38.8	24.8
목 둘레	39.8	2.6	39.0	40.5	25.2
허리 둘레	94.1	11.2	90.7	97.4	22.1
허벅지 둘레	62.5	5.8	60.8	64.3	24.9
회음 길이	35.6	2.9	34.7	36.5	22.1

범위 내 비율을 보면 알 수 있듯이, 대니얼스가 주장한 30%보다는 낮다. 보고서 부록에서 그는 평균으로부터 "30% 안팎의 표준 편차 범위"를 사용했다고 설명한다. 그 범위를 선택한 것은 "전신 의복 사이즈와 상응"하며 그것이 "타당하다reasonable"고 여겼기 때문이다. 그의 분석 결과를 재현하기

위해 나는 부록에 실린 사양을 따랐다.

이제 우리는 위 표의 맨위부터 아래로 내려가면서 측정 항목들을 사용해 "단계별 탈락"을 결정하는 방식으로 대니얼스의 분석을 복제할 수 있다. 4086명의 남성 참가자들 중 949명은 신장 면에서 대략 평균을 보여준다. 그 중 244명은 가슴 둘레의 대략 평균을 드러낸다. 그 중 87명은 소매 길이에서 대략 평균을 보여준다.

마지막 항목으로 접근해 가면서, 우리는 세 명의 참가자가 8개의 '허들'을, 두 명이 9개를 통과했지만, 10개의 항목을 모두 통과한 사람은 단 한 명도 없다는 사실을 발견한다. 놀랍게도, 마지막 세 개의 허들에서 나온 결과는 대니얼스의 보고서 결과와 동일하다. ANSUR 데이터세트로부터 '평균 남성'을 디자인한다면, 궁극적으로 누구에게도 맞지 않는다는 결론이 나온다.

평균 여성을 위한 디자인도 마찬가지다. ANSUR 데이터세트에서 여성은 1986명으로 4086명의 남성보다 더 적다. 그래서 '대략 평균'의 정의를 좀더 넓혀서 평균의 표준 편차 0.4 이내인 사람들을 포함하기로 한다. 그렇게 해도 겨우 두 명만이 첫 8개의 측정 항목을 통과하고, 한 명이 9개까지 다다르며, 10개 모두를 통과한 사람은 없다.

그러므로 우리는 (약간의 업데이트를 곁들여) 대니얼스의 결론이 맞음을 확인할 수 있다. "디자인 기준의 근거로서 '평균[인]average [person]'은 그릇되고 환상에 불과한 개념이며, 한 개 이상의 측정 항목이 고려되는 경우 특히 더 그러하다." 그리고 이것은 다음 섹션에서 보게 되듯이 신체적 측정의 경우에만 해당하는 것이 아니다.

빅 파이브

신체적 특징들을 측정하기는 비교적 쉽다. 심리적 특징을 측정하기는 더 어렵다. 그러나, 1980년대를 기점으로, 심리학자들은 다섯 개의 퍼스낼리티 특성들과 그것을 측정하는 조사 방법을 바탕으로 분류학을 개발했다. '빅 파이브Big Five'로 알려진 이 특성들은 외향성extroversion, 정서적 안정성emotional stability, 우호성agreeableness, 성실성conscientiousness, 그리고 경험에 대한 개방성openness to experience이다. 정서적 안정성은 때로 '신경증neuroticism'이라는 기준의 역전된 수치로 표현되기도 해서, 높은 정서적 안정성은 낮은 신경증을 나타낸다. 심리학 문헌에서 '외향성'을 뜻하는 'extroversion'은 'extraversion'으로 표기되기도 하지만 나는 흔한 표기법을 따를 것이다.

이 특성들은 아래와 같은 요구 사항들을 충족할 목적으로 처음 제안되었고 서서히 정교화했다.

- 이 특성들은 사람들이 자기 자신과 다른 사람들에게서 인지하는 성향과 부합한다는 의미에서 해석 가능해야 한다. 예를 들면, 많은 사람들은 무엇이 외향성인지 알며, 이 계측 기준에서 자신이 다른 사람들에 비해 어느 정도의 외향성인지 일정한 감이 있다.
- 이 특성들은 한 사람의 성인 생활에서 거의 변화하지 않는다는 의미에서 안정적이며, 다른 조사들에 근거한 측정도 비슷한 결과를 산출한다는 의미에서 일관성이 있어야 한다.
- 이 특성들은 서로 상관관계가 거의 없어서, 그것들이 몇몇 항목들의 서로 다른 조합이 아니라 다섯 개의 다른 항목들을 실제로 측정한다는 점을 보여줘야 한다.
- 이들은 완전할 필요는 없다. 즉, 빅 파이브 조사로 측정되지 않는 다른 특성들이 있을 수 있다(그리고 분명히 그럴 것이다).

현재까지 빅 파이브 성격 특성들은 광범위하게 연구돼 왔고, 적어도 우리가 합리적으로 바라는 수준에서 위와 같은 특징들을 가졌다는 점이 발견됐다.

누구나 온라인에서 국제 성격 아이템 풀International Personality Item Pool, IPIP이라고 불리는 빅 파이브 성격 테스트의 한 버전을 시험해 볼 수 있다. 이 테스트는 오픈소스 심리측정 프로젝트Open-Source Psychometrics Project가 운영하는데, "오픈소스 평가와 열린 데이터의 장점을 권장하기 위해 존재한다"라고 스스로 밝히고 있다. 2018년 이들은 그 테스트에 응한 사람들 가운데 연구를 위해 자신들의 데이터를 사용해도 좋다고 동의한 100만 명 이상의 사람들로부터 얻은 응답들을 익명으로 공개했다. 그 조사에 응한 사람들 중 모든 질문에 다 대답하지는 않은 사람들을 제외하면 그 숫자는 87만 3173명으로 줄어든다. 불완전한 테스트 결과들을 제외함으로써 성실성conscientiousness 지수가 낮은 사람들을 부당하게 배제했을 가능성도 있지만 단순하게 가자.

조사는 다섯 개의 성격 특성들에 각각 10문제씩 배정되어 도합 50개의 질문으로 구성된다. 예컨대 외향성과 관련된 질문들 중 하나는 "나는 주변에 사람들이 있을 때 편안하다", 정서적 안정성과 관련된 질문들 중 하나는 "나는 정서적으로 안정되어 있다"이다. 사람들은 다음과 같이 "매우 그렇다"부터 "전혀 일치하지 않는다"까지 5점 척도에 응답하도록 돼 있다.

- 매우 그렇다: 2점
- 그렇다: 1점
- 중립: 0점
- 일치하지 않는다: −1점
- 전혀 일치하지 않는다: −2점

어떤 질문들에선 이 척도가 역전된다. 예컨대 누군가가 "낯선 사람들과 있으면 조용히 있는다"라는 항목에 '매우 그렇다'를 선택하면 이것은 외향성 점수에서 −2점으로 계산된다.

각 특성마다 10개의 질문이 있으므로 최대 점수는 20점이고 최저 점수는 −20점이다. 각각의 성격에 대해, 다음 그림은 80만 명이 넘는 응답자들의 총 점수 분포도를 보여준다.

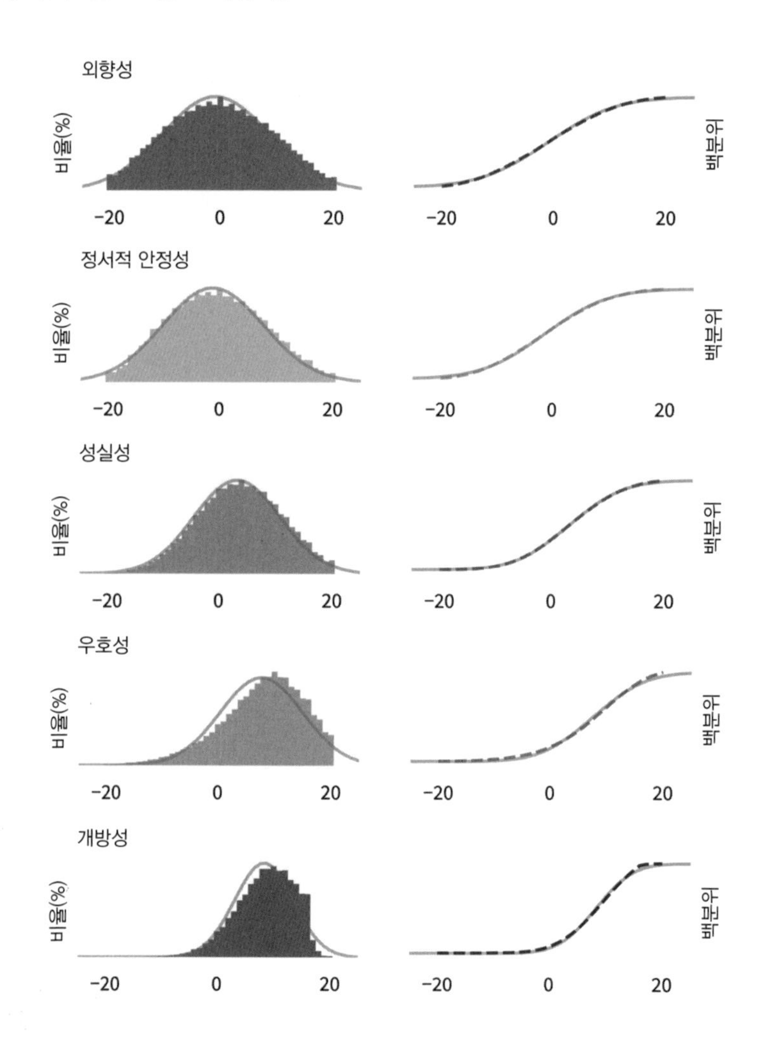

도표의 왼쪽은 히스토그램, 오른쪽은 CDF다. 양쪽 모두에서 회색으로 표시된 선은 데이터와 맞다고 판단해 내가 선택한 가우스 분포이다. 가우스 모델은 맨 끝 꼬리 부분들을 제외하곤 처음 세 분포도들과 잘 맞는다(외향성, 정서적 안정성, 우호성).

다른 두 분포도는 왼쪽으로 치우쳤다. 다시 말해 꼬리 부분이 오른쪽보다는 왼쪽으로 더 연장된 모양이다. 가우스 모델에서 드러나는 이 편차들은 측정 오류의 결과다. 특히 우호성과 개방성은 사회적 적절성의 편향 탓일 수 있다. 이 분야에 대한 질문에서 조사 응답자들이 사회적으로 더 용인되는 방향으로 대답하는 경향을 보였으리라는 추정이다.

예를 들면, 우호성과 관련된 두 가지 항목은 "나는 다른 사람들의 문제에 관심이 없다"와 "나는 사람들에게 무례하다"이다. 설령 냉담하고 불친절한 사람이라도 이런 단점들을 인정할 만큼 무감각하지는 않다. 마찬가지로, 개방성과 관련된 두 가지 항목은 "나는 어려운 단어들을 구사한다"와 "나는 기발한 아이디어를 가졌다"이다. 어휘력이 제한적인 일부 사람들은 아이디어가 부족하다고 오해받을 가능성도 있다.

다른 한 편, 적어도 일부 불성실한 사람들은 "나는 내 소지품들을 여기저기에 아무렇게나 내버려둔다"라거나 "나는 내 의무에 태만하다"라고 인정할 용의가 있을 수도 있다. 그러므로 이런 측정 결과들은 응답자들이 이런 속성들에서 보여주는 실제 분포 양상을 반영한 것이고, 그것이 우연스럽게도 가우스 모델과 맞지 않는 것일 수도 있다.

어쨌든 상관없이, 대니얼스의 분석 내용을 빅파이브 데이터에 적용하면 어떤 일이 벌어지는지 알아보자. 아래 표는 빅파이브 점수들의 평균과 표준 편차, "대략 평균"으로 간주할 값의 범위, 그리고 그 범위에 들어가는 표본의 백분위를 보여준다.

특성	평균	표준 편차	저점 평균	고점 평균	범위 내 백분위
외향성	−0.4	9.1	−3.1	2.3	23.4
정서적 안정성	−0.7	8.6	−3.2	1.9	20.9
성실성	3.7	7.4	1.4	5.9	20.2
우호성	7.7	7.3	5.5	9.9	21.1
개방성	8.5	5.2	7.0	10.1	28.3

각 특성에 대해, '평균' 범위는 인구의 20−28%를 포함한다. 이제 각 특성을 허들[장애물]로 간주하고 각 특성에 대해 평균과 가까운 사람들을 선택하면 다음 표와 같은 결과가 나온다.

특성	인구 수	비율(%)
외향성	204,077	23.4
정서적 안정성	46,988	5.4
성실성	10,976	1.3
우호성	2981	0.3
개방성	926	0.1

처음에 시작한 87만 3173명 가운데, 약 20만 4000명이 외향성에서 평균에 가깝다. 그들 중 약 4만 7000명이 정서적 안정성에서 평균에 가깝다. 그런 식으로 진행한 결과, 다섯 특성 모두에서 평균에 가까운 사람은 926명으로 1000명에 1명 꼴도 안 된다. 대니얼스가 신체 측정 분석에서 진행한 방식을 심리학적 측정에 적용해 본 결과, 몇 개의 다른 특성들을 고려하면 평균에 가까운 사람은 드물거나 아예 존재하지 않는다. 실상은 거의 모두가 어떤 항목에서는 평균과 거리가 멀다.

하지만 그게 전부가 아니다. 많은 수의 측정 항목들을 고려하면, 모두가 평균으로부터 거리가 멀 뿐만 아니라, 모두가 평균으로부터 거의 비슷한 거리만큼 멀다. 왜 그런지 다음 섹션에서 알아보자.

우리는 모두 똑같이 비정상이다

당신은 얼마나 비정상인가? 이를 계량화하는 한 방법은 당신이 평균과 거리가 먼 측정 항목들의 숫자를 세는 것이다. 예를 들면, 나는 빅파이브 데이터를 다시 사용해서 각 응답자가 "대략 평균"으로 규정된 범위 밖에 놓이는 항목들의 숫자를 셌다. 일종의 '비정상 점수weirdness score'를 환산하기 위해 응답자가 다섯 항목 모두에서 평균으로 먼 경우는 5, 어느 항목도 평균으로부터 멀지 않은 경우는 0으로 점수를 매겼다. 다음 그림은 빅파이브 조사를 마친 약 80만 명에 대한 비정상 점수의 분포도이다.

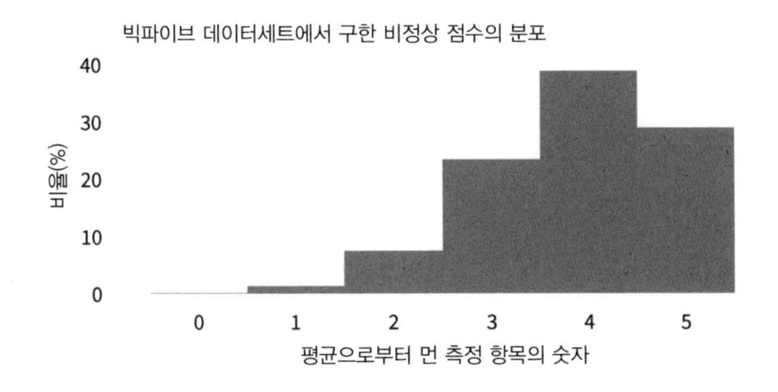

이미 본 대로, 다섯 항목 모두에서 평균에 가까운 사람은 매우 드물다. 거의 모두가 둘이나 그 이상 항목에서 비정상이고, 다수(68%)는 넷이나 다섯 항목에서 비정상이다!

비정상 점수의 분포는 신체적 특성들과 비슷하다. ANSUR 데이터세트에서 93개 측정 항목들을 사용해 각 참가자가 평균으로부터 일탈하는 항목들의 숫자를 셀 수 있다. 다음 그림은 남성 ANSUR 참가자들의 비정상 숫자들의 분포를 나타낸 것이다.

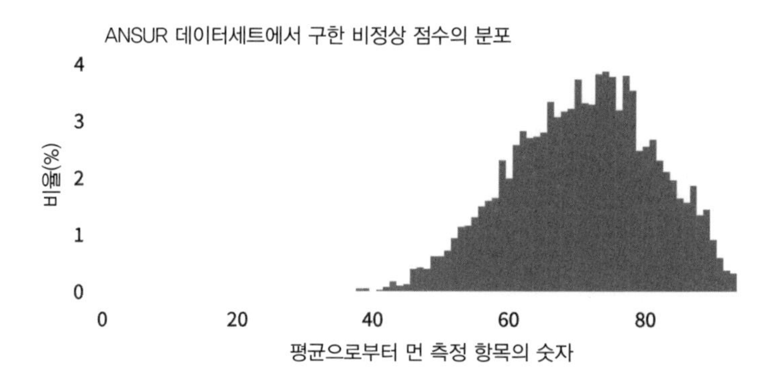

이 데이터세트의 거의 모두가 적어도 40가지 항목들에서 '비정상'이고, 그들의 90%가 적어도 57개 항목에서 비정상이다. 측정 항목의 수가 충분히 많아지면 비정상은 정상이 된다. 사실은, 측정 항목의 숫자가 증가함에 따라, 이 분포의 폭은 점점 더 좁아진다. 다시 말해, 가장 정상인 사람과 가장 비정상인 사람 간의 간격은 더 작아진다.

이를 입증하기 위해, 나는 ANSUR 측정 데이터를 사용해 두 측정 항목의 모든 가능한 비율을 계산할 것이다. 이들 비율 중 어떤 것은 다른 것보다 더 유의미하지만, 적어도 그들 중 일부는 의복 디자인(이를테면 허리둘레와 가슴둘레의 비율), 조종석 디자인(팔 길이와 다리 길이의 비율), 혹은 인지된 매력도(예컨대 얼굴 너비와 얼굴 높이의 비율)에 영향을 미치는 특징들이다.

93개 측정 항목과 4278개의 비율과 더불어, 총 4371개에 이르는 비정상 유형이 존재한다. 다음 그림은 남성 참가자들의 비정상 점수 분포도를 보여준다. 이 측정 항목들을 사용하는 경우, 모든 참가자들은 비교적 좁은 범위의 비정상 유형에 놓인다. 가장 '정상적인' 참가자는 2446가지의 다른 방식들로 평균에서 벗어나며, 비정상의 일탈 유형은 4038가지이다.

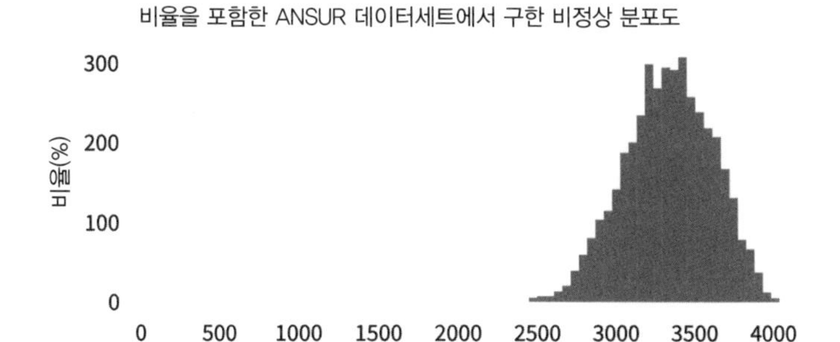

이제 당신은 이 비정상 점수의 분포도가 가우스 곡선 특유의 형태라는 점을 인식했을텐데, 이것은 우연이 아니다. 수학적으로, 측정 항목들의 숫자가 증가함에 따라 비정상의 분포도는 가우스 분포로 수렴되고 분포의 폭은 좁아진다. 극한[limit] 조건에서, 만약 사람들이 다양하게 분별될 수 있는 거의 무한대의 방법들을 고려한다면 우리는 모두 동등하게 비정상이라는 뜻이다.

하지만 누군가는 다른 이들보다 더 평등하다

어떤 점에서 이 장은 마음이 흐뭇해지는 이야기이다. 당신의 삶에서 때로 남들과 다르다고 느낀다면, 당신만 그런 것이 아니라는 점을 기억하라. 모두가 온갖 방식들로 다르다. 그리고 다른 모든 사람이 정상이라고 생각한다면 그건 틀린 생각임을, 그들도 모두 나만큼 비정상임을 기억하기 바란다. 하지만 실제 세상은 수학 세계와 같지 않은 만큼, 이런 점을 너무 멀리 밀어붙이지는 말라고 조언하고자 한다. 우리가 모두 동등하게 비정상이라는 개념은 그 다름의 방식들이 동일하게 취급받는 경우에만 참이다. 그리고 현실은 그렇지 않다.

이 장에서 여러 측정 항목들을 고려할 때, 어떤 항목은 다른 항목들보다 더 눈에 잘 띈다. 만약 당신의 턱끝점-코뿌리menton-sellion 길이가 백분위 90 안에 놓인다면 사람들은 당신의 긴 얼굴을 알아볼 것이고, 만일 유명 여배우라면 세스 맥팔레인Seth MacFarlane[1]은 당신의 그런 외모를 농담거리로 삼을 것이다. 하지만 종아리뼈가 이루는 가쪽복사lateral malleolus의 높이가 백분위 90이라면 발목뼈가 유난히 지면에서 높기 때문에 어렸을 때 작다고 놀림받지는 않았을 것이다.

인성 특성들 가운데, 어떤 유형의 변주는 다른 유형보다 더 호의적으로 받아들여진다. 대부분의 경우 우리는 내향성과 외향성을 똑같이 정당한 존재 방식으로 용인하지만, 일부 다른 특성들은 그보다 더 많은 가치 판단과 편견의 영향을 받는다. 대체로 우리는 믿을 수 없는 성격보다 성실한 성격을, 불쾌한 성격보다 우호적인 성격을 더 낫다고 여긴다.

그뿐 아니라, 우리 사회는 어떤 유형의 특성을 다른 경우보다 더 잘 다룰 수 있도록 설계되어 있다. 예를 들면, 내향성은 도덕적 실패로 간주되지는 않을지 몰라도 학교나 직장 환경은 내향성보다 외향성에 더 점수를 주는 쪽으로 잡혀 있다.

일정한 유형의 신체적 특징을 다른 경우보다 더 잘 수용하는 것도 사실이다. 캐럴라인 크리아도 페레즈Caroline Criado Perez는 『보이지 않는 여자들』(웅진지식하우스, 2020)이라는 저서에서, 기존의 많은 사회 환경은 주로 남성들을 염두에 두고 설계되어, 여성들에게 맞지 않는 경우가 적지 않다는 점을 지적한다. 남성의 신체 비율로 제작된 충돌용 더미dummy로 테스트한 자동차의 안전 기능들은 여성들을 보호하는 데 덜 효과적이다. 많은 스마트폰은 손이 평균보다 작은 사람들이 한 손으로 쓰기 어렵게 디자인됐다. 그리고 영국의 노동조합회의Trades Union Congress에 따르면 COVID-19 팬데믹 기

1 인기 성인 애니메이션 '패밀리가이(Family Guy)'의 제작자이자 배우, 감독으로 유명하다. – 옮긴이

간 동안 인구의 절반 이상은 많은 개인보호장구Personal Protective Equipment, PPE가 "유럽과 미국의 특정 국가들에 사는 남성 인구의 크기와 특징을 기준으로" 제작됐다는 사실을 깨달았고, "그 때문에 대부분의 여성들뿐 아니라 많은 남성들은 자신들에게 맞고 편안한 개인보호장구를 구하는 데 어려움을 겪었다."

더 나아가, 내가 "비정상 점수"를 규정한 방식은 지나치게 거칠다. 대니얼스의 분석과 일관성을 유지하기 위해, 나는 대략 평균이냐 아니냐라는 두 가지 범주만을 고려한다. 현실에서 다양성을 다루는 우리의 능력은 여러 층위를 지닌다. 만약 당신이 평균보다 키가 크거나 작다면 승용차 좌석을 조정해야 하지만 그런 불편함을 아예 느끼지 않을지도 모른다. 하지만 만약 당신이 '표준' 강연대 뒤에 서기에 너무 작거나 몸을 움츠리지 않으면 문을 통과할 수 없을 만큼 크다면, 세상이 당신에게 맞게 디자인되지 않았다는 사실을 인지할 것이다. 그리고 극단적인 경우들에서는 당신과 주변 환경 간의 불일치가 너무 커서 일반적인 업무조차 수행하기가 어렵거나 심지어 불가능할 수 있는데, 우리는 이를 장애disability라고 부르면서 그렇게 지어진 환경이 아니라 사람에게 묵시적으로 책임을 돌린다.

따라서, 내가 우리는 모두 동등하게 비정상이라고 말할 때, 내 의도는 '정상'과 '비정상'에 대한 직관적 개념을 배반하는 여러 가변성의 양상을 지적하기 위함이다. 세상이 우리를 동등하게 비정상적인 사람으로 취급한다는 뜻이 아니다.

출처와 관련 문헌

- ANSUR-II 데이터세트는 펜실베이니아 주립대학의 오픈 디자인 랩Open Design Lab at Penn State에서 구할 수 있다[8]. 측정 항목들은

「Measurer's Handbook: US Army and Marine Corps Anthropometric Surveys, 2010 - 2011(측정자 핸드북: 미 육군과 해병대의 2010-2011년 인체측정 조사)」 참조[54].

- 소아과 성장 차트 사례는 질병 관리 및 예방 센터Centers for Disease Control and Prevention, CDC에서 인용했다[31].
- 빅파이브 성격 테스트 중 하나인 국제 성격 아이템 풀International Personality Item Pool, IPIP을 온라인에서 시험해 볼 수 있다[13].
- 대니얼스의 논문은 국방기술정보센터Defense Technical Information Center에서 구할 수 있다[26].
- 토드 로즈Todd Rose는 『평균의 종말』(21세기북스, 2021)이라는 저서에서 평균인의 신화에 대해 썼다[105].
- 캐럴라인 크리아도 페레즈Caroline Criado Perez는 『보이지 않는 여성들』에서 여성들에게 잘 맞지 않게 디자인된 여러 사례들을 설명했다[94][95].
- 개인보호장구와 여성들에 대한 보고서는 노동조합회의Trades Union Congress에서 구할 수 있다[96].
- 새라 헨드렌Sara Hendren은 『다른 몸들을 위한 디자인』(김영사, 2023)에서 평균과 거리가 먼 사람들에게 잘 맞지 않도록 설계된 세상의 여러 사례들에 대해 썼다[51].

2장

릴레이 경주와 회전문

209마일(약 336km)을 달린다면 생각할 시간은 차고 넘친다. 2010년 나는 뉴햄프셔New Hampshire의 209마일 릴레이 경주를 달리는 12인조 팀의 일원이었다. 장거리 릴레이 경주는 특이한 형식이고, 이것은 내가 참여한 최초(그리고 마지막!) 경주였다. 나는 세 번째 주자로 달렸는데, 내가 경주에 참여했을 때는 이미 여러 시간이 흘렀고 주자들은 경주 코스의 수 킬로미터에 걸쳐 널리 퍼진 상태였다.

몇 킬로미터를 달리면서 나는 무언가 특이한 점들을 발견했다.

- 경주에는 빠른 주자들이 내가 예상했던 것보다 더 많았다. 여러 번 나는 나보다 훨씬 더 빠른 주자들에게 추월당했다.
- 느린 주자들도 내가 예상했던 것보다 더 많았다. 다른 주자들을 추월할 때 나는 종종 그들보다 훨씬 더 빨랐다.

처음에는 이 패턴이 209마일 경주에 참가한 사람들의 유형을 반영한 것이라고 나는 생각했다. 어떤 이유에서든 이 경주 방식이 평균보다 훨씬 더 빠르거나 훨씬 더 느린 주자들에게 매력으로 작용한 데 견주어, 나 같은 중간 수준의 주자들에게는 그렇지 못한 것이라고 짐작했다.

경주를 마치고 내 두뇌에 충분한 산소가 공급된 뒤에야, 나는 이 설명이 틀렸음을 깨달았다. 민망하기 짝이 없지만 나는 흔한 통계적 오류, 수업에서 내가 학생들에게 가르쳐 온 그 오류에 속은 것이었다! 이것은 '길이에 편향된 표집length-biased sampling'이라는 오류로, 그에 따른 결과는 '검사의 모순', 혹은 '검사의 역설inspection paradox'로 불린다. 아직 그에 대해 들어본 적이 없다면 이 장은 당신의 인생을 바꿀 것이다. 검사의 역설에 관해 배우고 나면 사방에서 그런 역설의 사례를 보게 될 것이기 때문이다.

이를 설명하기 위해 나는 간단한 사례들로 시작해 더 복잡한 내용으로 옮아갈 것이다. 이들 중 어떤 사례는 재미있지만 어떤 경우는 더 진지한 내용이다. 예컨대, 길이에 편향된 표본 추출은 사법정의 시스템에 등장해 징역형과 재범 위험에 대한 우리의 인식을 왜곡할 수 있다.

하지만 나쁜 소식만 있지는 않다. 검사의 역설을 알게 된다면, 때로는 직접 측정하기 어렵거나 불가능한 수량들을 간접적으로 측정하는 데 그것을 사용할 수 있다. 일례로, 나는 COVID-19 팬데믹 기간 중 전염을 추적하고 슈퍼 전파자superspreader를 식별하는 데 사용된 영리한 시스템을 소개할 것이다. 하지만 먼저 강좌 크기로 시작하자.

강좌 크기

대학생들에게 그들의 강좌가 얼마나 큰지 물어보고 그 응답의 평균을 낸다고 가정하자. 그 결과는 90명일 수 있다. 하지만 학교측에 평균 강좌 크기를 물어본다면 35명이라고 말할지 모른다. 누군가는 거짓말을 하는 것처럼 들리지만 양쪽 다 맞을 수 있다.

누구든 학생들을 조사할 때, 대규모 강좌들에서 표본을 과다 추출하게 된다. 다시 말하면, 대규모 강좌들이 작은 강좌들보다 표본에 나타날 확률이 더 높다는 말이다. 예컨대 한 강좌에 10명의 학생이 있다면 그 강좌를 표본으로 추출할 기회는 10번이고, 100명의 학생이 있다면 100번의 기회가 있다. 일반적으로, 만약 한 강좌의 크기가 x라면, 그 강좌는 x배만큼 표본에 과다 추출된다.

그것은 꼭 실수만은 아니다. 학생들의 경험을 계량화하고자 한다면, 전체 학생들에 걸친 평균이 강좌들에 걸친 평균보다 통계적으로 더 유의미할 수도 있을 것이다. 하지만 무엇을 측정하며 어떻게 그것을 보고할지에 대해 명확해야 한다.

이 사례의 숫자들은 진짜다. 퍼듀 대학교Purdue University가 2013–14학년도 학부의 강좌 크기들을 보고한 데이터에서 뽑았다. 그 보고서에서 나는 강좌 크기의 실제 분포를 추정했다. 다음 그림에서, 실선은 학장이 보고한 결과를 보여준다. 대부분의 강좌들은 50명보다 작고, 50명과 100명 사이는 더 적으며, 몇 강좌만이 100명보다 크다.

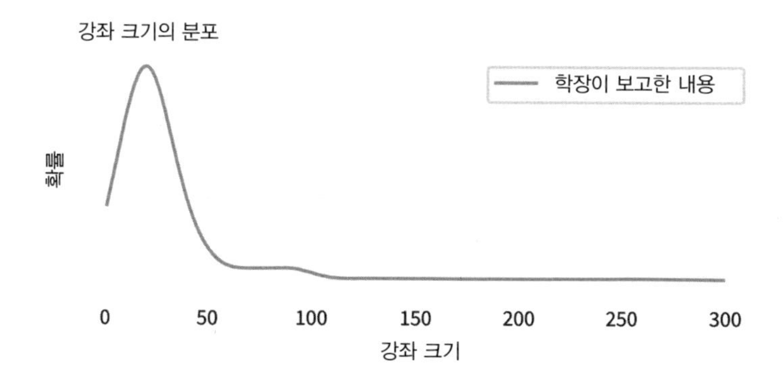

이 그림의 맨 오른쪽 한계로 잡은 300은 내 추측일 뿐이다. 오리지널 데이터는 얼마나 많은 강좌들이 100보다 큰지만 표시할 뿐, 얼마나 더 큰지는 알려주지 않는다. 하지만 이 사례에서 우리는 너무 정확할 필요는 없다.

이제 학생들을 골라 그들의 강좌가 얼마나 큰지 물어본다고 가정하자. 우리는 각 강좌를 표본으로 추출할 확률이 그 강좌의 크기와 비례하는 실제 분포도에서 무작위 표본을 그림으로써 이 과정을 시뮬레이션 할 수 있다. 다음 그림에서, 파선은 이 시뮬레이션 된 표본의 분포도를 보여주며 실선은 위에서 본 오리지널 분포도이다.

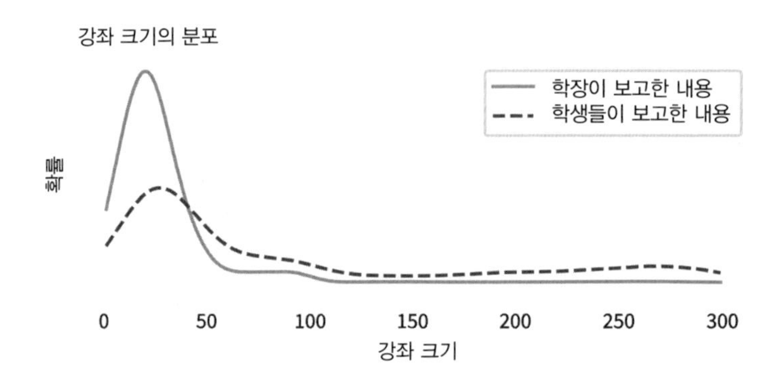

학생 표본이 40명보다 더 작은 강좌를 포함할 확률은 더 낮고 더 큰 강좌를 포함할 확률은 더 높다. 그리고 그런 분포도의 평균은 원래 보고한 내용과 사뭇 다르다. 학장이 보고한 내용에 근거한 분포도의 평균은 35명이다. 학생들이 관찰한 분포도의 평균은 90이다.

이와 같은 불일치는 우리가 얻는 데이터는 어떻게 검사를 수행하느냐, 다시 말해 어떻게 표본을 선택하느냐에 따라 달라지기 때문에 '검사의 모순', 혹은 '검사의 역설'이라고 불린다. 만약 대학을 방문해 무작위로 (그 크기는 전혀 고려하지 않고) 강좌를 고른다면 그 안의 학생 수는 평균 35명이 될 것이다. 하지만 만약 학생 한 명을 무작위로 고른 다음 그를 따라 여러 강좌들 중 하나에 들어간다면, 그 강좌의 평균 크기는 90명일 것이다. 이 분명한 모순은 미처 예상하지 못한 것이라는 의미에서 역설적이다. 자기 모순적 진술처럼 철학자들이 사용하는 의미에서 보면 진정한 역설은 아니다. 하지만 분명히 혼란스럽고, 이 현상을 잘 모른다면 설명하기 어려운 사안이다.

데이터의 편향성 제거

일정한 항목을 측정한다고 생각했는데 우발적으로 다른 항목을 측정했다면 검사의 역설이 그런 잘못의 한 원인일 수 있다. 예를 들어, 당신이 규모가 큰 대학의 학생이고 모든 강좌가 100명 이상이라고 가정해 보자. 그 대학의 웹페이지는 평균 강좌 규모가 35명이라고 말하지만 그것은 정확하지 않은 것 같다. 대학 측에 더 많은 데이터를 요청하지만 거절당한다. 그래서 당신은 직접 데이터를 수집하기로 결정한다.

이제 당신이 그 대학에서 모든 학과와 학년 수준에서 동등한 대표성을 갖는 양질의 무작위 학부생 표본을 찾았다고 가정하자. 그리고 그 표본에 포함된 학생들이 자기네 강좌의 크기를 정확히 보고한다고 가정하자.

당신은 이 장을 읽은 덕택에 수집한 표본이 편향되었음을 알고 있다. 다시 말해, 대규모 강좌를 포함할 확률은 높은 반면 소규모 강좌를 포함할 확률은 낮다는 점을 인식하고 있다. 그러므로 그 편향된 데이터의 평균만 계산해서는 안 된다. 그것은 다른 질문에 대한 답일 것이다. 하지만 우리는 당신이 수집한 표본이 편향되었다는 사실만 아는 것이 아니라, 정확히 '어떻게' 편향되었는지를 안다. 그리고 그것은 절차를 뒤집어 편향되지 않은 분포도를 예측할 수 있다는 뜻이다.

이전 섹션에서, 나는 대학이 보고한 편향되지 않은 분포도로 시작한 뒤, 학생들에게 그들의 강좌 크기를 묻는다면 어떻게 될지를 시뮬레이션 했다. 이제 우리는 다른 길을 갈 것이다. 학생들이 보고한 편향된 분포도로 시작한 뒤, 만약 우리가 대신 강좌들을 표본으로 추출하면 어떻게 될지 시뮬레이션 하는 것이다. 구체적으로, 각 강좌를 선택할 확률이 그 크기에 반비례하는, 학생들이 보고한 강좌들에서 나는 무작위 표본을 추출할 것이다. 내가 생성한 표본의 크기는 500으로, 충분히 수집할 수 있을 만한 양의 데이터로 여겨진다.

다음 그림은 그 결과를 보여준다. 반복하건대, 실선은 학장이 보고한 내용에 따른 분포도이고, 파신은 학생들이 보고한 내용에 따른 편향된 분포도이다. 새롭게 추가된 점선은 내가 예측한 실제 분포도로, 편향된 분포도로부터 표본을 추출해 구축했다.

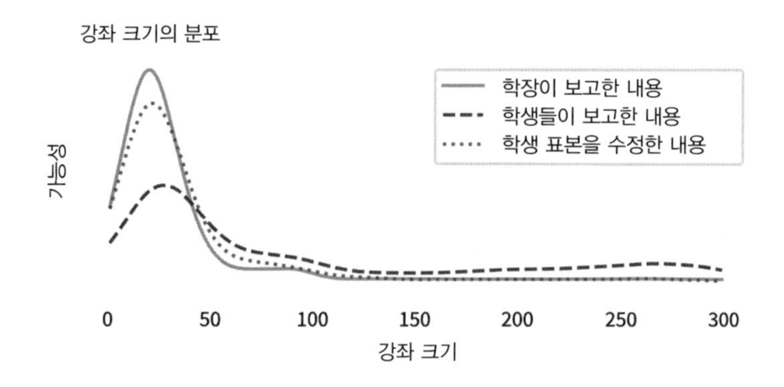

만약 이 예측이 완벽하다면, 실선과 점선은 동일해야 한다. 하지만 제한된 표본 크기 탓에, 우리는 소규모 강좌의 숫자를 약간 과소평가하며 50-80명 규모 강좌의 숫자를 과대평가한다. 그럼에도 불구하고, 이것은 꽤 잘 작동한다.

이 전략은 의도적으나 우발적으로 실제 분포도를 구할 수 없는 다른 경우들에 적용할 수 있다. 편향된 분포도로부터 양질의 표본을 수집할 수 있다면, 실제 양상에 가까운 분포도를 구할 수 있다. 이 절차는 가중 재표집weighted resampling의 한 사례이다. 어떤 항목들은 다른 항목들보다 더 많은 무게를 가져야 한다는, 추출되는 표본에 더 많은 확률을 더해야 한다는 의미에서 '가중加重, weighted'이다. 그리고 '재표집resampling'은 그 자체로 무작위 표본인 어떤 대상으로부터 다시 무작위 표본을 추출하기 때문이다.

내 기차는 어디에?

검사의 역설의 또 다른 사례는 대중교통을 기다릴 때 벌어진다. 버스와 기차는 정기적인 간격으로 도착하도록 돼 있지만 실제로는 어떤 간격은 다른 간격보다 더 길다.

사람들은 보통 자신은 운이 없어 간격이 긴 동안에 도착할 확률이 높다고 생각할 것이다. 그리고 그게 맞다. 무작위 도착은 긴 간격에 떨어질 확률이 더 높다. 왜냐하면, 말 그대로 그게 더 길기 때문이다. 이 효과를 계량화하기 위해, 나는 매사추세츠주 보스턴 시의 지하철 노선인 '레드 라인Red Line'에서 데이터를 수집했다. 레드 라인을 운행하는 MBTA는 실시간 데이터 서비스를 제공하는데, 나는 그 데이터를 이용해 오후 4시부터 5시까지 70개 기차들의 도착 시간을 며칠간 기록했다.

기차들 간의 최단 간격은 3분 미만이었고, 최장 간격은 15분이 넘었다. 다음 그림에서 실선은 내가 기록한 간격들의 분포도를 보여준다. 이것은 실제 분포도이다. 하루 종일 플랫폼에 서서 지나가는 기차들을 지켜본다면 얻게 될 결과라는 점에서 그렇다. 이것은 종 모양의 곡선이지만 간격이 8분에 근접하면서 조금 더 뾰족해진다. 가운데 근처 값들의 확률이 가우스의 정규 곡선에서 예상하는 것보다 높고, 양 극단의 값들은 조금 더 낮다는 뜻이다. 사실은 '가우스 분포보다 더 뾰족한pointier than a Gaussian distribution'에 해당하는 용어가 있고, 그것은 내가 가장 좋아하는 단어 중 하나이기도 하다. 바로 '렙토쿠르토틱leptokurtotic'이라는 단어다.

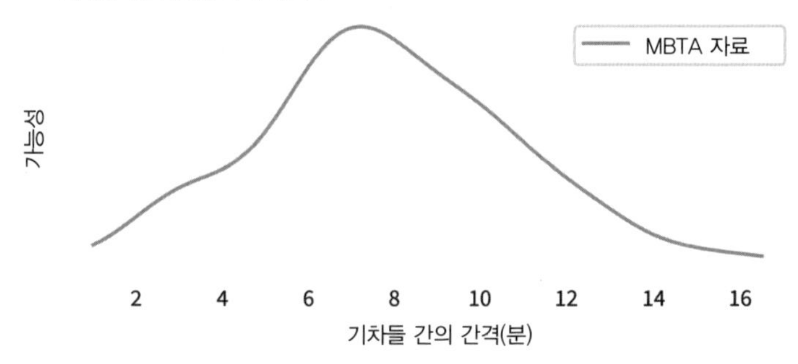

하지만 이것은 승객의 입장에서 인식하는 분포도가 아니고, 내가 지적하려는 부분도 거기에 있다. 다음 기차가 언제 도착할지 전혀 모르는 상태로 임의 시간에 당신이 역에 도착했다고 가정하면, 긴 간격 도중에 도착했을 가능성이 높다. 구체적으로는, 만약 간격이 x분이라면 당신은 x의 배수로 표본을 과다 추출하게 될 것이다.

강좌 크기로 따져본 앞선 사례에서처럼, 각 간격을 고를 확률은 그 간격의 지속 시간이 길수록 더 높다는 전제와 함께, 나는 관찰된 간격들로부터 무작위 표본을 추출해 시뮬레이션 했다. 다음 그림에서 파선은 그 결과를 보여준다. 이 편향된 분포도에서 긴 간격들은 발생 확률이 상대적으로 더 높고, 짧은 간격들은 비교적 더 낮으며, 그 결과 편향된 분포도는 오른쪽으로 이동한다.

기차들 간의 운행 간격 분포도

MBTA 자료
승객들이 인식한 자료
가능성
2
4
6
8
10
12
14
16
기차들 간의 간격(분)

실제 분포도에서, 기차들간 평균 시간은 7.8분인 데 비해, 임의의 승객이 관찰한 편향된 분포도에서는 9.2분으로 약 20% 더 길다. 이 사례에서, 그 차이는 매우 크지는 않다. 매일 한두 번씩 기차를 타는 사람이라면 그런 차이를 감지하지 못할 수도 있다.

불일치의 크기는 해당 분포도의 변이가 얼마나 큰가에 달려 있다. 만약 기차들간 간격이 모두 같은 크기라면, 아무런 불일치도 없을 것이다. 하지만 다음 사례에서 보게 되듯이, 분포도의 변이가 높으면 표본 추출 과정의 편향은 커다란 차이를 낳는다.

당신은 인기가 있는가? 힌트: 아니오

1991년 사회학자 스캇 펠드Scott Feld는 '친구 관계의 역설friendship paradox'에 관한 획기적 논문을 출간했다. 대다수 사람들은 그들의 친구들보다 더 적은 수의 친구들을 가졌다는 관찰로 요약되는 내용이다. 그는 실생활의 소셜 네트워크를 연구했지만 동일한 효과는 온라인 네트워크에도 나타난다. 예를 들면, 페이스북 사용자들 중 아무나 고른 다음 그의 친구들 중 하나를 무작위로 선택하면, 그 친구가 처음 고른 사용자보다 더 많은 친구를 가졌을 확률이 약 80%이다.

친구 관계의 역설은 검사 모순의 한 형태이다. 아무 사용자나 무작위로 고른다면 모든 사용자의 확률은 동등하다. 하지만 당신이 당신 친구들 중 하나를 고른다면 친구가 유독 많은 누군가를 고를 확률이 더 높다. 왜 그런지 파악하기 위해, 소셜 네트워크를 방문해 모든 사람들에게 그 친구들의 리스트를 만들어달라고 주문한다고 가정하자. 모든 리스트를 한데 모아 본다면, 친구가 하나인 누군가는 한 번밖에 나오지 않을 것이고, 10명의 친구를 가진 누군가는 10번 나타날 것이다. 일반적으로 x명의 친구를 가진 사람은 x회 나타나게 될 것이다.

이 효과를 입증하기 위해, 나는 약 4000명의 페이스북 사용자 표본에서 데이터를 사용했다. 먼저 나는 각 사용자가 가진 친구들의 숫자를 계산했다. 다음 그림에서 실선은 이 분포를 보여준다. 이 표본에서 대부분의 사용자들은 50명 미만의 친구를 가졌지만 일부는 200명 이상을 가졌다.

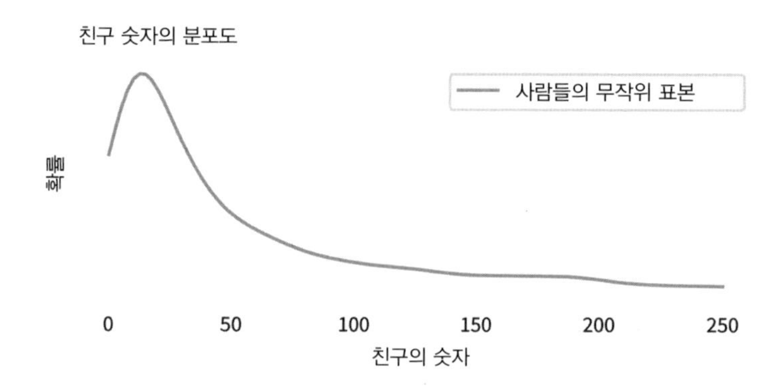

이어 친구들의 목록에서 표본을 추출한 뒤, 그들이 가진 친구들의 숫자를 세보았다. 다음 그림에서 파선은 이 분포를 보여준다. 편향되지 않은 분포와 비교할 때, 50명 이상의 친구를 가진 사람들의 대표성은 과장된 반면, 더 적은 친구를 가진 사람들의 대표성은 실제보다 더 적게 표시됐다.

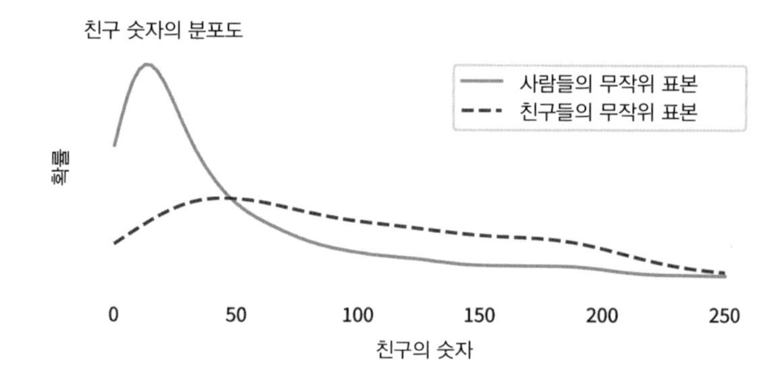

두 분포도 간의 차이는 상당하다. 편향되지 않은 표본에서 평균 사용자는 44명의 친구를 가진 데 반해, 편향된 표본에서 평균 친구는 104명으로 두 배 이상 더 많다. 그리고 이 표본에 포함된 무작위 인물들 중 하나가 당신이라면, 당신의 친구가 당신보다 더 인기가 높을 확률은 약 76%이다.

하지만 상심할 필요는 없다. 카리스마 넘치는 거대동물들도 같은 문제를 안고 있기 때문이다. 만약 당신이 뉴질랜드의 다우트풀 해협Doubtful Sound에 서식하는 병코돌고래bottlenose dolphin라면, 이들의 소셜 네트워크를 지도화한 연구자들에 따르면 당신은 적게는 한 마리, 많게는 12마리의 다른 돌고래들과 어울린다. 만약 내가 당신의 '친구들' 중 하나를 무작위로 골라 당신과 비교한다면, 당신의 친구 돌고래가 당신보다 더 많은 친구를 가졌을 확률은 약 65%이다.

'길이에 편향된 표집'에서 길이는 항상 공간의 범위를 뜻하는 것은 아니다. 강좌 크기의 사례에서, 강좌의 '길이'는 학생들의 숫자이고, 레드 라인의 사례에서는 기차들간 간격의 지속 시간이며, 친구 관계의 역설에서는 친구들의 숫자이다. 다음 사례에서 '길이'는 슈퍼 전파자에 의해 감염된 사람들의 숫자이다.

슈퍼 전파자 찾기

다행히 검사의 역설은 우리를 상심시키는 이상의 몫을 할 수 있다. 이것은 상심한 사람들을 찾는 것을 도와줄 수 있다. 더 구체적으로, 이것은 질병을 퍼뜨리는 사람들을 찾는 것을 도와줄 수 있다. COVID-19 팬데믹 기간 동안, R로 표시되는 '실질 재생산 지수effective reproduction number'에 관해 들어본 적이 있을 것이다. 이것은 한 명의 감염자에 의해 감염된 사람들의 평균 숫자를 가리킨다. R은 전염병의 대규모 진로를 결정하기 때문에 중요하다.

*R*이 1보다 크면 감염자의 숫자는 기하급수적으로 증가하며, 1 이하로 떨어지면 감염자 숫자는 0을 향해 감소한다.

그러나 *R*은 평균이고, 평균만으로는 전체 그림을 볼 수 없을 때가 있다. 많은 다른 전염병들의 경우처럼 COVID-19도 평균 주위로 수많은 변이가 있다. 「네이처Nature」의 뉴스 기사에 따르면, "홍콩의 한 연구는 COVID-19 환자의 19%가 전파의 80%를 차지했으며, 환자들의 69%는 다른 누구에게도 바이러스를 옮기지 않았다는 사실을 발견했다." 다시 말하면, 대부분의 전염은 소수의 슈퍼 전파자들에 의해 초래됐다는 것이다.

이 관찰 결과는 접촉자 추적contact tracing을 위한 전략이 필요함을 시사한다. 감염된 환자가 발견되면 그가 누구와 접촉했는지, 그 중 누가 그를 감염시켰는지 식별하는 것이 일반적인 대응 방식이다. '정방향 추적forward tracing'은 그가 감염시켰을 것으로 추정되는 사람들을 찾기 위한 작업이고, '역방향 추적backward tracing'은 애초에 그를 감염시킨 사람을 찾기 위한 작업이다.

이제 당신이 전염병의 확산을 둔화하거나 막으려고 시도하는 공중보건 책임자라고 가정해 보자. 감염자 추적과 질병 검사를 담당할 인력이 부족한 상황이라고 가정할 때 (꽤 현실적인 가정이다), 당신은 정방향과 역방향 중 어느 쪽 감염자 추적을 택하는 것이 더 효과적이라고 생각하는가? 검사의 역설에 따른다면 역방향 추적으로 슈퍼 전파자와 그가 감염시킨 사람들을 발견할 가능성이 더 높다. 「네이처」의 기사에 따르면 "역방향 추적은 코로나바이러스에 대단히 효과적이다. 이 바이러스는 슈퍼 전파자가 연루된 계기들을 통해 감염되는 경향이 높기 때문이다. [...] 코로나바이러스의 새로운 감염 사례는 어느 한 개인을 통하기보다 집단 감염으로부터 발생할 확률이 더 높기 때문에, 역방향 추적으로 다른 누가 그 집단과 연계되었는지 찾아내는 것이 더 중요하다."

이 효과를 수치로 증명하기 위해, 홍콩의 연구대로 감염자의 70%는 다른 사람을 감염시키지 않는 대신 나머지 30%가 1-15명을 감염시키며 균일하게 분포되어 있다고 가정하자. 이 분포도의 평균은 2.4로, R의 타당한 값이기도 하다.

이제 감염 환자를 한 명 발견해 정방향 추적으로 그가 감염시킨 사람을 찾아낸다고 가정하자. 평균적으로, 우리는 이 환자가 2.4명의 다른 사람들을 감염시킨다고 예상한다. 하지만 만약 역방향 추적으로 이 환자를 감염시킨 사람을 찾는다면, 우리는 많은 사람들을 감염시킨 누군가를 발견할 확률은 더 높은 반면 소수만을 감염시킨 누군가를 발견할 확률은 더 낮다. 사실은, 우리가 특정한 전파자를 발견할 확률은 그가 감염시킨 사람들의 숫자와 비례한다.

이 표집 절차를 시뮬레이션 함으로써, 우리는 역방향 추적을 통해 보게 될 분포도를 계산할 수 있다. 이 편향된 분포도의 평균은 10.1로, 편향되지 않은 분포도의 평균보다 4배 이상 더 높다. 이 결과는 동일한 자원을 가졌을 때 역방향 추적이 정방향 추적보다 4배 더 많은 감염 사례들을 발견할 수 있음을 시사한다.

이 사례는 단순히 이론적인 게 아니다. 일본은 2020년 2월 이 전략을 도입했다. 마이클 루이스Michael Lewis는 그의 저서 『The Premonition』(W. W. Norton & Company, 2021)에서 이렇게 적었다.

> 일본 후생성의 관료들은 새로운 감염 사례가 발견되자 감염된 사람이 다른 누구를 감염시켰는지 파악하기 위해 그에게 지난 며칠간 접촉한 사람들의 명단을 대라고 요구하는 데 에너지를 낭비하지 않았다. [...] 대신, 이들은 그보다 훨씬 더 전에 그 감염된 사람이 누구와 접촉했는지 명단을 작성하라고 요청했다. 그를 감염시킨 사람을 찾으면 슈퍼 전파자를 찾아낼 수 있을

지 모른다. 슈퍼 전파자를 찾아내면 사태가 더 커지기 전에 다음 슈퍼 전파자를 추적해낼 수 있을 것이었다.

그러므로 검사의 역설은 늘 성가시기만 한 것은 아니다. 때로는 우리에게 이롭게 활용할 수 있다.

도로에서 느끼는 분노

이제 이 장을 시작하면서 소개했던, 209마일 릴레이 경주에서 경험한 사례로 돌아가자. 다시 요약하면, 그 경주에 참가하면서 나는 뭔가 이상한 점을 발견했다. 내가 나보다 느린 주자들을 추월하면 그들은 보통 훨씬 더 느렸고, 빠른 주자가 나를 추월하면 그들은 보통 훨씬 더 빨랐다. 나는 처음에는 주자들의 분포가 많은 수의 느린 주자들과 많은 수의 빠른 주자들, 두 가지 모드를 가졌다고 생각했다. 나중에 나는 검사의 역설에 속았음을 깨달았다.

장거리 릴레이 경주에서는 다양한 속도의 주자들이 긴 코스에 걸쳐 그들의 속도와 위치 간에 아무런 상관관계도 없이 널리 분산되게 마련이다. 그래서 경주 중간에 끼어들면 그 주변의 주자들은 경주에 참여한 주자들의 무작위 표본과 비슷해진다.

먼저 내 뒤의 주자들을 따져보면, 나보다 훨씬 더 빨리 달리는 누군가는 나보다 약간 더 빨리 달리는 사람보다 내가 코스를 달리는 도중에 나를 추월할 확률이 더 높다. 그리고 내 앞에 있는 주자들을 따져보면, 나보다 훨씬 더 느린 사람이 조금 더 느린 사람보다 나에게 추월될 확률이 더 높다. 마지막으로, 만약 누군가가 나와 같은 속도로 달리는데, 그가 마침 내 근처에서 달리고 있다면 그를 볼 수 있겠지만 그렇지 않다면 그를 추월하거나 그에게 추월될 확률은 없다.

따라서 내가 보는 주자들의 표본은 내 속도에 달려 있다. 구체적으로 말하면, 내가 다른 주자를 볼 확률은 내 속도와 다른 주자의 속도 간의 차이와 비례한다. 이 효과는 통상적인 도로 경주에서 얻은 데이터를 사용해 시뮬레이션할 수 있다. 다음 그림에서 실선은 매사추세츠 주의 10K 경주 중 하나인 제임스 조이스 램블James Joyce Ramble의 데이터에서 얻은 실제 속도 분포도이다. 이것은 구경꾼이 모든 주자들을 관찰했다면 보게 될 분포도이다. 파선은 시속 11km로 달리는 주자의 시각에서 얻은 편향된 분포도이다.

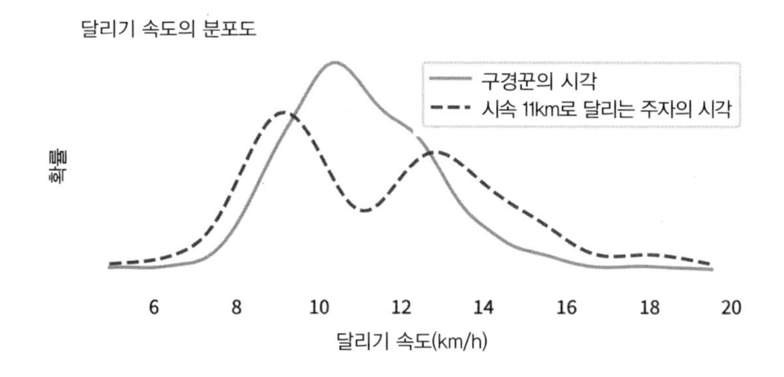

실제 분포도로 보면 시속 11km의 속도로 달리는 주자들은 많지만 막상 그 속도로 달리는 주자라면 이런 분포 양상을 볼 확률이 낮다. 그 때문에, 편향된 분포도에서는 11km/h의 주자들은 거의 없고 양 극단에 더 많다. 그리고 이 분포도는 시속 9km와 시속 13km 양쪽이 위로 솟은 모양을 보여준다. 내가 헐떡이며 달리는 가운데 느꼈던 혼란도 이런 특성에서 나온 것이었다.

꼭 달리기를 하지 않더라도 고속도로에서 이와 똑같은 효과를 감지할 수 있다. 당신은 너무 빠르거나 너무 느린 운전자를 볼 가능성이 더 높고, 당신 자신처럼 안전하고 합리적인 운전자를 볼 가능성은 더 낮은 것이다. 이런 현상을 코미디언 조지 칼린George Carlin은 이렇게 요약했다.

운전할 때, 나보다 더 느리게 운전하는 놈은 다 멍청이고 나보다 더 빨리 운전하는 놈은 다 미친놈이라고 생각해 본 적 있죠? [...] 왜냐하면 아무도 나와 같은 속도로 운전하지 않거든.

그냥 한 번 방문하는 경우

검사의 역설의 또 다른 사례를 나는 『Orange Is the New Black』(Random House Publishing Group, 2011)을 읽으면서 발견했다. 이 책은 파이퍼 커먼Piper Kerman이 연방 형무소에서 보낸 13개월 간의 체험을 묘사한 회고록이다. 커먼은 그녀의 동료 죄수들에게 선고된 형량의 길이에 놀라움을 표시한다. 놀랄 만한 일이긴 하지만 좀더 들여다보면 그녀는 비인도적인 감옥 시스템의 희생자일 뿐 아니라 검사의 역설에 속았음을 깨닫게 된다. 만약 임의의 시기를 택해 임의의 죄수를 만나기로 한다면, 당신은 긴 형량을 선고받은 죄수를 보게 될 확률이 더 높다. 이쯤 되면 당신은 다음의 패턴을 볼 수 있을 것이다. x년의 형량을 선고받은 죄수는 x의 비율만큼 과장된 대표성을 가진다.

어떤 차이가 나타나는지 보기 위해, 나는 미국 BOP(Federal Bureau of Prisons, 연방 형무소국)로부터 데이터를 내려받았다. 이들은 매달 연방 형무소의 수감자들에게 내려진 형량의 분포도를 보고한다. 따라서 그 결과는 편향된 표본이다. 하지만 학생들과 강좌 크기를 살펴볼 때 그런 것처럼, 보고된 데이터를 사용해 편향되지 않은 분포도를 예측할 수 있다.

다음 그림에서, 파선은 BOP가 보고한 형량들의 분포도를 보여준다. 실선은 내가 추측한 편향되지 않은 분포도를 보여준다. BOP 표본에서, 3년 미만의 형량은 실제보다 더 낮은 대표성을 드러내며, 더 긴 형량은 실제보다 더 높은 대표성을 보여준다.

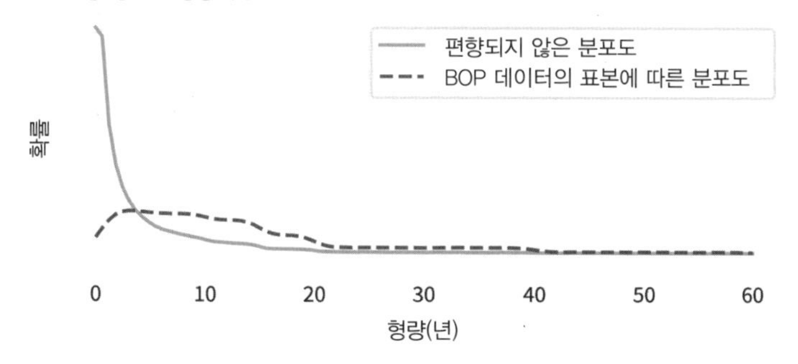

만약 당신이 형무소 직원으로 수감 첫 날 죄수들을 등록하는 업무를 맡고 있다면, 당신은 편향되지 않은 표본을 보는 셈이다. 만약 형무소를 방문해 면회할 죄수를 무작위로 고른다면 당신은 편향된 표본을 보는 것이다. 하지만 커먼처럼 13개월에 걸쳐 죄수를 관찰한다면 무슨 일이 벌어질까? 만약 당신이 머무는 시간이 y라면, 형량이 x년인 죄수와 겹칠 가능성은 $x + y$의 값과 비례한다. 다음 그림에서 점선은 y가 13개월인 경우 나타나게 될 표본의 분포도를 보여준다.

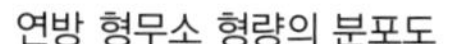

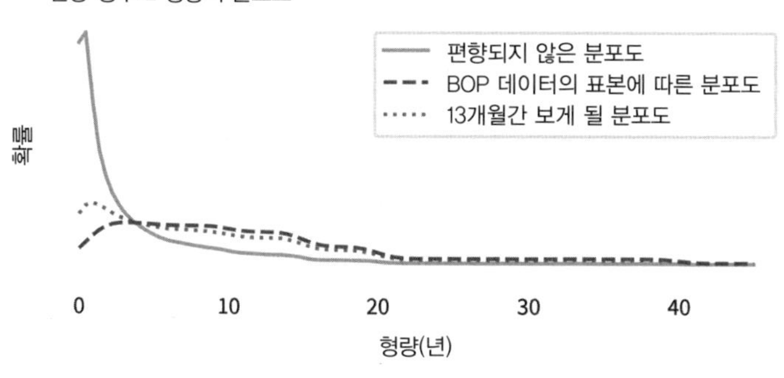

비교적 짧은 기간 동안 수감됐던 커먼과 같은 사람은 일회성 방문자에 비해 다른 단기 수형자들을 볼 가능성이 높고 장기 형량을 선고받은 사람들을 과대 표집할 확률은 더 낮지만 그 차이는 그리 크지 않다. 그녀가 관

찰한 분포도는 실제 분포도와 상당히 다르다. 우리는 그 차이를 이렇게 요약할 수 있다.

- 실제 분포도의 평균은 3.6년이다. 편향된 분포도의 평균은 거의 13년으로 그보다 3배 이상 더 길다! 13개월 수감자의 눈으로 볼 때, 평균은 10년으로 여전히 실제 평균보다 훨씬 더 길다.
- 실제 분포도에서, 수감자의 약 45%는 1년 미만의 형량을 선고받았다. 만약 당신이 형무소를 한 번만 방문한다면 당신이 보는 수감자의 5% 미만이 단기 수감자다. 만약 13개월간 머문다면, 당신의 추정치는 더 나아지겠지만 여전히 부정확하다. 당신이 만나는 수감자의 약 15%가 단기 수감자다.

하지만 검사의 역설이 사법 시스템에 대한 우리의 인식을 왜곡하는 방식은 그 뿐만이 아니다.

재범률

2016년 「Crime & Delinquency(범죄와 비행)」 저널에 실린 한 논문은 검사의 역설이 재범률recidivism에 대한 우리의 추측에 어떤 영향을 미치는지 보여주었다. 재범률은 형무소에서 석방됐다가 다시 범죄를 저질러 형무소로 돌아오게 되는 사람의 숫자를 가리킨다. 그 정의에 따른다면, 이전 보고서들은 주 형무소에서 석방된 사람의 45–50%가 3년 안에 형무소로 돌아왔다.

하지만 그 보고서들은 '사건 기반event-based' 표본들이다. 죄수들이 그들의 출옥 같은 사건을 근거로 선택됐다는 말이다. 그런 표집 절차는, 한 번 이상 수감되었던 사람은 그 표본에 나타날 확률이 더 높기 때문에 편향적이다. 대안은 모든 수감자가 얼마나 많은 선고를 받았든 상관없이 동일한 확률로 나타나도록 하는 '개인 기반individual-based' 표집이다.

사건 기반 표본에서 재범자들은 과다 표집되기 때문에 재범률도 높다. 그 논문에서 나온 데이터를 사용해 얼마나 더 높은지 확인할 수 있다. 2000년과 2012년 사이에 자료를 수집한 17개 주의 보고서들을 근거로, 아래 그림에서 보듯이 저자들은 사건 기반 표본들에서 수감 숫자를 계산했다.

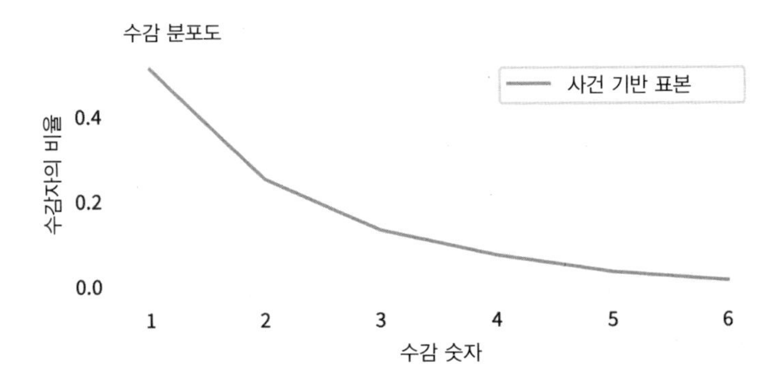

이 표본에서 수감자의 51%는 한 번밖에 수감되지 않았다. 다른 49%는 재범자들이다. 그러므로 이 통계는 이전 보고서들의 결과와 일치한다. 우리는 이 데이터를 써서 개인 기반 표본을 시뮬레이션할 수 있다. 다음 그림에서 파선은 그 결과를 보여준다.

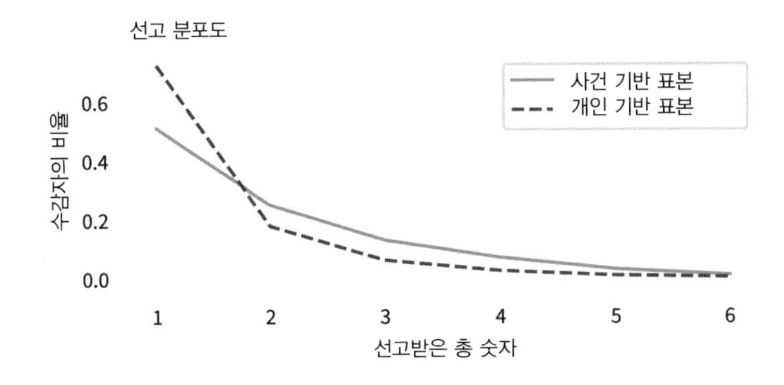

개인 기반 표본에서 대다수 수감자들은 선고를 한 번 받았다. 28%만이 재범자들로 두 번 이상 선고를 받았다. 이는 사건 기반 표본에서 얻은 재범률 49%보다 상당히 더 낮은 숫자다. 이들 통계 중 어느 것도 틀리지 않았지만, 다른 질문들에 대한 대답을 제공한다.

개인 기반 표본은 한 번이라도 수감된 적이 있는 사람들 중 몇 퍼센트가 재범자인지 알려준다. 만약 형무소가 효과적인 범죄 억제 장치인지 알고 싶다면, 혹은 재범률을 줄이기 위한 목적의 새 프로그램을 평가한다면, 이것은 고려해 볼 만한 통계일 것이다. 그 기준으로 본다면 결과는 비교적 괜찮다. 그 논문의 저자들이 관찰한 대로, "수감됐던 범죄자들의 대부분은 다시 돌아오지 않았다"는 결과이기 때문이다.

사건 기반 표본은 짧은 시간 간격 동안 출소한 사람들의 몇 퍼센트가 재범자인지 알려준다. 이 통계는 재범 위험과 연관되지만, 이미 다수의 전과를 가진 사람과 앞으로 재범할 사람을 구분하지 않기 때문에 생각만큼 유용하지 않을 수도 있다. 그리고 검사의 역설 탓에, 사건 기반 표본은 "범죄자들의 재범률을 과장"함으로써 "아무 대책도 전혀 통하지 않는다거나, 그보다는 덜하지만 어떤 대책도 기대만큼 효과적이지 않다는 비관론을 부추길" 수 있다.

그와 연관된 현상은 동일 인물을 한 번 이상 체포하는 경찰관의 인식에 편견을 심어줄 수 있다. 이들은 그런 체포가 헛수고라고 느낄지 모르지만 이들의 표본은 편향된 것이다. 어느 날이든 경찰은 전문 범죄자와 마주칠 확률이 더 높은 반면, 일회성 우발적 범죄자와 조우할 확률은 더 낮으며, 준법 시민과 업무상 부딪힐 확률은 그보다 더 낮다. 그들이 이런 편향을 인식하지 않는다면, 사법 정의에 대한 경찰의 인식은 현실보다 더 암울할 것이다.

검사의 역설은 어디에나 널렸다

검사의 역설을 알고 나면, 그것이 어디에나 널렸다는 사실을 인식하게 된다.

데이터 과학을 가르칠 때, 나는 학생들에게 그들의 가족 구성원은 얼마나 되는지 묻고 그 평균을 계산한다. 매 학기마다, 그 결과는 자연 평균보다 더 높다. 내 강의를 듣는 학생들은 대부분 대가족이기 때문일까? 아니다. 나의 표집 과정이 편향된 탓이다. 만약 한 가족이 다자녀라면, 그들 중 하나가 내 강좌에 있을 확률은 더 높다. 일반적으로, x명의 자녀를 둔 가족은 x의 비율로 과장된 대표성을 갖는다.

고객서비스에 전화를 걸면 왜 그 콜센터는 항상 "평소보다 더 많은 양의 문의 전화"를 받을까? 왜냐하면 이들이 바쁠 때는, 많은 사람들이 이 메시지를 듣는 데 반해, 이들이 덜 바쁠 때는 그런 한가함을 즐기는 고객이 더 적기 때문이다.

항공사들은 너무 많은 항공편이 거의 좌석이 비었다고 불평한다. 동시에 승객들은 너무 많은 항공편이 만석이라고 불평한다. 양쪽 다 맞을 수 있다. 항공편이 거의 공석일 때는 몇몇 승객만이 가외의 공간을 즐긴다. 하지만 항공편이 만석일 때는 많은 승객들이 너무 비좁다고 느낀다.

요약하면, 검사의 역설은 많은 영역들에서, 때로는 미묘한 방식으로 나타난다. 그에 대해 모르면 통계적 오류로 이어져 무효한 결론을 도출할 수 있다. 하지만 많은 경우들에서 이것은 피할 수 있고, 때로는 실험적 디자인의 일부로서 의도적으로 사용될 수도 있다.

출처와 관련 문헌

- 퍼듀 대학에서 얻은 강좌 크기에 대한 데이터는 더 이상 이 학교의

웹페이지에 없지만 인터넷 아카이브Internet Archive에서 구할 수 있다[32].

- 레드 라인 데이터에 관한 정보는 MBTA에서 구할 수 있다[75].
- 친구 관계의 모순에 관한 펠드의 오리지널 논문은 「Why Your Friends Have More Friends Than You Do(왜 당신의 친구들은 당신보다 더 많은 친구들을 가졌는가)」[41]이다. 2011년, 한 연구 그룹이 7억 2100만 명의 페이스북 사용자들을 대상으로 그 모순을 계량화한 연구 결과를 발표했다[127]. 나는 그들의 데이터가 없어서 2021년의 한 논문으로부터 훨씬 더 작은 하부 세트로 작업했다[76]. 그 자료는 네트워크 데이터 리포지토리Network Data Repository에서 구할 수 있다[107].
- 존 앨런 파울로스John Allen Paulos는 「사이언티픽 아메리칸Scientific American」에 친구 관계의 모순에 대해 글을 썼다[92]. 스티븐 스트로가츠Steven Strogatz는 「뉴욕타임스」에 그에 관해서뿐 아니라 강좌 크기의 역설에 대해서도 기사를 썼다[117].
- 돌고래 데이터는 본래 「Behavioral Ecology and Sociobiology(행태 생태학과 사회생물학)」에 실린 논문에서 나왔다[71]. 나는 네트워크 데이터 리포지토리에서 그것을 내려받았다[107].
- 마이클 루이스는 「네이처」에 실린 한 기사[66]에 일부 근거해 접촉자 추적에 관한 내용을 『The Premonition』에서 다뤘다[67].
- 제이넵 투펙치Zeynep Tufekci는 「Atlantic(애틀랜틱)」에 슈퍼 전파자에 관한 글을 썼다[125].
- 주자의 속도에 대한 데이터는 본래 'Cool Running(쿨 러닝)'에서 인용했는데, 이 자료는 인터넷 아카이브에서 구할 수 있다[2].

- 나는 징역형의 지속 기간에 대한 데이터를 연방형무소국의 웹사이트에서 구했다[111].
- 재범률에 관한 논문은 로즈Rhodes를 비롯한 다수의 공저로 발표된 「Following Incarceration, Most Released Offenders Never Return to Prison(징역형에 이어, 대부분의 출소된 범죄자들은 결코 재범하지 않는다)」를 참고했다[100].

3장

전통을 거부하고 세계를 구하라

당신이 인구가 빠르게 증가하는 어느 소국의 통치자라고 가정하자. 당신의 자문관들은 이 증가세가 둔화되지 않으면 인구는 농장들의 생산 한계를 초과할 것이고 그러면 소작농들은 굶주리게 될 것이라고 경고한다. 왕 직속 인구통계학자는 가족의 평균 규모는 현재 3명이라고 알려준다. 이는 왕국의 여성 한 명당 평균 세 자녀를 낳는다는 뜻이다. 그는 세대 교체 수준이 2에 가깝다면서, 만약 가족 규모가 1만큼 줄어든다면 인구는 지속 가능한 규모로 안정될 것이라고 설명한다.

한 자문관이 묻는다. “모든 여성은 그 어머니보다 적은 자녀를 갖도록 규정하는 새 법을 만들면 어떨까요?” 유망하게 들린다. 어진 독재자인 당신은 신민들의 출산의 자유를 제한하기가 망설여지지만 그런 정책은 최소한의 부담으로 가족 규모를 줄이는 데 효과적일 것 같다.

“그렇게 하시오.”라고 당신은 허락한다.

그로부터 25년 뒤, 당신은 직속 인구통계학자를 불러 상황이 어떻게 달라졌는지 묻는다. “전하께 아뢸 좋은 소식과 나쁜 소식이 있습니다”라고 그는 운을 뗀다. “좋은 소식은 새 법의 효과는 완벽했습니다. 법이 발효된 이후 왕국의 모든 여성은 그 어머니보다 더 적은 자녀를 출산해 왔습니다.”

“놀라운 소식이군. 그럼 나쁜 소식은 뭐요?” 당신은 묻는다.

"나쁜 소식은 가족의 평균 크기가 3.0에서 3.3으로 증가해 인구의 증가세가 이전보다 더 빨라지면서 식량 부족 사태가 벌어지고 있습니다."

"그게 어떻게 가능하지? 모든 여성이 그 어머니보다 더 적은 자녀를 출산한다면 가족 규모는 더 작아져서 인구 증가세도 둔화돼야 마땅할텐데."

실제로, 사태는 그렇지 않았다. 1976년 워싱턴 대학교의 인구통계학자인 새뮤얼 프레스턴Samuel Preston은 세 가지 놀라운 현상을 제시한 논문을 출간했다. 첫째는 가족 규모를 따지는 두 가지 측정법 간의 관계다. 여성들에게 몇 명의 자녀가 있느냐고 물어서 얻는 숫자와, 그들의 어머니가 몇 명의 자녀를 가졌느냐고 물어서 얻는 숫자 간의 관계. 대체로, 여성들에게 자녀가 몇이냐고 물으면 평균 가족 크기는 작아지고, 그들의 어머니가 자녀를 몇이나 낳았느냐고 물으면 평균 가족 크기는 커진다. 이 장에서, 우리는 왜 그런지 그리고 얼마나 차이가 나는지 알아볼 것이다.

두 번째 현상은 20세기 동안 벌어진 미국 가족 규모의 변화와 연관된다. 1930년대 대공황기의 가족 규모와 1946-1964년 베이비 붐 시대의 가족 규모를 비교한다고 가정하자. 이 기간 동안 자녀를 출산한 여성들을 조사한다면, 베이비 붐 시기의 평균 가족이 더 컸다. 하지만 그 자녀들에게 부모의 가족이 얼마나 컸느냐고 묻는다면, 대공황기의 평균 규모가 더 컸다. 이 장에서 우리는 어떻게 그런 일이 벌어졌는지 알아볼 것이다.

세 번째 현상은 당신이 왕인 상상의 왕국에서 알게 된 내용으로, 나는 이를 '프레스턴의 역설Preston's paradox'이라고 부르겠다. 설령 모든 여성이 그 어머니 세대보다 더 적은 자녀를 출산하더라도 가족 규모는 평균적으로 더 커질 수 있다. 어떻게 그것이 가능한지 알아보기 위해, 우리는 가족 규모를 재는 두 측정법부터 짚어보겠다.

가족의 규모

가족은 복잡한 문제다. 자신이 낳았으면서도 양육하지 않을 수 있고, 자신이 낳지 않았지만 자녀로 양육할 수도 있다. 자녀들은 부모가 같아도 함께 양육되지 않을 수 있고, 서로 아무런 생물학적 친연성이 없어도 함께 양육될 수 있다. 그러므로 '가족 규모family size'의 정의는 누구에게 묻느냐 그리고 어떤 질문을 받느냐에 따라 달라질 수 있다.

인구 증가의 맥락에서, 우리는 종종 평생 출산에 주목하고, 그래서 프레스턴은 '가족 규모'를 "출산 능력이 있는 여성이 출산한 자녀의 총 숫자"로 규정한다. 그는 그런 점에서 '한배의 규모brood size'라는 용어가 더 적절하다고 말하지만, 나는 그보다 동물학적 느낌이 덜 나는 용어를 고수하고자 한다.

사회학의 맥락에서, 우리는 종종 '지향 가족family of orientation'의 규모에 주목한다. 이것은 한 개인이 그 안에서 양육되는 가족을 가리킨다. 만약 지향 가족들을 직접 측정할 수 없다면, 대부분의 여성들은 그들이 출산한 자녀를 양육한다고 단순 가정함으로써 적어도 근사치로 그 규모를 추정할 수 있다. 그것이 어떻게 작동하는지 보여주기 위해 나는 미국 인구조사국US Census Bureau의 데이터를 사용할 것이다.

인구조사국은 매 2년마다 현재 인구 조사Current Population Survey, CPS의 일환으로 미국에서 여성들의 대표표본representative sample을 대상으로 그들이 그동안 얼마나 많은 자녀를 출산했는지를 비롯해 여러 질문을 던진다. 완료된 가족 규모를 측정하기 위해, 이들은 40-44세의 여성들을 고른다(물론 어떤 여성들은 40대에도 자녀를 출산하기 때문에 이 추정치는 다소 낮을 수 있다). 나는 이들의 2018년 데이터를 사용해 가족 규모의 현재 분포를 추산했다. 다음 그림은 그 결과를 보여준다. 원점들은 각 숫자만큼 자녀를 출산한 여성들의 비율을 보여준다. 예를 들면, 표본에서 여성의 약 15%가 자녀가 없고, 35% 가까이가 두 명의 자녀를 두었다.

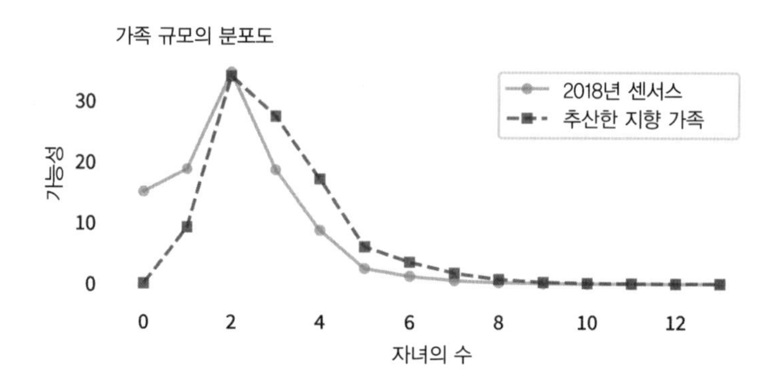

이제, 만약 이 자녀들을 조사해 그들의 어머니가 몇 명의 자녀를 뒀느냐고 묻는다면 우리는 어떤 결과를 얻게 될까? 대가족은 과대 표집될 것이고 핵가족은 과소 표집될 것이며, 자녀가 없는 가족들은 아예 나타나지 않을 것이다. 일반적으로, k명의 자녀를 가진 가족은 표본에 k회 나타난다.

따라서, 만약 여성들의 표본으로부터 가족 규모의 분포도를 취한다면, 각 막대와 그에 상응하는 k값을 곱한 다음 총수로 나누면 자녀들의 표본으로부터 얻은 가족 규모의 분포도를 얻게 된다. 위 그림에서, 네모점들은 이 분포도를 보여준다. 예상한 대로, 대가족(셋이나 그 이상의 자녀)에 속한 자녀들은 더 많이 나타나고, 한 자녀만 가진 가족은 더 적게 나타나며, 자녀가 없는 가족은 아예 나타나지 않는다.

일반적으로, 평균 가족 규모는 자녀들을 조사하는 경우보다 여성들을 조사하는 경우에 더 작게 나타난다. 이 사례에서, 여성들에 의해 보고된 평균 가족 규모는 2에 가까운 데 견주어, 자녀들에 의해 보고된 평균은 3에 근접한다. 그러므로, 만약 여성들에 의해 보고된 가족 규모가 더 커진다면, 자녀들에 의해 보고된 가족 규모는 심지어 그보다 더 커질 것이라고 예상할 수 있다. 하지만 다음 섹션에서 확인하게 되듯이 늘 그런 것만은 아니다.

대공황과 베이비 붐

프레스턴은 미국 인구조사국의 데이터를 사용해 1890년대와 1970년 사이의 여러 지점들에서 가족 규모들을 비교했다. 그 결과들 중 주목할 만한 내용은 다음과 같다.

- 1950년, 인구조사에서 여성들에 의해 보고된 평균 가족 규모는 2.3명이었다. 1970년에는 2.7명이었다. 첫 번째 그룹은 대부분 대공황기에 자녀를 출산했고, 두 번째 그룹은 베이비 붐 시대에 출산한 점을 감안하면 이 증가는 놀랍지 않았다.
- 그러나, 만약 이 여성들의 자녀들을 조사해 그들의 어머니에 대해 묻는다면, 1950년 표본의 평균 크기는 4.9명이고, 1970년의 표본에서는 4.5명이다. 이 감소 현상은 놀라웠다.

이 조사에 응한 여성들에 따르면, 1950년과 1970년 사이에 가족 규모는 거의 0.5명 더 커졌다. 그러나 이들의 자녀들에 따르면 같은 기간 동안 가족 규모는 도리어 거의 0.5명만큼 더 작아졌다. 둘 다 맞을 수는 없을텐데, 조사 결과는 그렇게 나왔다. 왜 그런지 이해하기 위해서는 평균들만이 아니라 가족 규모의 전체 분포도를 들여다보지 않으면 안 된다.

나는 프레스턴의 논문에 나온 분포도를 그래프 디지털화 도구를 써서 수적으로 추출했다. 이 과정은 작은 오류를 낳기 때문에, 나는 프레스턴이 계산한 평균 가족 규모와 맞추기 위해 그 결과를 조정했다. 다음 그림은 이런 분포도들을 보여준다.

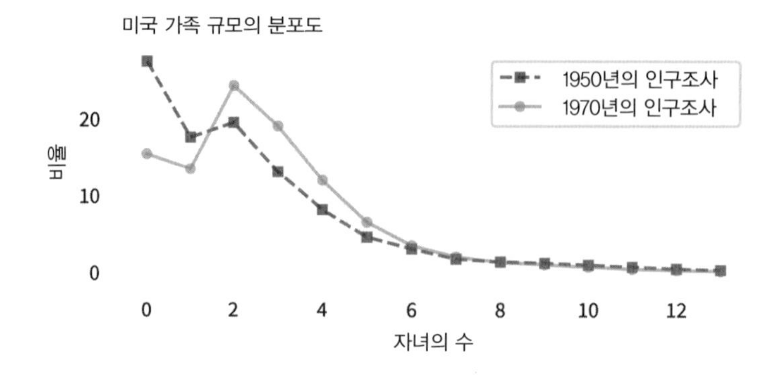

가장 큰 차이는 커브의 왼쪽 부분에 있다. 1950년에 조사된 여성들은 1970년에 조사된 여성들에 견주어 자녀가 없거나 하나뿐일 가능성이 상당히 더 높았다. 2명에서 5명의 자녀를 가졌을 확률은 더 낮았고 9명이나 그 이상일 가능성은 조금 더 높았다.

이것을 다른 방식으로 보면, 가족 규모는 1950년대 조사 집단에서 더 높은 편차를 보였다고 할 수 있다. 분포도의 표준 편차는 약 2.4로, 1970년대 조사 집단의 2.2보다 더 높다. 이 가변성은 가족 규모를 측정하는 두 방법들 간에 차이가 발생하는 이유이다.

프레스턴이 추론한 대로, 여성들에 의해 보고된 평균 가족 규모(X)와, 그 자녀들에 의해 보고된 평균 가족 규모(C) 사이에는 다음과 같은 수학적 관계가 성립한다.

$$C = X + V/X$$

여기에서 V는 분포도의 변이도(표준 편차의 제곱)이다. 1950년과 1970년 사이에 X는 더 커졌지만 V는 더 작아졌고, C 또한 더 작아진 것으로 드러났다. 가족 규모가 어머니들을 조사하면 더 커지고, 그 자녀들을 조사하면 더 작아질 수 있는 것은 그 때문이다.

더 최근에는

최근 수행된 인구조사 데이터 덕택에, 우리는 1970년 이후 가족 규모에 어떤 변화가 생겼는지 알 수 있다. 다음 그림은 조사 당시 40-44세 여성들이 출산한 자녀들의 평균 숫자를 보여준다. 첫 번째 집단은 1970년에 조사됐고 마지막은 2018년이다.

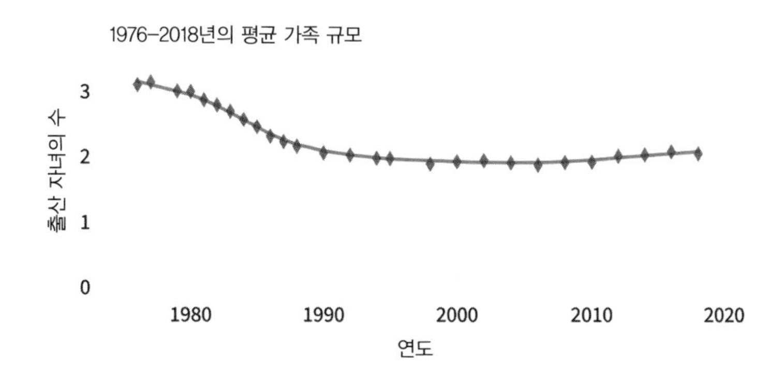

1976년과 1990년 사이에, 평균 가족 규모는 3 이상에서 2 미만으로 줄었다. 2010년 이후 그 규모는 조금 늘었다. 그러한 변화가 어디에서 유래하는지 보기 위해, 분포도의 각 부분이 어떻게 변했는지 살펴보자. 다음 그림은 출산 자녀가 0, 1, 또는 2명인 여성들의 비율을 연도별로 표시한 모양이다.

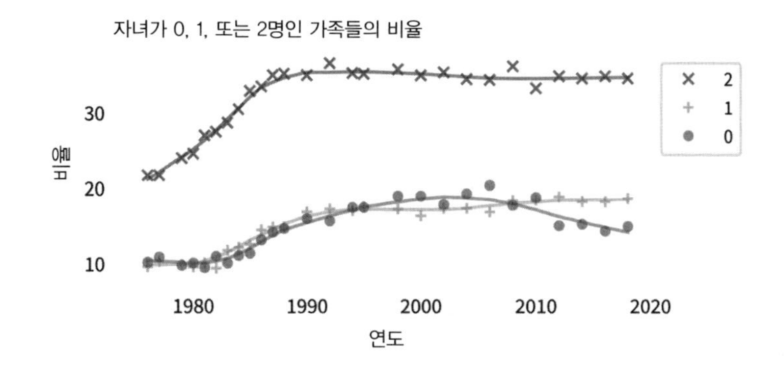

핵가족의 비율은 특히 1976–1990년 사이에는 증가세를 보여, 2명의 자녀를 가진 여성들의 비율은 22%에서 35%로 증가했다. 자녀가 1명이거나 아예 없는 여성들의 비율도 증가했다. 다음 그림은 같은 기간 동안 대가족의 비율이 어떻게 변했는지 보여준다.

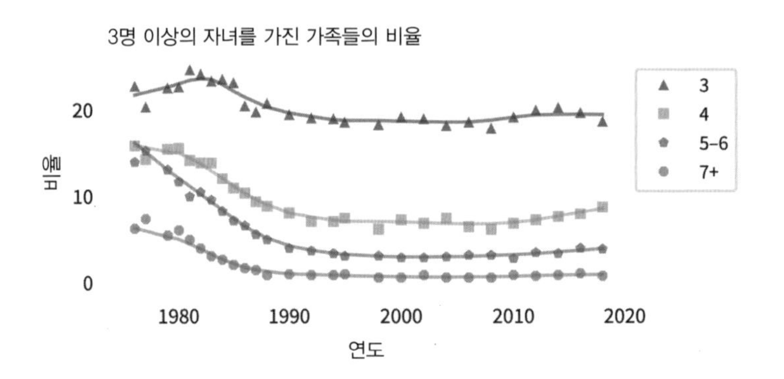

대가족의 비중은 상당히 감소했는데, 특히 5명이나 6명 이상의 자녀를 가진 가족의 비율은 1976년 14%에서 2018년 4%로 현저히 줄었다. 같은 기간 동안, 7명 이상의 자녀를 가진 가족들의 비율은 6%에서 1% 미만으로 감소했다. 우리는 이 데이터를 사용해 가족 규모에 대한 두 측정 결과들이 시간이 지나면서 어떻게 달라졌는지 파악할 수 있다. 다음 그림은 여성들에 의해 보고된 출산 자녀들의 평균 숫자 X와, 그 자녀들에 의해 보고된 평균 숫자 C의 분포도를 보여준다.

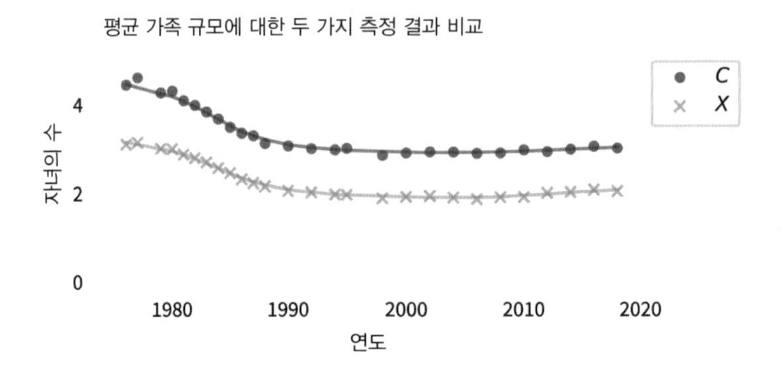

1976년부터 1990년까지, 여성들에 의해 보고된 평균 가족 규모 X는 3.1에서 2.0으로 줄었다. 같은 기간 동안, 그 자녀들에 의해 보고된 평균 가족 규모 C도 4.4에서 2.8로 줄었다. 1990년 이후 X는 2에 근접한 반면 C는 3에 가까워졌다.

프레스턴의 역설

이제 맨 앞에서 예로 든 상상 왕국의 놀라운 결과를 설명할 차례이다. 그 시나리오에서 평균 가족 규모는 3명이었다. 이어 우리는 모든 여성이 그 어머니보다 더 적은 자녀를 갖도록 요구하는 새로운 법을 만들었다. 모든 여성은 그 법을 완벽하게 준수해 그 어머니보다 더 적은 자녀를 출산했다. 그럼에도 불구하고, 25년뒤 평균 가족 규모는 3.3으로 도리어 늘었다.

그게 어떻게 가능할까?

잘 믿기지 않겠지만 이 시나리오의 숫자들은 꾸며낸 게 아니다. 1979년 미국의 조사에서 드러난 가족 규모의 실제 분포도에 근거한 것이다. 그 해 조사에 응한 여성들의 평균 가족 규모는 3에 가까웠다. 물론, "어머니보다 더 적게 출산하라"고 규정한 법이 미국에서 제정된 적은 없고, 25년 뒤의 평균 가족 규모는 3.3이 아니라 1.9였다. 하지만 실제 분포도를 출발지로 삼아 시뮬레이션 하면 다른 시나리오로도 사태가 진전될 수 있음을 알게 된다.

먼저, 모든 여성이 그 어머니와 똑같은 수의 자녀를 가졌다고 가정하자. 그런 경우, 가족 규모의 분포도는 변하지 않을 것이라고 생각할지 모르지만 그렇지 않다. 사실은, 가족 규모는 빠르게 증가한다. 작은 일례로, 두 가족만 가정해 보자. 한 가족은 자녀가 2명이고, 다른 가족은 4명으로, 평균 가족 규모는 3명이다.

그 자녀들의 절반이 딸이라고 가정하면, 다음 세대에서는 두 자녀 가족에서는 1명의 여성이, 네 자녀 가족에서는 2명의 여성이 나오게 될 것이다. 만약 이 여성들이 어머니와 동일한 수의 자녀를 출산한다면, 한 사람은 2명의 자녀를 낳고, 다른 두 사람은 4명을 낳을 것이다. 그러므로 평균 가족 규모는 3.33이 될 것이다.

다음 세대에서는 한 여성은 2명의 자녀를 갖지만, 네 여성은 각기 4명의 자녀를 갖게 될 것이다. 그러므로 평균 가족 규모는 3.6이 될 것이다. 세대가 이어지면서, 4명의 자녀를 가진 가족들의 수는 기하급수적으로 증가할 것이고, 그에 따라 평균 가족 규모도 4에 빠르게 접근할 것이다.

더 현실적인 분포도로 같은 계산을 해볼 수 있다. 사실 이것은 자녀들에 의해 보고된 가족 규모의 분포도를 계산하는 데 사용한 셈법이다. 자녀들을 대상으로 조사할 때 대가족이 초과 대표성을 보이는 것과 마찬가지로, 모든 여성이 그 어머니와 동일한 수의 자녀를 갖는 경우에도 대가족이 초과 대표성을 나타낸다. 다음 그림은 1979년 조사에서 얻은 가족 규모의 실제 분포도(실선)와, "어머니와 같은 수의 자녀" 시나리오를 시뮬레이션한 셈법의 결과(파선)를 보여준다.

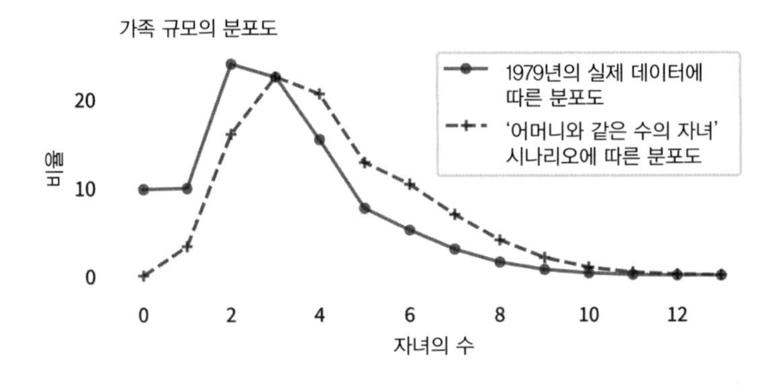

다음 세대에서 핵가족은 줄고 대가족은 늘어서, 분포도는 오른쪽으로 이

동한다. 오리지널 분포도의 평균은 3이고, 시뮬레이션으로 얻은 분포도의 평균은 4.3이다. 만약 이 과정을 되풀이한다면 평균 가족 규모는 다음 세대에서 5.2, 그 다음엔 6.1, 그 다음엔 6.9를 기록할 것이다. 궁극적으로, 거의 모든 여성들이 13명의 자녀를 갖게 되는데, 이것은 이 데이터세트의 극대치이다.

이런 패턴을 관찰한 프레스턴은 이렇게 설명한다. "이 추세로 볼 때 인구 증가의 전망은 명확하다. 인구 출산율을 일정 수준으로 유지하기 위해서만도 각 세대의 부모들은, 평균적으로, 그들을 낳은 부모 가족들이 가졌던 자녀의 수보다 상당히 더 적은 자녀를 출산해야 한다." 이제 프레스턴의 조언을 따른다면 어떤 일이 벌어질지 알아보자.

한 자녀를 덜 낳으면

모든 여성이 그 어머니보다 정확히 한 자녀를 덜 낳는다고 가정하자. 우리는 이전 섹션에서 한 것처럼 편향된 분포도를 계산한 다음 그 결과를 한 자녀만큼 왼쪽으로 이동시키는 방식으로 이 행태를 시뮬레이션 할 수 있다. 다음 그림은 이 시뮬레이션의 결과와 더불어 1979년의 실제 분포도를 보여준다.

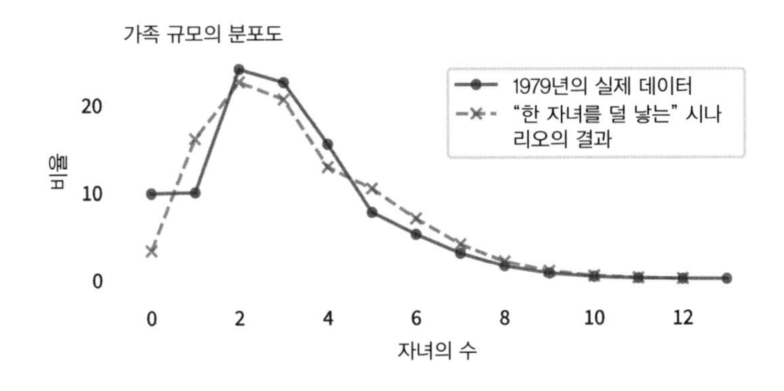

시뮬레이션한 분포도는 길이 편향 때문에 평균을 높이지만 왼쪽으로 1만큼 옮기면서 다시 그 평균을 줄이는 효과를 얻었다. 일반적으로, 그 순효과는 증가나 감소일 수 있는데 이 사례의 경우 3.0에서 3.3으로 높아지는 효과가 나타났다.

장기적으로는

이 과정을 되풀이해서 다음 세대를 시뮬레이션한다면 평균 가족 규모는 3.5로 다시 증가한다. 다음 세대에서는 3.8로 높아진다. 마치 영원히 증가할 것처럼 보이지만, 만약 모든 여성이 그 어머니보다 한 자녀 적게 낳는다면, 각 세대에서 '최대' 가족 규모는 1만큼 감소한다. 따라서 궁극적으로 '평균'은 내려간다. 다음 그림은 10세대에 걸친 평균 가족 크기의 변화를 보여주는데, 제로 세대Generation Zero는 1979년의 실제 분포를 따른다.

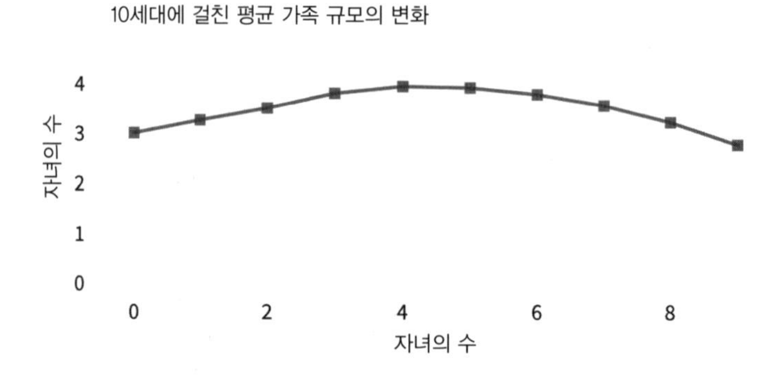

가족의 규모는 4세대 동안은 증가해 3.9에서 정점을 찍는다. 이어 5세대가 지나면 그 규모는 시작 값 밑으로 떨어진다. 1세대를 25년으로 잡았을 때, 이것은 상상의 왕국에서 제정한 새 법이 기대한 효과를 거두기까지 200년 이상이 걸릴 것이라는 뜻이다.

현실은

물론, 1979년과 1990년 사이 그러한 법은 미국에 존재하지 않았다. 그럼에도 불구하고, 평균 가족 규모는 3 근처에서 2 근처 수준으로 떨어졌다. 그것은 한 세대도 안 되는 기간에 벌어진 엄청난 변화다. 어떻게 그것이 심지어 가능할까? 앞에서 본 것처럼 모든 여성이 그 어머니보다 한 자녀씩 덜 낳더라도 충분하지 않다. 그렇다면 실제 차이는 그보다 더 컸을 게 틀림없다.

사실 그 차이는 약 2.3이었다. 왜 그런지 살펴보기 위해, 1979년 조사된 여성들의 자녀들에 의해 보고된 평균 가족 규모는 4.3이었음을 상기하자. 하지만 그렇게 자란 자녀들 중 여성들은 1990년 조사 대상이 됐고 그 결과 산출된 평균 가족 규모는 2에 가까웠다. 그러므로 이들은 그 어머니보다 평균 2.3명 더 적은 자녀를 출산한 셈이다.

프레스턴의 설명은 이렇다. "집단 수준에서 세대 간 안정성을 유지하기 위해서는 개인 수준의 중대한 세대 간 변화가 요구된다. … 결혼과 여성의 역할에 보수적 시각을 드러내는 사람들은 항상 차세대 부모들로 과다 대표성을 띠는데, 인구 전반에 대한 전통주의적 시각이 높아지지 않도록 하기 위해서는 이들이 그 자녀의 역할 모델이 되지 않도록 영구적으로 단절시켜야 한다." 달리 말하면, 자녀들은 그 어머니들의 출산 전례를 '거부해야만' 한다. 그러지 않으면 우리는 모두 멸망의 운명을 맞을 수밖에 없다.

현재

1990년 조사된 여성들은 그 어머니 세대의 출산 전례를 단호히 부정했다. 평균적으로, 각 여성은 그 어머니 세대보다 2.3명 더 적은 자녀를 출산했다. 만약 그 패턴이 한 세대 더 지속됐다면 2019년의 평균 가족 규모는 약

0.8이 됐을 것이다. 하지만 그렇게 되지 않았다. 2018년의 평균 가족 규모는 2에 가까운 수치로 1990년과 같았다. 그러면 어떻게 이런 일이 벌어졌을까?

따지고 보면, 이것은 모든 여성이 그 어머니 세대보다 한 자녀를 덜 갖는다면 나타날 것으로 우리가 예상한 상황과 비슷하다. 다음 그림은 2018년의 실제 분포도로, 우리가 1990년 분포도로 시작해 '한 자녀씩 덜 낳는' 시나리오를 시뮬레이션 했을 때 나타나는 결과와 비교한 양상이다.

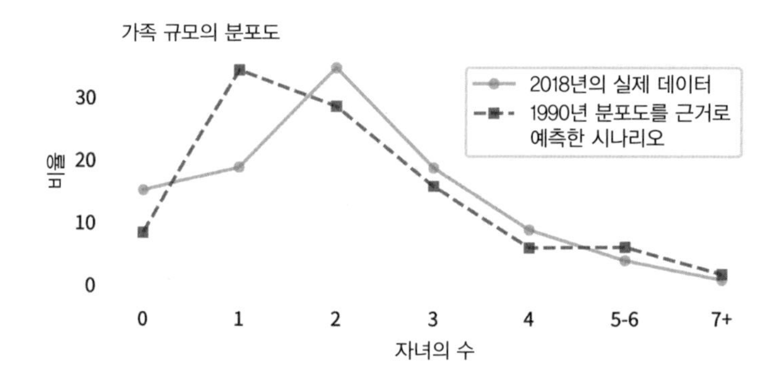

두 분포도의 평균은 거의 동일하지만 모양은 다르다. 현실에서는, 1990년 조사 결과 자녀가 전혀 없거나 2명인 가족들이 시뮬레이션에서 예측된 것보다 더 많았고 한 자녀 가족은 더 적었다. 하지만 최소한 평균적으로는, 미국 여성들은 "한 자녀 덜" 갖는 정책을 따라온 것처럼 보인다.

이 장을 시작하면서 소개한 시나리오는 가벼운 마음으로 생각해 보자는 의도였지만 많은 나라들과 시대에서 정부들은 실제로 가족 규모와 인구 증가를 제어하기 위한 정책들을 펼쳐 왔다. 널리 알려진 사례로 중국은 1980년에 '한 가정 한 자녀 정책'[1]을 수립하고 한 자녀 이상을 갖는 가정에는 가

1 중국 원어 표현은 '계획생육정책' – 옮긴이

혹한 제재를 가했다. 물론, 이 정책은 생육의 자유를 기본 인권으로 여기는 사람들에게는 부당하기 짝이 없다. 하지만 실질적인 문제로서도 의도치 않은 결과들은 매우 심각했다.

그 내용을 일일이 열거하기보다는 특히 아이러니컬한 결과 하나를 언급하고자 한다. 이 정책이 시행되는 동안 경제적 사회적 노동력은 희망했던 평균 가족 규모로 너무나 급격히 축소됐고, 그 때문에 그 정책이 2015년에 완화되고 2021년 재차 완화됐을 때 평균 생애 생식력은 겨우 1.3밖에 늘지 않았다. 이는 인구를 일정하게 유지하는 데 필요한 수치인 2.1보다 훨씬 더 낮은 수치다. 이후 중국은 가족 규모를 다시 늘릴 의도로 새 정책을 시행했지만, 기대한 만큼의 효과를 거둘지는 아직 분명치 않다. 인구통계학자들은 독자들이 이 책을 읽을 즈음에는 중국의 인구가 줄어들고 있을 것이라고 예측한다. 한 가정 한 자녀 정책의 결과는 광범위하며, 중국과 다른 나라들에 오랫동안 영향을 미칠 것이다.

출처와 관련 문헌

- 프레스턴의 논문 제목은 「Family Sizes of Children and Family Sizes of Women(자녀들이 본 가족 규모와 여성들이 본 가족 규모)」이다 [99].
- 현재 인구 조사와 관련된 자료는 미 인구조사국의 웹사이트에서 구할 수 있다[118]. 내가 사용한 데이터는 "Distribution of Women Age 40–50 by Number of Children Ever Born and Marital Status: CPS, Selected Years(데이터는 "출산 자녀의 수와 혼인 여부로 측정한 40–50대 여성들의 분포도: CPS, 조사 연도), 1976–2018"[1]이다.

- 2022년 9월, 경제 주간지 「이코노미스트」는 중국의 한 가정 한 자녀 정책과 가족 규모를 늘리기 위한 최근의 시도들에 관해 보도했다[19].

4장

극한치의 사람들, 아웃라이어들 그리고 역대 최고들(GOATs)

1장에서 우리는 자연계의 많은 측정 결과들이 정규 분포의 양상을 따른다는 점을 보이고 왜 그런지 설명했다. 만약 우리가 많은 무작위 변수들을 더한다면 그 합계의 분포도 같은 양상을 보일 것이다. 정규 분포는 워낙 흔해서 대부분의 사람들은 그것이 어떻게 나타나는지 직관적으로 이해한다. 예컨대 신장(키)의 분포를 고려하면 우리는 대략 같은 수의 사람들이 평균 위와 아래에 존재하며, 그 분포는 양쪽 방향으로 같은 거리만큼 연장될 것이라고 예상한다. 또한 그 분포가 매우 멀리까지 연장될 것이라고는 예상하지 않는다. 예를 들면, 미국인의 평균 신장은 약 170cm이다. 역대 가장 큰 사람은 272cm였는데, 확실히 크지만 평균에 견주면 겨우 60% 더 클 뿐이다. 그리고 그보다 훨씬 더 큰 사람이 나올 가능성은 거의 없다.

하지만 모든 분포가 가우스적 성격을 띠진 않으며, 많은 경우는 이런 직관을 배반한다. 이 장에서 우리는 성인의 체중은 정규 분포를 따르지 않지만 그 로그logarithm[1]는 그런 분포를 보여 '로그 정규 분포lognormal'로 분류되는 것을 보게 될 것이다. 그 때문에 가장 무거운 사람들은 정규 분포로 예상하

1 지수에 대비된다는 의미에서 '대수(對數)'라고도 하는데, 음이 같은 '대수(代數, algebra)'가 더 널리 쓰이는 데다 혼동을 일으킬 우려가 있어 거의 쓰이지 않는다. – 옮긴이

는 것보다 훨씬 더 무겁다. 신장의 분포도와 달리, 체중의 분포도에서 우리는 평균보다 두 배나 그 이상이 되는 사람들을 발견한다. 믿을 만한 측정 결과 미국에서 가장 무거운 체중을 가진 사람은 현재 평균의 거의 8배에 달했다.

자연계와 인공 시스템들의 많은 다른 측정 결과들도 로그 정규 분포를 따른다. 나는 달리는 속도와 체스 선수의 실력 점수를 비롯한 몇 가지 사례를 보여줄 것이다. 그리고 그에 대한 해명도 제공할 것이다. 만약 우리가 많은 무작위 변수들을 한데 곱하면, 그 곱product의 분포는 로그 정규 분포의 경향을 보일 가능성이 높다.

이 분포도들은 극단 값과 특이값들에 대한 시각에 모종의 시사점을 제공한다. 로그 정규 분포에서, 가장 무거운 사람들은 더 무겁고, 가장 빠른 주자들은 더 빠르며, 최고의 체스 선수들은 정규 분포로 예상되는 수준보다 훨씬 더 뛰어나다. 예컨대, 우리가 체스에 완전 초보인 A라는 사람으로 시작한다고 가정하자. 우리는 그보다 더 경험이 많고, A와 10번 대진하면 9번 이길 수 있는 B 선수를 쉽게 찾아낼 수 있다. 그리고 B에 대한 승률이 90%인 C 선수를 찾아내기도 어렵지 않을 것이다. 사실 C는 평균 수준에 퍽 가까울 것이다. 이어 C에 대한 승률이 90%인 D 선수를 찾아내고, 다음에는 열에 아홉은 D를 꺾을 수 있는 E 선수를 찾아낸다.

정규 분포에서는 그것이 우리가 얻게 될 모든 정보다. 만약 A가 완전 초보이고 C가 평균이라면 E는 최고수 중 한 명일 것이고, 그보다 상당히 더 뛰어난 누군가를 찾기는 어려울 것이다. 하지만 체스 기술의 양태가 로그 정규 분포라면, 그것은 정규 분포보다 훨씬 더 오른쪽으로 연장된다. 사실 우리는 E를 꺾을 수 있는 F 선수를 찾을 수 있고, F를 꺾는 G, 그리고 G를 꺾는 H 선수를 찾을 수 있으며, 각 단계마다 승률은 90%이다. 그리고 이 분포도에서 세계 챔피언은 거의 90%의 승률로 H를 꺾을 것이다.

이 장 후반부에서 우리는 이런 숫자들이 어떻게 나오는지 볼 것이고, 특이값들에 대한 통찰을 얻는 한편 어떻게 그런 값을 가질 수 있는지 논의할 것이다. 하지만 체중의 분포도부터 살펴보기로 하자.

예외

1장에서 나는 미국 육군 인사부의 인체측정 조사에서 얻은 신체 측정 자료를 들어 가우스 모델이 거의 모든 요원들에게 맞는다는 점을 보였다. 사실은, 거의 모든 생물종에서 어떤 신체 부위를 측정하더라도 그 분포도는 가우스 곡선을 따를 것이다.

하지만 한 가지 예외가 있다. 체중이다. 그 점을 입증하기 위해 나는 미국 질병통제예방센터의 연례 조사인 'BRFSS(Behavioral Risk Factor Surveillance System, 행동 위험 요소 감시 시스템)'의 데이터를 사용할 것이다. 2020년에 수집된 데이터세트는 총 19만 5055명의 남성과 20만 5903명의 여성으로 구성된 미국 성인의 인구 통계, 건강, 건강상 위험 정보를 담고 있다. 스스로 보고한 응답자들의 체중은 그 중 하나인데 킬로그램kg 단위로 기록돼 있다.

다음 그림은 CPF를 사용해 표시한 이 체중들의 분포를 보여준다. CDF는 1장에서 소개한 바 있다. 더 옅은 선들은 그 데이터에 가장 잘 부합하는 가우스 모델을 보여준다. 그래프 꼭대기의 십자 교차선들은 정규 분포로부터 얻은 이 크기의 표본들에서 발견할 것으로 예상한 가장 큰 체중들의 위치를 보여준다.

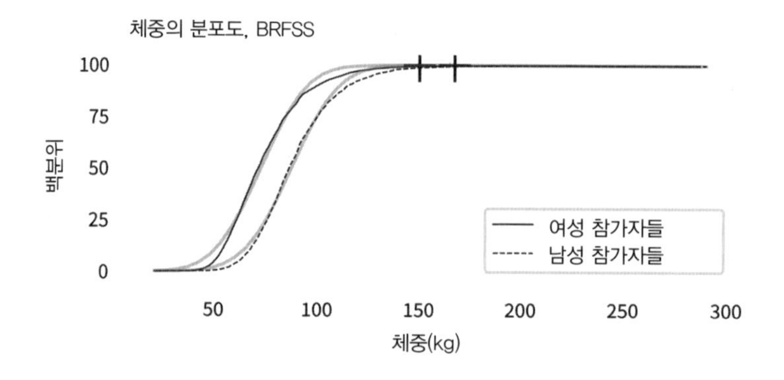

가우스 모델들은 이 측정 분야에 그리 잘 부합하지 않으며, 극단 값들은 더 극단적 양상을 보인다. 만약 이 분포들이 가우스 모델을 따른다면, 표본에서 가장 체중이 무거운 여성은 약 150kg이고, 가장 체중이 무거운 남성은 167kg이 될 것이다. 하지만 실상을 보면 가장 무거운 여성은 286kg이고 가장 무거운 남성은 290kg이다. 이 차이가 시사하는 바는 체중의 분포는 가우스 모델을 따르지 않는다는 점이다.

그런 이유의 힌트를 미시건대에서 생태학 및 진화생물학을 가르치다 은퇴한 필립 깅리치Philip Gingerich 교수로부터 얻을 수 있다. 2000년 그는 생물학 시스템들에 존재하는 측정법의 두 가지 변이 형태에 관한 논문을 썼다. 한편은 1장에서 본 것처럼 정규 곡선을 따르는 측정 결과로, 양 꼬리는 왼쪽과 오른쪽으로 같은 거리만큼 연장된다. 다른 한편은 체중과 같은 측정 결과로, 꼬리는 왼쪽보다 오른쪽으로 더 멀리 연장된다. 이 관찰은 통계학 역사의 초기까지 거슬러 올라가며, 놀라울 정도로 간단한 해법 또한 그처럼 유구하다. 만약 그런 값들의 로그를 계산해 그 분포도를 만들면, 그 결과는 (독자도 쉽게 예상하듯) 가우스 곡선이다.

교육적, 직업적 배경에 따라 어떤 이들은 로그를 너무나 익숙한 것으로 여길 수도 있고, 어떤 이들은 고등학교때 배운 기억만 어렴풋이 난다고 반응할 수 있다. 후자에 해당하는 이들을 위해 요점을 알려주려고 한다. 만약

x만큼 10을 거듭제곱해서 y라는 결과를 얻었다면 x는 y의 로그이고 밑base은 10이라는 뜻이다. 예를 들어, 10의 제곱(10^2)은 100이므로 2는 100의 로그이고 밑은 10이다(앞으로 "밑은 10"이라는 표현은 생략하고, 로그라고만 부르겠다). 마찬가지로, 10의 세제곱(10^3)은 1,000이므로 3은 1,000의 로그이고, 4는 10,000의 로그이다. 이쯤에서 패턴을 감지했을 것이다. 10의 거듭제곱으로 산출된 수에서 로그는 0의 수다(1,000에서 0은 3개, 10,000에서 0은 4개).

10의 거듭제곱이 아닌 수들에서도 로그를 계산할 수 있지만 그 결과는 정수가 아니다. 예를 들어, 50의 로그는 1.7로, 이것은 10의 로그와 100의 로그 사이에 있지만 둘 사이의 거리는 같지 않다. 그리고 150의 로그는 2.2로 100의 로그와 1,000의 로그 사이에 있다. 다음 그림은 체중의 로그가 보여주는 분포도와, 그와 가장 잘 맞는 정규 분포도를 대비한 것이다.

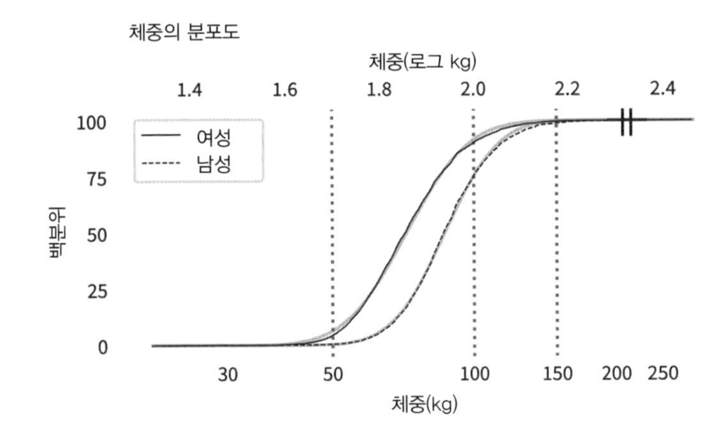

그림의 위 가로축은 체중을 로그로 나타낸 것이다. 아래 가로축은 체중 자체를 표시한다. 여기에서 로그는 동일한 간격을 보이는 반면, 체중은 그렇지 않다. 수직 점선들은 체중과 그에 해당하는 로그의 관계를 방금 언급한 세 가지 사례, 즉 50kg, 100kg, 그리고 150kg 지점에서 보여준다. 여기에서 가우스 모델들은 분포도와 워낙 잘 맞아서 옅은 회색 선이 겨우 보일

정도다. 이처럼 로그 값이 가우스 모델과 부합하는 값들을 "로그 정규적 lognormal"이라고 표현한다.

위 그림 윗부분의 교차선들은 이 표본 크기의 분포에서 가장 큰 값으로 예상되는 지점이다. 이 값들은 이전 그림에서 본 교차선들보다 더 잘 맞는다. 비록 이 데이터세트에서 가장 무거운 사람들은 로그 정규 모델에서 예상한 수준보다 여전히 더 무겁지만.

그러면 왜 이 체중 분포도는 로그 정규적인가? 두 가지 가능성이 있다. 본래 이런 식으로 태어났기 때문이거나, 아니면 이런 식으로 성장하기 때문이다. 다음 섹션에서 우리는 출생 체중의 분포가 가우스 모델을 따른다는 점을 보게 될텐데, 그에 따른다면 우리는 가우스적으로 태어난 뒤 로그 정규적인 양상으로 성장하는 것처럼 보인다. 다음 섹션에서 나는 그 이유에 대한 설명을 시도하겠다.

출생 체중은 가우스적이다

출생 체중의 분포를 살펴보기 위해 나는 질병통제예방센터가 관리하는 'NSFG(National Survey of Family Growth, 전국가족성장조사)'의 데이터를 사용할 텐데, 이는 BRFSS 데이터와 겹친다. 2015년과 2017년 사이, NSFG는 미국의 여성 대표 표본으로부터 데이터를 수집했다. 그 중에는 조사 여성들의 자녀들에 대한 출생 체중도 포함됐다. 조산아들은 제외하고, 나는 3430명의 남자 아기와 3379명의 여자 아기들의 체중을 선택했다. 다음 그림은 이 출생 체중의 분포와 그에 가장 잘 맞는 정규 곡선을 보여준다.

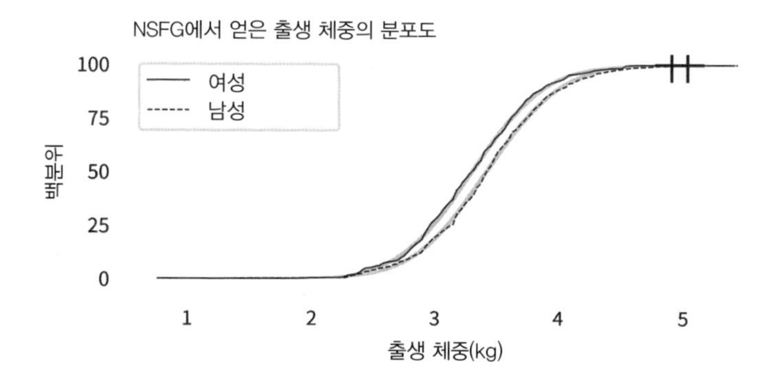

여기에서 가우스 모델은 출생 체중의 분포와 잘 맞는다. 가장 체중이 많이 나가는 아기들은 우리가 정규 분포로 예상했던 것보다 약간 더 무거운 추세를 보여주지만 성인의 체중 분포처럼 오른쪽으로 눈에 띄게 치우치지는 않았다. 따라서, 우리가 로그 정규적 특성을 갖고 태어나지 않았다면, 자라는 과정에서 그런 특성을 갖는다는 뜻이다. 다음 섹션에서 나는 어떻게 그렇게 됐는지 설명하는 모델을 제안하겠다.

체중 증량 시뮬레이션

인간 성장의 간단한 모델로서, 누구나 태어나서 40세가 될 때까지 해마다 2, 3kg씩 체중이 는다고 가정하자. 그리고 이들의 연간 체중 증량은 어느 해는 부쩍 늘고 어느 해는 조금밖에 늘지 않는 식으로 무작위적 경향을 보인다고 가정하자. 이 무작위 증체중을 더한다면, 그 총량은 정규 분포를 따를 것으로 예상된다. 중심 극한 정리Central Limit Theorem에 따르면 많은 수의 무작위 값들을 더하면 그 합계는 가우스 모델을 따르는 경향이 있기 때문이다. 따라서 성인 체중의 분포가 가우스적 성격을 보인다면 그 때문일 것이다.

하지만 우리는 그렇지 않다는 사실을 앞에서 확인했으므로 이번에는 다른 방법을 시도해 보자. 연간 체중 증량이 체중에 비례한다면 어떨까? 다시 말해, 몇 킬로그램이 불어나는 대신 내 현재 체중의 몇 퍼센트가 불어난다면? 예를 들면, 50kg인 사람의 체중이 1년에 1kg 불어난다면, 100kg인 사람의 체중은 2kg이 불어난다고 가정하는 것이다. 이러한 비례적 증량이 결과에 어떤 영향을 미칠지 살펴보자.

나는 이전 섹션에서 검토한 출생 체중으로 시작해, 출생부터 40세까지 매년 체중을 기록한 40개의 무작위 성장률을 생성해 시뮬레이션을 했다. 성장률은 약 20-40% 범위를 오갔다. 달리 말해 시뮬레이션 대상인 사람은 각각 자기 체중의 20-40%씩 매년 체중이 불었다. 이것은 현실적인 모델이 아니지만 어떤 결과를 얻게 될지 따져보도록 하자. 다음 그림은 그 결과와 가우스 모델 모두 로그 단위로 치환한 분포도이다.

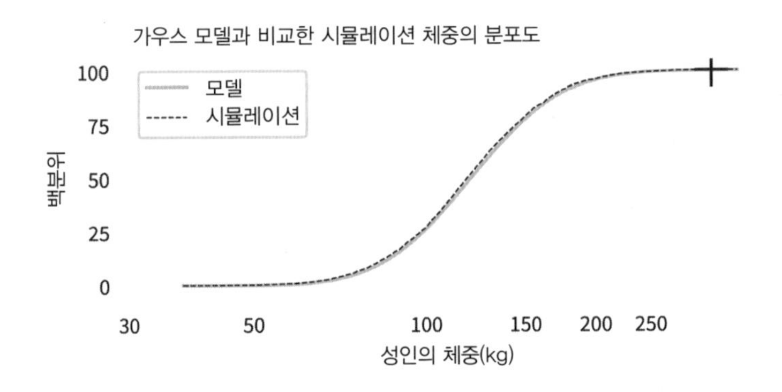

가우스 모델은 시뮬레이션한 체중의 로그와 잘 맞고, 이는 분포 양상이 로그 정규적이라는 뜻이다. 이 결과는 중심 극한 정리의 필연적 결과로 설명될 수 있다. 많은 수의 무작위 값들을 한데 곱하면, 그 곱의 분포는 로그 정규적 속성을 갖는다는 정리이다.

시뮬레이션이 무작위 수량을 곱한다는 것이 선뜻 감지되지 않겠지만 그것이 연속적인 성장률을 적용했을 때 벌어지는 현상이다. 예를 들어, 시뮬레이션의 첫 해에 누군가의 체중이 50kg이라고 가정하자. 만약 그의 체중이 20% 는다면 그해 말 그의 체중은 50kg × 120% = 60kg이 된다. 만약 다음 해에 30%가 늘었다면 그해 말 그의 체중은 60kg × 130% = 78kg이 된다.

2년 만에 그의 체중은 총 28kg이 늘었고, 이는 처음 체중 50kg의 56%에 해당한다. 56%는 어디에서 나왔을까? 20%와 30%의 합은 아니다. 그보다는 120%와 130%의 곱에서 나왔다고 보는 게 맞다. 그 결과가 156%이기 때문이다. 따라서 시뮬레이션 마지막에 계산된 그의 체중은 시작 체중과 40개의 무작위 성장률의 곱이다. 그 때문에, 시뮬레이션 체중의 분포는 개략적으로 로그 정규적 성격을 갖는다. 성장률의 범위를 조정함으로써 우리는 그 시뮬레이션과 데이터를 일치시킬 수 있다. 다음 그림은 BRFSS로부터 얻은 실제 분포도와 시뮬레이션 결과의 분포도를 대비하고 있다.

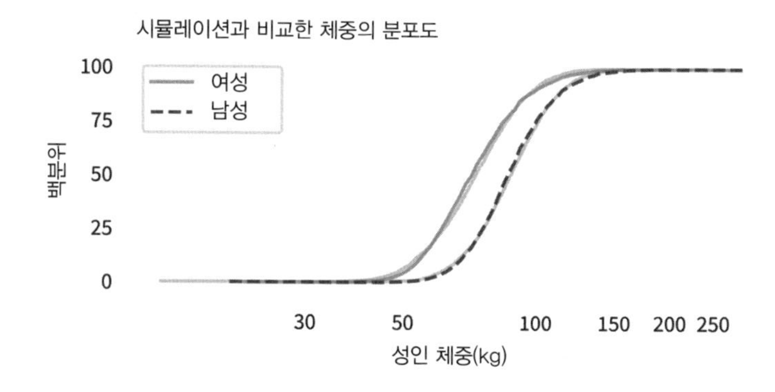

시뮬레이션으로 얻은 결과는 실제 분포도와 잘 맞는다. 물론, 이 시뮬레이션은 어떻게 사람이 태어나서 어른으로 성장하는가를 현실적으로 보여주는 모델은 아니다. 첫 15년의 성장률을 높이고 이후 성장률을 낮춘다면 더 현실적인 모델을 얻을 수 있을 것이다. 하지만 이런 세부 내용들이 분포도의 형태를 바꾸지는 않는다. 어느 쪽이든 로그 정규적 분포를 보인다. 이 시뮬레이션들은 로그 정규적 분포를 생산할 수 있는 여러 메커니즘 중 하나를 시연한다. 바로 비례 성장proportional growth이다. 만약 각 개인의 연간 체중 증량이 그의 현재 체중에 비례한다면, 그의 체중 분포는 로그 정규적 특성을 보인다.

키가 정규적이고Gaussian 체중이 로그 정규적lognormal이라면 어떤 차이를 낳는가? 정량적으로, 가장 큰 차이는 정규 분포는 대칭형이어서, 가장 키가 큰 사람들과 가장 키가 작은 사람들은 그 평균으로부터 동일한 거리에 놓인다. BRFSS 데이터세트에서 평균 신장은 170cm이다. 백분위 99는 평균보다 약 23cm 더 크고, 백분위 1은 평균보다 약 20cm 더 작으니 거의 대칭인 셈이다. 이를 극한까지 가져가 보면, 믿을 만한 측정치에 따르면 역대 최장신은 로버트 와들로Robert Wadlow라는 사람으로 272cm를 기록했다. 평균과 102cm 차이가 난다. 그리고 최단신은 찬드라 바하두르 당기Chandra Bahadur Dangi로 55cm였다. 평균과는 115cm 차이다. 이렇게 보더라도 양쪽은 대칭에 가깝다.

다른 한편, 체중의 분포도는 대칭형이 아니다. 가장 체중이 무거운 사람들은 가장 가벼운 사람들보다 평균으로부터 상당히 더 멀리 떨어져 있다. 미국인의 평균 체중은 82kg 정도다. BRFSS의 데이터세트에 따르면 가장 무거운 사람의 체중은 평균보다 64kg이 더 많았지만, 가장 가벼운 사람은 고작 36kg이 더 적었다. 이를 극단으로 끌고 가 보면, 신뢰할 만한 측정 결과로 얻은 가장 무거운 사람의 체중은 유감스럽게도 평균보다 무려 553kg이나 더 무거웠다. 평균으로부터 그와 비슷한 거리의 가벼운 체중을 얻자면 0kg보다 471kg이 더 가벼워야 하는데, 불가능한 일이다. 따라서 체중의 가우스 모델은 해당 데이터와 맞지 않을 뿐 아니라 터무니없는 결과를 생산한다.

그와 대조적으로, 로그로 치환할 경우 체중의 분포는 대칭형에 가깝다. BRFSS로부터 얻은 성인의 체중 자료에서 로그의 99번째 백분위는 평균보다 0.26이 높고, 첫 번째 백분위는 평균보다 0.24가 낮다. 극한으로 가보면, 가장 무거운 체중의 로그는 평균보다 0.9만큼 더 높다. 가장 가벼운 사람이 평균 아래로 그와 똑같은 거리에 놓이려면 그의 체중은 10kg이어야 한다. 불가능하다고 생각할지 모르지만 기네스 세계 기록Guinness World Records에 따르면 17세에 체중이 2.1kg인 사람이 있었다. 그 측정치가 얼마나 믿을 만한지 모르겠지만 적어도 로그의 대칭형에 근거해 우리가 예상한 최소값에는 근접한다.

달리는 속도

만약 당신이 메이저리그 야구팀인 애틀랜타 브레이브스Atlanta Braves의 팬이거나 인터넷에서 그 팀의 영상을 많이 봤다면, 이닝 간에 제공되는 인기 오락거리도 본 적이 있을 것이다. 팬 중 한 명과 스판덱스 의상을 걸친 팀 마스코트 프리즈Freeze가 달리기 경주를 벌이는 볼거리다.

경주 코스는 외야를 가로지르는 비포장 트랙으로, 약 160m의 거리를 프리즈는 20초 안에 주파한다. 경주의 흥미를 돋우기 위해 팬은 약 5초 정도 먼저 출발한다. 그게 얼마 안 된다고 생각할지 모르지만 경주 비디오를 본다면 거의 따라잡기 불가능해 보일 만큼 거리가 벌어진다는 점을 확인할 수 있다. 하지만, 프리즈가 달리기 시작하면, 당신은 즉각 꽤 빠른 주자와 아주 빠른 주자의 차이를 보게 된다. 드문 경우를 제외하면 프리즈는 팬을 따라잡고 추월해서 결승선에 몇 초 여유를 두고 들어온다.

질주하는 모습에서 보듯 프리즈는 프로 주자일 뿐 아니라 브레이브스의 현장 직원으로 일하는 나이젤 탈튼Nigel Talton이라는 젊은이다. 대학 시절 그는 200미터를 21.66초에 주파했다. 아주 좋은 기록이다. 하지만 대학 선수의 200미터 신기록은 월리스 스피어먼Wallace Spearmon이 2005년에 수립한 20.1초이고, 현재 세계 신기록은 우사인 볼트Usain Bolt가 2009년 세운 19.19초이다.

이 모든 기록이 얼마나 빠른 것인지 좀더 구체적으로 이해하기 위해 먼저 나를 예로 들겠다. 중년인 나는 괜찮은 주자다. 42세 때 10km 경주에서 42분 44초의 개인 최고 기록을 세웠는데, 이것은 당시 대회에 출전한 주자들의 94%보다 더 빠른 수준이었다. 그 즈음 나는 200m를 (바람의 도움을 받아서) 약 30초에 주파할 수 있었다. 근래 열린 한 경주에서, 근처 고등학교에서 가장 빠른 여학생은 200m를 약 27초에, 그리고 가장 빠른 남학생은 24초 미만의 기록으로 달렸다.

이런 맥락에서 보면 빠른 여고생은 나보다 11% 더 빠르고, 빠른 남학생은 12% 더 빠르며, 나이젤 탈튼은 전성기 시절 그 남학생보다 11% 더 빨랐고, 월리스 스피어먼은 탈튼보다 약 8% 더 빨랐으며, 우사인 볼트는 스피어먼보다 약 5% 더 빠르다. 당신이 우사인 볼트가 아닌 한 어딘가에 나보다 더 빠른 사람이 항상 존재하며, 이들은 그저 약간 더 빠른 정도가 아니라 훨씬 더 빠르다. 그 이유는, 당신도 지금쯤 눈치챘겠지만, 달리는 속도는 정규 분포가 아니기 때문이다. 그것은 로그 정규 분포에 더 가깝다.

이를 입증하기 위해, 나는 내가 개인 최고 기록을 세운 적이 있다고 언급한 10K 경주 대회인 제임스 조이스 램블의 데이터를 사용할 것이다. 나는 완주자 1592명의 기록을 내려받아 시속 킬로미터kph로 환산했다. 다음 그림은 로그 통계로 환산한 속도의 분포와 그 데이터와 부합하는 가우스 모델을 보여준다.

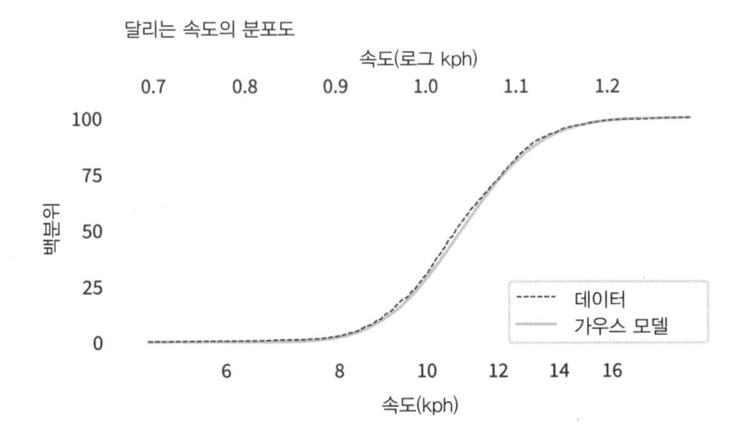

이 로그는 정규 분포를 따르며, 이는 달리는 속도는 로그 정규적이라는 뜻이다. 왜 그런지 궁금할 것이다. 내가 생각하는 근거는 다음과 같은 추정들이다.

- 첫째, 효과적으로 훈련을 했다고 가정하면 누구나 그 나름의 최대 속도가 있다.
- 둘째, 이 한계 속도는 키, 체중, 근육량의 빠르고 느린 긴축, 심혈관 조절, 유연성, 탄력성 등 수많은 변수들에 따라 달라진다.
- 마지막으로, 이 변수들의 상호작용은 곱셈꼴multiplicative의 특징을 보이는 경향이 있다. 즉, 각 개인의 한계 속도는 복수 변수들의 곱에 의존한다.

속도가 변수들의 합sum보다 곱product에 의존하는 이유를 나는 이렇게 생각한다. 만약 한 사람의 모든 변수들이 양호하다면 그는 빠르다. 만약 변수들 중 어느 것이든 불량하다면 그는 느리다. 수학적으로, 이런 성질을 갖는 연산은 곱셈이다. 예컨대, 0부터 1까지의 척도로 측정되는 단 두 개의 변수가 있고, 각 개인의 한계 속도는 이들의 곱에 의해 결정된다고 가정하자.

세 유형의 가설적 인물을 고려해 보자.

- 첫 번째 인물은 두 변수 모두에서 0.9라는 높은 점수를 기록했다. 두 변수의 곱은 0.81이므로 그는 빠를 것이다.
- 두 번째 인물은 두 변수 모두에서 비교적 낮은 점수, 0.3을 기록했다. 둘의 곱은 0.09이므로 그는 꽤 느릴 것이다.

여기까지는 놀라울 게 없다. 모든 면에서 양호하다면 그는 빠르다. 모든 면에서 불량하다면 그는 느리다. 하지만 한 변수는 양호하고 다른 변수는 불량하다면 어떻게 될까?

- 세 번째 인물은 한 변수에서 0.9를, 다른 변수에서 0.3을 기록했다. 그 곱은 0.27이므로 그는 두 변수 모두에서 낮은 점수를 기록한 사람보다는 조금 더 빠르지만 양쪽에서 높은 점수를 기록한 사람보다는 훨씬 더 느리다.

그게 곱셈의 특성이다. 곱은 가장 작은 변수에 가장 결정적으로 좌우된다. 그리고 변수의 숫자가 늘수록 그 효과는 더 드라마틱하다.

이 메커니즘을 시뮬레이션 하기 위해, 나는 정규 분포에서 다섯 개의 무작위 변수들을 생성한 다음 이들을 모두 곱했다. 이어 그 분포 결과가 데이터와 부합하도록 정규 분포의 평균과 표준 편차를 조정했다. 다음 그림은 그 결과를 보여준다.

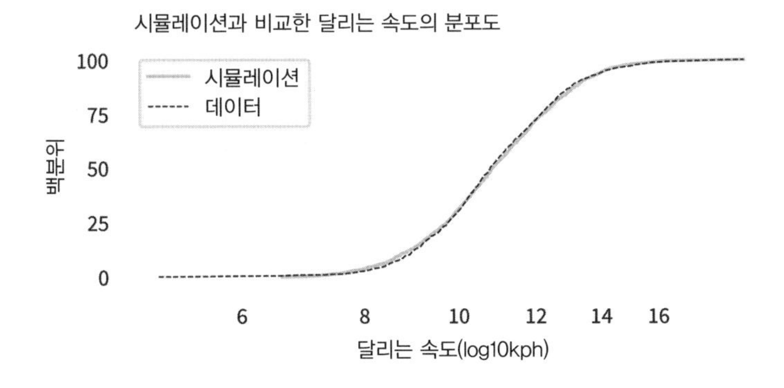

시뮬레이션 결과는 데이터와 잘 맞는다. 그러므로 이 사례는 로그 정규 분포를 산출할 수 있는 두 번째 메커니즘을 입증한다. 한계를 결정하는 가장 약한 고리의 위력. 달리는 속도에 영향을 미치는 변수가 적어도 다섯 개 있다고 한다면, 각 개인의 한계는 그 중 가장 약한 변수에 달려 있고, 그런 점은 왜 달리는 속도의 분포도가 로그 정규적 특성을 갖는지 설명해 준다.

많은 다른 기술들도 그와 비슷한 이유로 로그 정규적 성격을 보일 것이라고 나는 추측한다. 안타깝게도 대부분의 능력들은 달리는 속도처럼 쉽게 측정하기 어렵지만 그렇지 않은 경우도 있다. 예를 들면 체스 실력은 엘로 평점 시스템Elo rating system을 사용해 정량화할 수 있는데, 우리는 다음 섹션에서 이 부분을 검토할 것이다.

체스 순위

엘로 체스 평점 시스템에서 모든 선수는 그들의 능력을 반영한 점수를 배정받는다. 이 점수는 모든 경기가 끝난 뒤에 업데이트 된다. 이기면 점수가 올라가고 지면 내려간다. 점수 증감의 크기는 대결 상대의 점수에 의존한다. 만약 나보다 점수가 더 높은 선수를 꺾으면 내 점수는 많이 올라간다. 나보다 점수가 더 낮은 선수를 꺾으면 조금밖에 올라가지 않는다. 대부분의 점수는 이론상 최저 최고의 한계가 없지만 대체로 100부터 약 3000 사이에 분포한다.

점수 자체로는 별로 특별할 게 없다. 중요한 것은 두 선수 간의 점수 차이로, 이것은 한 선수가 다른 선수를 꺾을 가능성을 계산하는 데 사용될 수 있다. 예를 들어 점수 차이가 400이라면 더 높은 평점을 가진 선수가 이길 가능성은 90%다.

만약 체스 기술의 분포도가 로그 정규적이라면, 그리고 엘로 점수가 이 기술을 정량화한다면, 우리는 엘로 점수의 분포가 로그 정규적일 것으로 예상한다. 이를 확인하기 위해, 나는 체스닷컴(https://www.chess.com) 사이트에서 데이터를 수집했다. 이 사이트는 전세계 선수들의 개별 경기와 토너먼트를 호스팅하는 인기 인터넷 서버다. 이 사이트의 순위표는 거의 600만 명에 이르는 선수들의 엘로 평점의 분포를 보여준다. 다음 그림은 로그 척도로 표시한 점수들의 분포와 로그 정규 모델을 함께 보여준다.

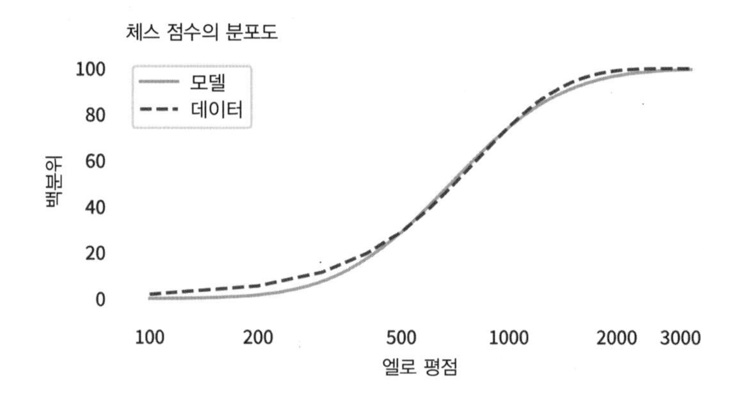

로그 정규 모델은 실제 데이터의 분포도와 아주 잘 맞지는 않는다. 하지만 이것은 오해일 수도 있다. 왜냐하면 엘로 점수는 달리는 속도와 달리 자연스러운 0점이 없기 때문이다. 관습적인 0점은 임의로 정했기 때문에 점수들의 상대적 의미를 바꾸지 않고도 위나 아래로 이동시킬 수 있다. 그런 점을 염두에 두고, 전체 척도를 움직여 최저점이 100점이 아니라 550점이 되도록 조정했다고 가정하자. 다음 그림은 이렇게 이동한 점수를 로그 척도로 표시하고, 동시에 로그 정규 모델을 나타낸 결과이다. 이렇게 조정한 결과 로그 정규 모델은 데이터와 아주 잘 맞는다.

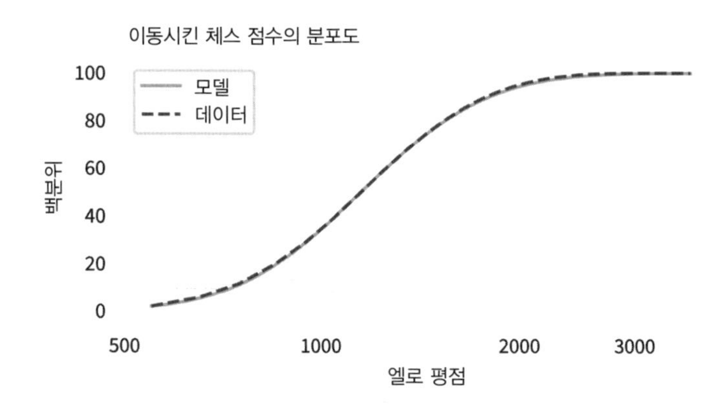

이제 우리는 로그 정규 분포에 대한 두 가지 설명을 살펴봤다. 비례 성장과 가장 약한 고리, 그 중 어느 쪽이 체스 같은 능력의 분포도를 결정할까? 나는 두 메커니즘 모두 타당하다고 생각한다. 체스 실력이 늘수록 더 나은 상대들과 경기하면서 그런 경험으로부터 배울 기회를 갖게 된다. 다른 선수들로부터 배우면서 능력을 배양하기도 한다. 초보자들은 넘볼 수 없는 책과 관련 기사들은 전문가들에게 매우 유용해진다. 이해도가 높아질수록 학습 속도도 더 빨라지므로 기술의 성장 속도는 본인의 현재 수준에 비례할 수도 있다.

동시에, 평생에 걸친 체스의 성취도는 많은 변수들에 의해 제한될 수 있다. 성공은 천부적 재능, 기회, 열정, 규율의 적절한 조합을 요구한다. 누군가가 이 모든 덕목을 갖고 있다면 그는 세계적 수준의 선수가 될 수 있을 것이다. 만약 그 중 어느 하나라도 결여하고 있다면 그럴 수 없을 것이다. 이 변수들이 상호 작용하는 방식은 곱셈과 같아서, 그 결과는 가장 약한 고리의 영향을 가장 크게 받는다.

이 메커니즘들은 다른 분야의 능력에 대한 분포, 심지어 음악적 능력처럼 측정하기 더 어려운 것들도 그려 보여줄 수 있다. 당신은 음악적 경험이 쌓이면 더 나은 연주자들과 협연하게 되고 더 나은 교사들과 작업하게 된다. 체스에서처럼, 더 나은 자원들의 혜택을 받을 수 있는 것이다. 그리고, 거의 모든 분야에서 그러하듯, 당신은 효율적인 학습법을 배우게 된다.

그와 동시에, 음악적 성취를 제한할 수 있는 많은 변수들이 있다. 어떤 사람은 청력이 나쁘거나 민첩성이 떨어질지 모른다. 또 다른 사람은 음악을 충분히 사랑하지 않거나 다른 분야를 더 좋아할 수도 있다. 누군가는 음악가의 길을 추구하는 데 필요한 자원과 기회가 없을지 모른다. 다른 이는 규율과 한 분야에 집중하는 끈기가 부족할 수도 있다. 만약 적성과 기회, 그리고 개인적 소양을 모두 갖췄다면, 그는 세계적 수준의 음악가가 될 수 있겠지만, 그 중 어느 하나라도 결여하고 있다면 아마 그럴 수 없을 것이다.

만약 말콤 글래드웰Malcolm Gladwell의 책 『아웃라이어』(김영사, 2009)를 읽은 사람이라면, 이 결론은 실망스럽게 들릴지 모른다. 글래드웰은 여러 사례와 프로급 퍼포먼스에 대한 연구를 근거로, 거의 어떤 분야에서든 세계적 수준의 성취를 이루려면 1만 시간의 효과적 연습이 필요하다고 주장한다. 바이올린 연주자들에 대한 심리학자 K. 앤더스 에릭슨K. Anders Ericsson의 한 연구를 인용하면서 글래드웰은 이렇게 썼다. "놀라운 점은 [...] 그와 그의 동료 연구자들은 다른 또래 연주자들이 연습하는 데 들인 시간의 극히 일부만을 투자하고도 능란한 연주 기량을 보여주는 '천부적 재능naturals'을 발견할 수 없었다는 점이다. 마찬가지로, 다른 누구보다 더 열심히 연습하지만 정상급이 되는 데 필요한 재능이 없다고 여겨지는 '공붓벌레grinds'도 찾아낼 수 없었다."

글래드웰에 따르면 성공의 열쇠는 많은 시간을 투자한 연습이다. 1만이라는 숫자의 출처는 글래드웰이 인용한 신경학자 대니얼 레비틴Daniel Levitin인 것 같다. "작곡가들, 농구선수들, 소설 작가들, 아이스 스케이팅 선수들, 체스 선수들, 직업적 범죄자들 등등에 대한 온갖 연구들에 이 숫자는 거듭해서 나타나고 또 나타난다. [...] 세계 정상급의 진정한 전문성이 그보다 더 적은 시간의 연습을 통해 가능하다는 증거는 아직 누구도 발견하지 못했다." 이 규칙의 핵심 주장은 1만 시간의 연습은 전문성을 획득하는 데 '필수적이라는necessary' 것이다. 물론, 에릭슨이 논평한 대로, "1만 시간이라는 숫자에 무슨 특별한 마법이 있는 것은 아니다." 하지만 그보다 현저히 더 적은 시간 동안 연습하고도 세계 정상급 음악가가 된 경우는 없다는 점도 대체로 사실일 것이다.

그러나, 어떤 사람들은 그 규칙을 1만 시간은 전문성을 획득하기에 '충분한' 시간이라고 받아들였다. 이 해석에 따르면, 누구든 어느 분야에나 달통할 수 있으며 필요한 것은 연습밖에 없다! 달리기와 많은 다른 육상 분야에서 이것은 명백히 사실이 아니다. 그리고 그것이 체스나 음악, 혹은 많은 다른 분야에서도 사실이 아닐 것으로 짐작한다. 세계 정상급 퍼포먼스를 펼치려면 천부적 재능만으로는 충분치 않다. 연습이 필요하다. 하지만 그렇다고 해서 이 주장이 부적절하다는 뜻은 아니다. 대다수 분야에서 대다수 사람들의 경우, 천부적 재능과 환경은 퍼포먼스의 상위 한계를 설정한다.

에릭슨은 논평에서 자기 연구의 골자를 이렇게 요약했다. "어떤 영역의 활동이든 그것을 좋아하고 그에 참여하려는 동기가 중요하지만, 그보다 더 중요한 것은 [...] 고된 노력(의도적인 연습)을 경주할 수 있는 역량에서 필연적 차이가 난다는 사실이다." 달리 말하면, 세계적 수준의 바이올리니스트와 나머지를 구분하는 것은 1만 시간의 연습이 아니라, 무엇을 하든 거기에 1만 시간을 투자할 수 있는 열정과 기회, 그리고 규율이라는 것이다.

역대 최고

능력의 로그 정규 분포는 위와 같은 시각으로 봐도 여전히 놀라운 한 현상을 설명해줄지 모른다. 많은 분야의 시도에서, '역대 최고Greatest Of All Time, GOAT'로 널리 인정되는 한 사람이 존재한다는 사실 말이다. 예컨대 하키에서는 웨인 그레츠키Wayne Gretzky가 그런데, 하키를 아는 사람치고 그에 동의하지 않을 사람은 드물 것이다. 농구에서 역대 최고로 꼽히는 인물은 마이클 조던Michael Jordan이고, 여자 테니스에서는 세레나 윌리엄스Serena Williams라는 식으로 대부분의 스포츠에 그런 인물이 존재한다. 어떤 경우는 다른 경우보다 더 논쟁적이지만, 심지어 역대 최고 후보로 여러 명이 경합하는 경우라도 그 숫자는 소수에 불과하다.

그리고 많은 경우, 이들 톱플레이어는 나머지보다 조금 더 나은 정도가 아니라 '훨씬 더' 뛰어나다. 예를 들면, 웨인 그레츠키는 북미하키리그National Hockey League, NHL에서 활약하는 동안 2857포인트(득점과 도움을 합친 숫자)를 올렸다. 이 분야에서 2위인 선수의 점수는 1921포인트다. 이 차이의 규모는 놀라운데, 그 이유중 하나는 이것이 정규 분포를 통해 얻을 수 있는 것이 아니기 때문이다.

이 점을 입증하기 위해 나는 체스 평점에 느슨하게 근거한 로그 정규 분포로부터 10만 명의 무작위 표본을 생성했다. 이어 같은 평균과 분산을 갖는 정규 분포로부터 표본을 생성했다. 다음 그림은 그 결과를 보여준다.

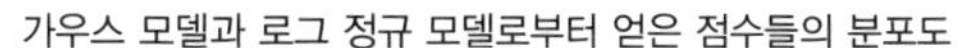

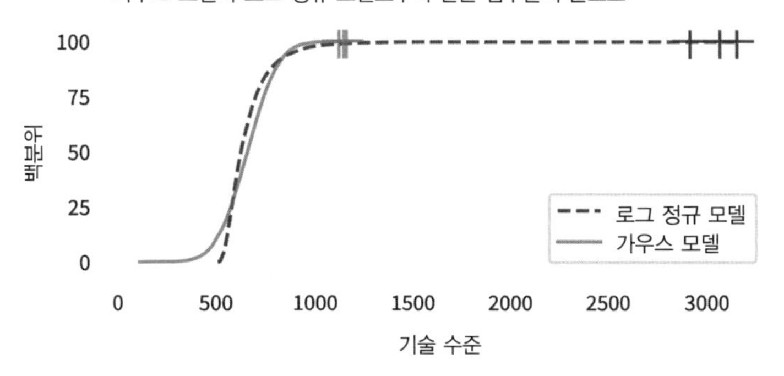

이 분포들의 평균과 분산은 대체로 같지만 형태는 다르다. 정규 분포는 왼쪽으로 조금 더 멀리 연장되었고, 로그 정규 분포는 오른쪽으로 훨씬 더 멀리 연장되었다. 십자선들은 각 표본에서 세 명의 최고 득점자들을 가리킨다. 정규 분포에서 최상위의 세 점수는 각각 1123, 1146, 1161이다. 이들은 이 그림에서 거의 구분되지 않고, 이를 엘로 점수로 생각해 봐도 그리 큰 차이가 없다.

엘로 공식에 따르면, 최고 선수가 3위 선수를 이길 확률은 55%이다. 로그 정규 분포에서 최상위 세 점수는 각각 2913, 3066, 3155이다. 이 그림에서 보듯 이들은 뚜렷이 구분되고 실제로도 상당히 다르다. 이 사례에서, 최고 선수는 3위 선수에 대해 80%의 승률을 가진 것으로 나온다.

실제 상황에서는, 세계 최고 수준의 체스 선수들은 내가 시뮬레이션한 선수들보다 더 촘촘하게 무리지어 있기 때문에 이 사례는 완전히 현실적이지는 않다. 설령 그렇다고 해도, 개리 카스파로프Garry Kasparov는 사상 최고의 체스 선수로 널리 인정받는다. 현 세계 챔피언인 마그누스 칼센Magnus Carlsen이 앞으로 10년쯤 뒤에 그를 추월할지 모르지만 그 자신조차 아직 그 수준에 다다르지 못했다고 인정한다.

덜 알려진 분야지만 그 분야에서 더 압도적인 선수는 매리언 틴슬리Marion

Tinsley로, 1955년부터 1958년까지 서양장기[2]의 세계 챔피언이었다. 거의 20년 동안 경쟁에 나서지 않다가 — 부분적으로 마땅한 경쟁 상대가 없기 때문이었다 — 복귀해 1975년부터 1991년까지 챔피언 자리를 지켰다. 1950년부터 사망한 1995년까지, 그는 겨우 일곱 번 패했는데, 그 중 두 번은 컴퓨터가 상대였다. 그 컴퓨터를 프로그래밍했던 당사자는 틴슬리가 "자연으로부터 일탈한 인물aberration of nature"이라고 생각했다. 매리언 틴슬리는 역사상 가장 위대한 GOAT였는지 모르지만 그렇다고 해서 그를 '일탈'로 봐야 하는지는 잘 모르겠다. 그보다는 로그 정규 분포를 보이는 자연적 행태의 한 사례라고 보는 게 맞는 것 같다.

- 로그 정규 분포에서 아웃라이어는 정규 분포의 경우보다 평균으로부터 더 먼데, 이는 평범한 주자들이 몇 초 먼저 출발하고도 프리즈를 이길 수 없는 이유를 보여준다.
- 그리고 최고 선수와 차점자 간의 간격은 정규 분포에서보다 더 큰데, 이런 점은 많은 분야의 역대 최고들이 아웃라이어들 중에서도 아웃라이어인 이유를 설명해 준다.

우리는 무엇을 해야 할까?

당신이 인생에서 무엇을 해야 할지 확신하지 못하는 사람이라면, 로그 정규 분포가 도움을 줄 수 있다. 운 좋게 세 곳에서 구인 제의를 받아 어느 기회를 택할까 고민한다고 가정해 보자. 세 곳 중 한 회사는 당신이 중요하다고 생각하는 업무를 다루고 있지만 그들이 과연 주목할 만한 영향을 미칠지에 대해서는 확신하지 못한다. 두 번째 회사도 중요한 문제와 씨름하고

2 미국에서는 체커스(checkers)로, 영국에서는 드래프트(draughts)로 불린다. – 옮긴이

있고 주목할 만한 영향도 미칠 것으로 예상하지만 그 영향이 얼마나 오래 지속될지에 대해서는 자신이 없다. 세 번째 회사는 장기적인 영향을 미칠 것으로 보이지만, 당신이 생각하기에 덜 중요한 문제를 다루고 있다. 만약 당신이 하는 일의 긍정적 효과를 극대화하는 것이 목표라면 어느 일자리를 택해야 할까?

내가 방금 요약한 내용은 '중요성-지속성-우발성 프레임워크significance-persistence-contingency framework', 혹은 간단히 'SPC'라고 부르는 접근법이다. 이 프레임워크에서 당신이 어떤 문제에 할당하는 노력이 미래에 미칠 영향의 총량은 다음 세 변수들의 곱이다: 중요성significance은 문제가 해결되는 시간의 각 단위 동안 나타나는 긍정적 효과이고, 지속성persistence은 그 해법이 적용될 수 있는 시간의 길이이며, 우발성contingency는 당신의 노력이 더해졌을 때와 더해지지 않았을 때 나타날 결과의 차이이다. 만약 한 프로젝트의 점수가 세 변수 모두에 대해 높게 나타난다면 그것은 미래에 커다란 효과를 미칠 수 있다. 만약 그 중 어느 하나라도 점수가 낮게 나온다면 그 영향은 제한적일 것이다.

이 프레임워크의 연장에서, 우리는 우발성을 두 가지 추가적인 변수들로 세분할 수 있다. 취급의 용이성tractability과 방치neglectedness이다. 만약 한 문제가 다루기 어렵다면, 얼마만 한 노력을 기울이든 해결되지 않을 것이기 때문에 우발적이지 않다. 그리고 그것이 다루기 쉽고 방치되지 않는다면 노력을 기울이든 말든 그 문제는 해결될 것이기 때문에 우발적이지 않다. 그러므로 어떤 프로젝트가 세계에 미칠 영향을 제한하는 변수가 적어도 다섯 개 있고, 그 프로젝트에 기여할 당신의 능력에 영향을 미칠 변수가 기술, 개인적 속성, 정황 등 다섯 개 더 있다.

일반적으로, 이 변수들이 상호작용하는 방식은 곱셈과 같다. 이들 중 어느 하나가 낮으면 그 곱은 낮다. 그 곱셈의 결과가 높기 위해서는 모든 변수가 높은 경우밖에 없다. 그 때문에, 영향력의 분포는, 당신이 관여할 수 있는 모든 프로젝트의 인구에 걸쳐, 로그 정규적 성향을 보일 것으로 생각된다. 대다수 프로젝트가 영향력을 미칠 잠재력은 보통 정도modest지만, 일부는 세계를 바꿀 정도의 큰 영향력을 발휘할 수 있다.

이런 내용이 당신의 구직에 시사하는 바는 무엇인가? 당신의 영향력을 극대화하고 싶다면 처음 발견한 일자리를 선뜻 받아들이지 말고 좀더 시간을 두고 찾아야 한다는 것이다. 그리고 한 일자리에 평생 머물러서는 안 되며, 계속 기회를 찾다가 더 나은 자리를 발견하면 그 일자리로 바꿔야 한다는 점을 시사한다. 이것은 8만 시간 프로젝트80,000 Hours project의 기저를 이루는 몇 가지 원칙의 일부다. 이 프로젝트는 약 8만 시간에 이르는 평생의 노동 시간을 어떻게 하면 가장 잘 선용할지 고민하는 사람들을 도울 목적으로 개발된 온라인 자원들의 모음이다.

출처와 관련 문헌

- ANSUR-II 데이터세트는 펜실베이니아 주립대학의 오픈 디자인 랩에서 구할 수 있다[8].
- BRFSS의 데이터는 질병통제예방센터에서 구할 수 있다[11].
- 인체측정학을 위한 가우스 모델과 로그 정규 모델을 비교한 깅리치의 논문 제목은 「Arithmetic or Geometric Normality of Biological Variation(생물학적 변이의 산술적 혹은 기하학적 규정도)」이다[45].
- 달리는 속도에 관한 데이터는 'Cool Running(쿨 러닝)'에서 얻었으며 지금은 인터넷 아카이브에서 구할 수 있다[2].
- 체스 데이터는 체스닷컴 순위표에서 얻었다[47].

- 글래드웰이 『아웃라이어』에서 인용한 1만 시간 연습에 대한 이론의 기원은 대니얼 레비틴의 책 『음악 인류』(와이즈베리, 2022)이다[65]. 이 주제에 대한 에릭슨의 논평은 「Training History, Deliberate Practice and Elite Sports Performance(훈련의 역사, 의도적 연습과 엘리트 스포츠 퍼포먼스)」이다.[40].
- 올리버 뢰더Oliver Roeder는 『Seven Games』(W. W. Norton & Company, 2022)에 매리언 틴슬리에 관해 썼다[104]. 조너선 섀퍼Jonathan Shaeffer 박사는 틴슬리에 대한 추모글에서 그를 꺾은 컴퓨터 프로그램에 대해 썼다[110].
- SPC 프레임워크는 '글로벌 우선순위 연구소Global Priorities Institute'[72]와 8만 시간 웹사이트[124]의 기술보고서에 소개되어 있다.

5장

새것보다 나은

당신은 병원에서 일하는데, 어느 날 세 명의 동료와 점심을 먹게 됐다고 가정하자. 한 사람은 새로운 조명 시스템을 작업하는 시설 엔지니어이고, 한 사람은 산부인과 병동에 근무하는 산과 전문의이며, 다른 사람은 암환자들을 진료하는 종양학자이다. 셋 모두 병원 음식을 좋아하지만 이들은 각각 통계학적 수수께끼를 제기한다.

시설 엔지니어는 구식 백열전구를 LED 전구로 교체하는 중이라면서, 가장 오래된 전구부터 교체하기로 결정했다고 말한다. 이전 검사에 따르면, 그 전구들의 평균 수명은 1400시간이다. 그렇다면 새 전구와 이미 1000시간을 사용한 전구 중에 어느 것이 더 오래갈 것으로 생각하느냐고 그가 묻는다. 함정식 질문임을 감지한 당신은 새 전구에 결함이 있는 경우냐고 되묻는다. 엔지니어는 "아니, 그것이 정상 작동한다는 사실을 확인했다고 추정하자고."라고 대답한다. "그런 경우라면 새 전구가 더 오래가겠지."라고 당신은 대답한다.

"맞아"라고 엔지니어는 말한다. "전구들은 예상한 대로 작동하지. 시간이 지나면서 점점 닳으니까 더 오래 사용한 전구일수록 평균적으로 먼저 나가지."

"하지만 모든 게 그런 식으로 작동하지는 않네."라고 산과 전문의는 말한다. 예를 들면, 가장 흔한 경우 임신 기간은 39주나 40주지. 오늘 나는 임산부 세 명을 봤는데, 첫 번째 임산부는 39주 초기에 있고, 두 번째는 40주 초기, 그리고 세 번째는 41주 초기야. 이들 중 누가 가장 먼저 아기를 출산할 것 같은가?"

이제 당신은 이것이 함정 질문이라고 확신하지만 동조하는 의미에서 이렇게 대답한다. "세 번째 임산부가 먼저 출산할 확률이 높겠지."

산과 전문의는 말한다. "아닐세, 세 사람의 잔여 임신 기간은 약 4일로 거의 동일하네. 심지어 의학적 개입을 감안하더라도 가장 먼저 출산할 가능성은 셋 모두 똑같지."

"놀랍군."이라고 종양학자가 말한다. "하지만 내 분야는 더 이상한 부분이 많네. 예를 들면, 오늘 나는 뇌암의 일종인 교모세포종glioblastoma을 가진 환자를 두 명 봤네. 두 사람은 비슷한 나이에 암 진전 단계도 비슷했지만 한 사람은 1주일 전에 진단을 받았고 다른 사람은 1년 전에 진단을 받았네. 불행하게도 이 암은 진단 뒤 생존 기간은 1년 정도밖에 안돼. 그러니 자네들은 첫 번째 환자가 더 오래 살 거라고 예상하겠지."

이쯤 되면 당신은 뭔가 추측하기보다는 실제 대답을 기다리는 편이 더 현명하겠다고 판단한다. 종양학자는 많은 교모세포종 환자들이 진단 뒤 수 개월밖에 못 산다고 설명한다. 그러니, 진단 뒤 1년을 생존한 환자는 2년째에도 생존할 확률이 '더' 높은 것이다.

이 대화를 바탕으로, 우리는 생존 기간이 결정되는 다음 세 가지 방식을 생각해 볼 수 있다.

- 많은 것들은 시간이 지나면서, 이를테면 전구처럼, 마모되기 때문에 새것이 헌것보다 더 오래갈 것으로 예상한다.
- 하지만 암 진단 이후의 환자들처럼 다른 방식도 있어서, 더 오래

생존해 온 사람일수록 그가 앞으로 더 오래 생존할 것이라고 예상할 수 있다.

- 그리고 임신한 여성들의 경우처럼 출산까지 남은 평균 시간은, 적어도 한동안은 변하지 않는 경우도 있다.

이 장에서, 나는 전구를 시작으로 이런 효과들을 하나하나 입증하고 설명하겠다.

전구

시설 엔지니어가 물었던 것처럼, 당신이라면 새 전구를 갖겠는가 아니면 이미 1000시간 동안 사용된 전구를 선택하겠는가? 이 질문에 대답하기 위해, 나는 인도의 바나라스 힌두 대학교Banaras Hindu University의 연구자들이 2007년 진행한 한 실험의 데이터를 사용하겠다. 이들은 50개의 새 백열전구를 커다란 직사각형 공간에 설치하고 2568시간 뒤 마지막 남은 전구가 끊어질 때까지 계속 켜 두었다. 석 달이 넘는 이 기간 동안, 연구자들은 매 12시간마다 전구들을 점검하고 끊어진 전구들의 숫자를 기록했다.

다음 그림은 CDF로 표시된 이 전구들의 수명 시간 분포를 가우스 모델과 함께 보여준다. 회색 지대는 가우스 모델에 근거해 예상할 수 있는 변이도이다. 비상하게 오래 지속된 전구 하나를 제외하면, 전구들의 수명은 회색 지대 안에 놓이며, 이는 연구 데이터가 모델과 부합한다는 점을 보여준다.

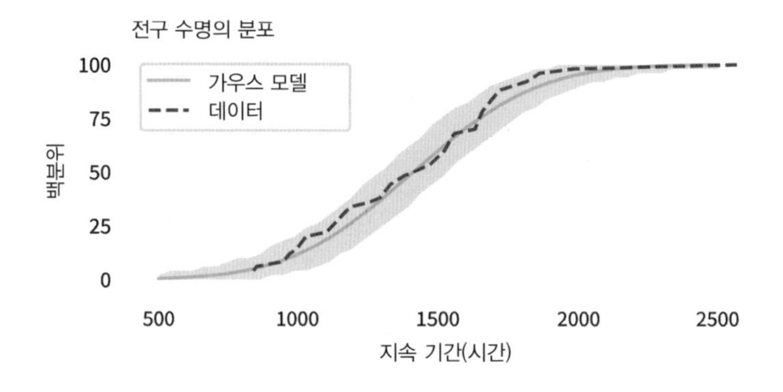

이 데이터를 수집한 연구자들은 왜 그 분포가 가우스 모델을 따를 것으로 예상하는지를 설명한다. 텅스텐 필라멘트를 가진 전구는 불을 밝히는 동안 "텅스텐 원자들의 증발이 진행되면서 뜨거운 필라멘트는 점점 더 얇아져" 마침내 끊어지고 전구는 불이 나가게 된다. 연구자들은 이 증발의 통계 모델을 사용해, 그 결과로 나타나는 수명의 분포는 가우스 모델을 따른다는 점을 보여준다.

이 데이터세트에서, 새 전구의 평균 수명은 약 1414시간이다. 1000시간 동안 사용된 전구의 경우 평균 수명은 1495시간으로 더 높다. 하지만 이미 1000시간 동안 불을 밝혔으므로 평균 잔여 수명은 495시간밖에 되지 않는다. 따라서 우리는 새 전구를 사는 편이 이익이다.

0부터 2568시간(수명이 가장 긴 전구)까지의 시간 범위에서, 우리는 동일한 계산을 할 수 있다. 시간 t의 각 점마다, 우리는 t시간 동안 작동한 전구들의 평균 수명을 계산할 수 있고 평균 잔여 수명을 예상할 수 있다. 다음 그림은 그 결과를 보여준다.

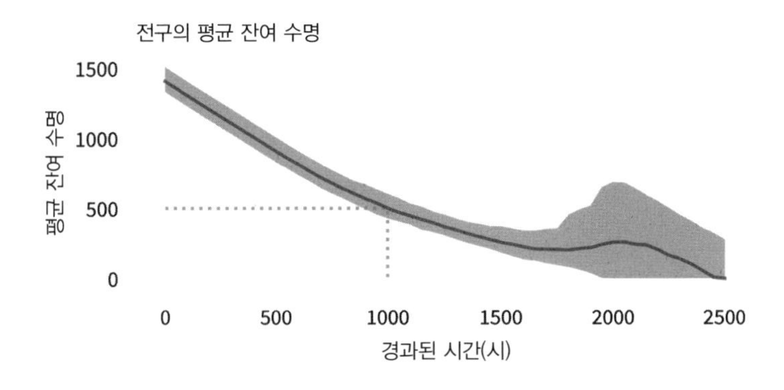

x축은 가상의 전구를 설치한 지점으로부터 경과된 시간을 보여준다. y축은 평균 잔여 수명을 보여준다. 이 사례에서 1000시간 동안 사용된 전구는 점선에서 보듯 495시간 더 지속될 것으로 예상된다.

0과 1700시간 사이에서, 이 곡선은 우리의 직관과 부합한다. 전구 사용 시간이 길어질수록, 그것은 그만큼 더 일찍 수명을 다할 것으로 예상된다. 그러더니 1700시간과 2000시간 사이에서 전구의 성능은 더 나아진다! 전구가 불을 밝히면서 그 안의 필라멘트는 점점 더 얇아진다고 알고 있는데, 이 곡선은 그런 증발 과정이 오히려 역진해 필라멘트가 두꺼워진다는 뜻일까? 그럴 가능성은 없어 보인다.

이런 역전 현상은 평균의 거의 두 배인 2568시간 지속된 한 전구의 존재와 연관된다. 그러므로 이 현상에 대한 한 가지 해석은 두 종류의 전구가 있다고 보는 것이다. 평범한 전구와 슈퍼 전구. 전구 수명이 길수록 그것이 슈퍼 전구일 가능성은 더 높다. 그리고 그런 가능성이 높을수록, 그 전구는 더 오래 지속될 것으로 예상된다. 그럼에도 불구하고, 새 전구는 일반적으로 중고 전구보다 더 오래 간다.

지금이라도 곧

이제 가상의 산과 전문의가 제시했던 질문을 따져보자. 당신이 분만실을 방문해 39주차, 40주차, 41주차로 접어드는 산모들을 만난다고 가정하자. 이들중 누가 가장 먼저 아이를 낳을 것으로 생각하는가?

그 질문에 대답하기 위해서는 임신 기간의 분포를 알 필요가 있고, 이 정보는 NSFG에서에서 얻을 수 있다. 4장에서 논의한 출생 체중 정보도 여기에서 구한 것이다. 나는 2002년과 2017년 사이에 수집된 데이터를 사용했는데, 여기에는 4만 3939명의 정상 분만 정보가 들어 있다. 다음 그림은 임신 기간의 분포를 보여준다(28주 전에 태어난 1%의 아기들은 제외). 이들 분만의 약 41%는 임신 39주차 중에, 18%는 40주차 중에 일어났다.

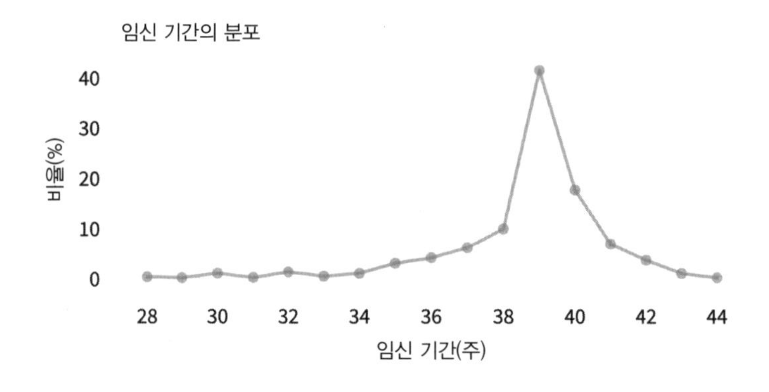

이쯤에서 당신은 내가 이 분포는 가우스 모델이나 로그 정규 모델 중 어느 것을 따른다고 말할 것으로 예상하겠지만, 사실은 그렇지 않다. 이 분포는 가우스 분포처럼 대칭적이지도, 대부분의 로그 정규 분포처럼 오른쪽으로 치우치지도 않는다. 그리고 가장 일반적인 값은 우리가 두 모델에서 예상할 수 있는 것보다 더 일반적이다. 지금까지 여러 차례 본 것처럼, 자연은 단순한 규칙들을 따라야 할 하등의 의무도 없다. 이 분포는 본래 그런 형태일 뿐이다. 그럼에도 불구하고, 다음 그림에서 보듯 우리는 이것을 사용해 경과된 시간의 함수로서 평균 잔여 시간을 계산할 수 있다.

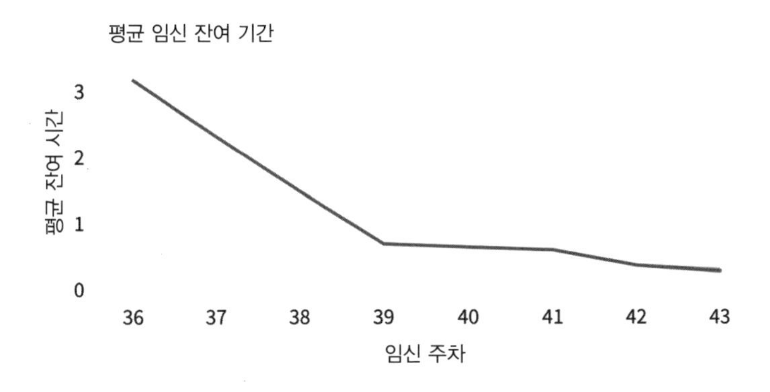

36주차와 39주차 사이에서 곡선은 우리가 예상한 경향을 보여준다. 시간이 지나면서 분만 순간에 더 가까워진다. 예를 들면, 36주차에 접어들 때, 평균 잔여 시간은 3.2주다. 이 시간은 37주차로 접어들면 2.3주로 줄어든다. 지금까지는 순조롭다. 한 주가 지나자 약 한 주가 더 가까워졌다.

하지만 그러더니, 잔인하게도, 이 곡선은 수평에 가까워진다. 39주차에 접어들면, 평균 잔여 시간은 0.68주로, 분만의 순간이 임박한 것처럼 보인다. 하지만 40주차의 초입에 다다라도 아이는 아직 나오지 않았고, 평균 잔여 시간은 0.63주이다. 한 주가 지났는데도 분만 시점은 불과 8시간 더 가까워진 0.59주이다. 또 한 주가 지나지만 결승선은 겨우 7시간 더 좁혀졌을 뿐이다! 이런 차이들은 워낙 작아서 이런 경우처럼 표본이 충분히 큰 경우에만 측정 가능하다. 실질적으로 보면, 예상 잔여 시간은 2주 이상 동안 거의 변하지 않았다고 볼 수 있다.

언제 아기가 나오느냐고 물었을 때 산과 전문의가 “지금이라도 곧” 나올 수 있다고 두루뭉술하게 대답하는 이유도 여기에 있다. 이 대답이 불만스럽게 여겨질지도 모르지만 실제 상황을 잘 요약하는 표현이고, 아마 사실보다 더 배려 깊은 대답일 것이다.

암 환자의 생존 기간

마지막으로, 가상의 종양학자가 점심때 알려준 놀라운 결과를 검토해 보자. 많은 암 질환의 경우, 진단으로부터 1년이 지나서도 생존한 환자는 방금 진단을 받은 사람보다 더 오래 생존할 것으로 예상된다는 내용이다.

이 결과를 입증하기 위해, 나는 미국 국립보건원National Institutes of Health, NIH이 운영하는 'SEER(Surveillance, Epidemiology, and End Results, 감시, 역학 그리고 최종 결과)' 프로그램의 데이터를 사용할 것이다. 1973년부터 시작된 SEER 프로그램은 미국 여러 지역의 레지스트리registry에 등록된 암 관련 데이터를 수집해 왔다. 가장 최근 데이터세트에서 이 레지스트리들은 미국 인구의 약 3분의 1을 커버한다.

SEER 데이터에서 나는 2000년과 2016년 사이에 진단되어 생존 기간까지 기록된 1만 6202건의 교모세포종을 골랐다. 이 데이터를 사용해 생존 기간의 분포를 추론할 수 있지만 먼저 한 가지 통계적 장애부터 해결해야 한다. 환자들 중 일부는 아직 생존해 있거나, 레지스트리에 마지막으로 등재되던 당시까지 생존해 있었다.

이런 경우, 이들의 사망까지 남은 시간은 불명이고, 이것은 좋은 일이다. 그러나, 이런 데이터로 작업하기 위해서는 카플란-마이어Kaplan-Meier 추산이라고 불리는 특별한 방법을 써서 생애 분포를 계산해야 한다. 다음 그림은 로그 척도로 계산한 결과를 친숙한 CDF 양식과 '생존 곡선survival curve'이라고 불리는 새 양식에 표시한 내용이다.

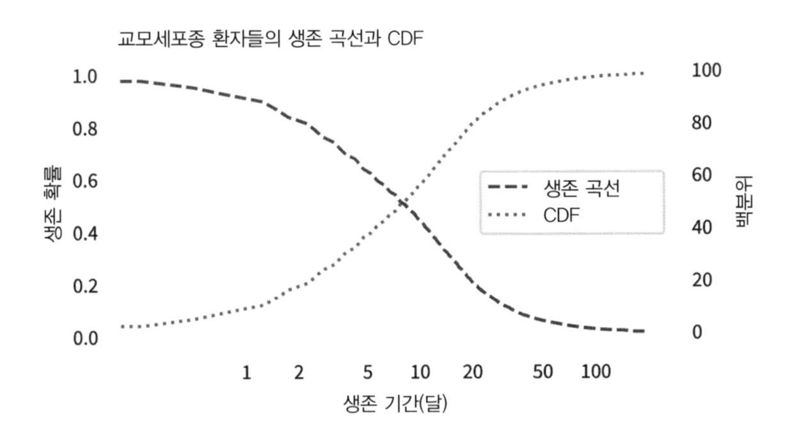

생존 곡선은 주어진 기간 동안의 생존 확률을 0과 1 사이의 단위로 보여준다. 이것은 CDF를 보완하는 통계 장치로, CDF가 왼쪽에서 오른쪽으로 가면서 증가하는 동안, 생존 곡선은 감소한다. 두 곡선은 동일한 정보를 담고 있는데, 이들을 따로 혹은 함께 사용하는 유일한 이유는 관례 때문이다. 생존 곡선은 의학과 신뢰성 공학reliability engineering 분야에서 더 자주 사용되고, CDF는 많은 다른 분야들에서 자주 사용된다. 두 커브에서 분명한 한 가지 사실은 교모세포종은 위중한 진단이라는 점이다. 진단 후 생존 기간의 중간값은 9개월 미만이며, 전체 환자의 약 16%만이 2년 이상 생존한다.

이 곡선은 약 16년 동안 교모세포종의 다른 단계들에서 진단받은, 그리고 저마다 다른 건강 상태와 다른 연령대의 사람들을 한데 뭉친 결과라는 점을 고려하기 바란다. 생존 기간은 이 모든 변수들에 따라 달라지고, 따라서 이 곡선은 어느 특정 환자에 대한 예후豫後를 제공하지 않는다. 특히, 치료법이 서서히 향상된 덕택에, 더 최근에 암 진단을 받은 사람의 예후는 그 전보다 더 낫다. 만약 당신이나 당신이 아는 누군가가 교모세포종 진단을 받는다면, 담당 의사는 기초적인 통계 방법론을 담은 책의 집적 데이터가 아니라 해당 환자의 특정 변수들에 근거해 예후 진단을 내린다.

전구와 임신 기간의 경우에 그렇게 했듯이, 이 분포를 사용해 진단 후 환자들의 평균 잔여 생존 기간을 계산할 수 있다. 다음 그림은 그 결과를 보여준다.

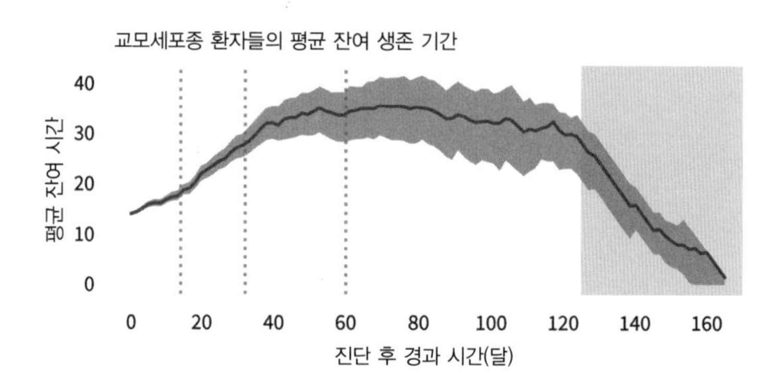

진단 당시, 평균 생존 기간은 약 14개월이다. 이것은 확실히 암울한 예후지만 좋은 뉴스도 뒤따른다. 만약 한 환자가 첫 14개월을 생존한다면, 우리는 그가 앞으로 평균 18개월을 더 생존할 것으로 예상한다. 만약 그렇게 돼서 총 32개월을 생존한다면, 그가 다시 28개월을 더 생존할 것으로 예상한다. 그리고 만약 그가 28개월을 더 생존해 총 60개월(5년)이 된다면, 그가 다시 35개월(거의 3년)을 생존할 것으로 예상한다. 위 그래프의 수직선은 이런 이정표들을 나타낸다. 이것은 마치 결승선이 계속 이동하는, 그래서 더 멀리 갈수록 결승선은 더 빠르게 후퇴하는 경주를 달리는 것 같다.

60개월이 지나면, 이 곡선은 편평해지는데, 이는 예상되는 잔여 생존 기간이 일정하다는 뜻이다. 마침내, 120개월(10년)이 지나면, 곡선은 하향하기 시작한다. 하지만 이 부분의 곡선을 너무 심각하게 받아들이지 말아야 한다. 이 부분을 회색으로 표시한 이유도 그 때문이다. 통계적으로, 이것은 적은 수의 케이스에 근거하고 있다. 또한, 교모세포종 진단을 받은 사람들은 대부분 60세 이상이다(이 데이터세트의 중간값은 64세이다). 진단으로부터

10년이 지났다면 이들은 그보다 더 연로해졌으므로 이 곡선 부분의 하향세는 다른 원인들에 의한 사망의 결과이다.

이 사례는 어떻게 암 환자들이 전구의 경우와 다른지 보여준다. 일반적으로, 새 전구는 헌 전구보다 더 오래갈 것으로 예상된다. 이런 특성은 "새것은 헌것보다 더 낫다는 예상new better than used in expectation"이라고 불리고 줄여서 NBUE라고 표현한다. '예상in expectation'이라는 용어는 '평균on average'이라는 말과 비슷하다. 하지만 일부 암의 경우, 우리는 진단 후 얼마간의 기간을 생존한 환자가 더 오래 산다고 예상한다. 이 특성은 "새것은 헌것보다 못하다는 예상new worse than used in expectation"이라고 부르며 줄여서 NWUE라고 표현한다.

새것이 헌것보다 못하다는 개념은 시간이 지나면 닳게 마련인 세상의 사물들에 대한 우리의 경험과는 배치되는 것이다. 그것은 가우스 분포의 특성과도 배치된다. 예를 들어, 만약 진단 후 평균 생존 기간이 14개월이라고 들었다면, 당신은 가장 흔한 값인 14개월을 중심이고 그 앞과 뒤로 비슷한 숫자의 환자 수가 표시되는 가우스 분포를 상상할 것이다. 하지만 그것은 매우 잘못된 그림이다.

이것이 얼마나 잘못된 추론인지 보여주기 위해, 나는 생존 기간의 분포와 가능한 한 가장 잘 맞는다고 판단한 가우스 분포를 고른 다음, 그를 사용해 평균 잔여 생존 기간을 계산했다. 다음 그림은 그 결과를 실제 평균과 견주어 보여준다.

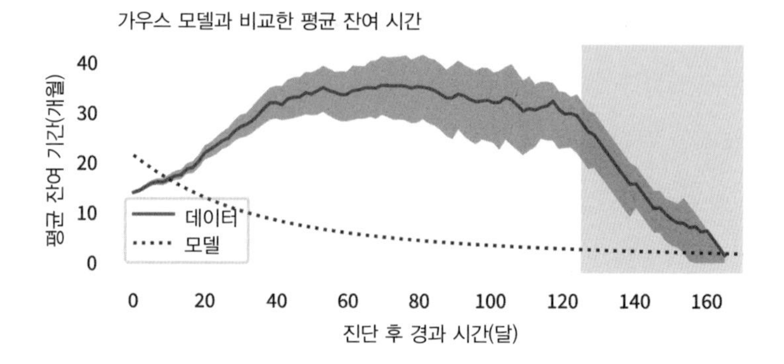

가우스 모델에 따르면 평균 잔여 생존 기간은 20개월 안팎에서 시작해 처음에는 급격히 떨어지다가 5개월 부근에서 완만해진다. 따라서 이 모델은 실제 평균과는 사뭇 거리가 멀다. 만약 당신이 예상한 분포 모델이 가우스 성향이라면, 상황을 심각하게 오해한 것이다!

다른 한 편, 만약 당신이 예상한 분포 모델이 로그 정규적이라면, 대체로 맞을 것이다. 이를 입증하기 위해, 나는 생존 기간의 실제 분포와 부합하는 로그 정규 모델을 골라 평균 잔여 생애를 계산하는 데 사용했다. 다음 그림은 그 결과를 보여준다.

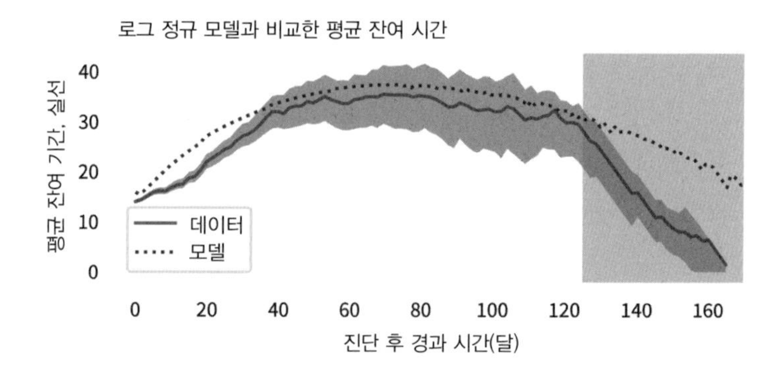

첫 24개월 동안, 이 모델은 다소 지나치게 낙관적이고, 120개월 뒤에는 너무 지나치게 낙관적이다. 하지만 로그 정규 모델은 예상한 모양의 곡선

을 보여준다. 만약 당신이 추정한 분포 모델이 로그 정규적인 것이었다면, 그 상황에 대해 비교적 정확한 이해도를 가진 셈이다. 그리고 3년간 생존한 환자가 왜 갓 진단받은 환자보다 더 오래 생존할 가능성이 높은지 이해하고 있는 것이다.

이 상상의 점심 모임에서, 근처 테이블에 앉았던 인구통계학자가 대화에 끼어든다. "사실은 암 환자들만 그런 게 아니에요."라고 그는 말한다. "최근까지, 모든 경우에서 생후 일정 기간이 지난 사람의 생존 가능성이 갓 태어난 아기의 경우보다 더 높았습니다."

출생 시 기대 수명

2012년, 남캘리포니아 대학교University of Southern California, USC의 인구통계학자들은 1800년대와 1900년대 스웨덴에서 출생한 사람들의 기대 수명을 추정했다. 이들이 스웨덴을 선택한 이유는 그 나라가 "고품질 [인구통계] 데이터의 역사적 기록을 가장 풍부하게 보유하고" 있기 때문이다. 0세부터 91세의 연령대에 대해 이들이 추정한 사망률은 각 연령에서 사망한 사람들의 비율이다. 다음 그림은 1800-1810년 사이에 출생한 사람들과 1905-1915년 사이에 출생한 사람들에 대한 결과를 보여준다.

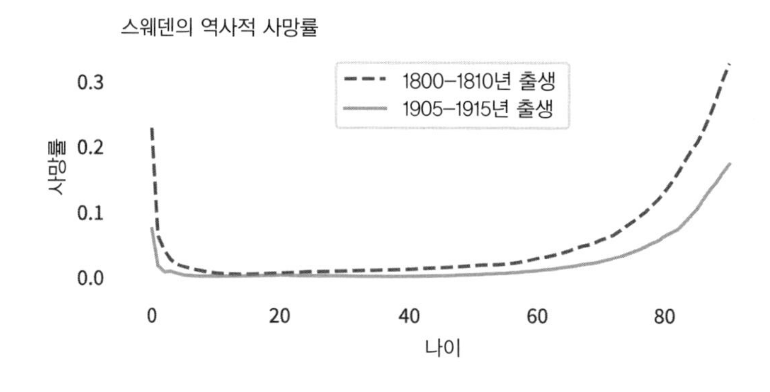

이 곡선들의 가장 주목할 만한 특징은 모양이다. 이것은 '욕조 곡선bathtub curve'으로 불리는데, 왼쪽에서 급속히 감소한 뒤 오른쪽으로 가면서 서서히 증가해 마치 욕조의 횡단면처럼 보이기 때문이다. 다른 주목할 만한 특징은 사망률이 모든 연령대에서 나이가 들수록 더 낮아진다는 점이다. 예를 들면 다음과 같다.

- 곡선의 왼쪽, 태어난 첫 해 동안에 사망률이 가장 높다. 1800-1810년 그룹에서는 약 23%가 돌을 맞이하기 전에 사망했고, 1905-1915년 그룹에서는 약 7%였다.
- 두 곡선 모두 십대 때 최소 수준까지 급격하게 추락한다. 1800-1810년 그룹에서 14세의 사망률은 1000명당 5명 꼴이고, 1905-1915년 그룹은 1000명당 2명 꼴이다.
- 곡선의 오른쪽에서, 사망률은 나이가 들면서 증가한다. 예컨대 1800-1810년 그룹중 80세까지 도달한 비율을 보면 약 13%가 80세에 사망했다. 1905-1915년 그룹의 80세 사망률은 약 6%였다.

우리는 이 곡선들을 사용해 "출생 시 기대 수명"을 계산할 수 있다. 1800년대에 태어난 사람들의 경우, 평균 수명은 36세 정도였고, 1900년대에 태어난 사람들은 66세였다. 따라서 그것은 상당한 변화였다. 그러나, 출생 시 기대 수명은 곡해될 수 있다. 사람들은 평균 수명이 36세라는 말을 들으면 많은 수가 36세 부근에서 죽고 극소수만이 그보다 훨씬 더 오래 사는 형태인 가우스 분포를 상상할 수 있다. 하지만 그것은 정확하지 않다.

1800년에 태어난 누군가는, 만약 36세에 이르면 그로부터 29년을 더 살아 65세에 이를 것으로 예상한다. 만약 그들이 65세까지 살아 있다면 다시 11년을 더 연장해 76세까지 살 것으로 예상하는데, 이것은 평균보다 두 배 이상 긴 시간이다. 만약 아동 사망률이 높다면 출생 시 기대 수명은 낮다.

하지만 누군가가 태어나 첫 몇 년을 생존한다면 이들의 기대 수명은 증가한다. 다음 그림은 1800년과 1905년 무렵에 스웨덴에서 출생한 사람들의 연령 함수로서의 기대 수명을 보여준다.

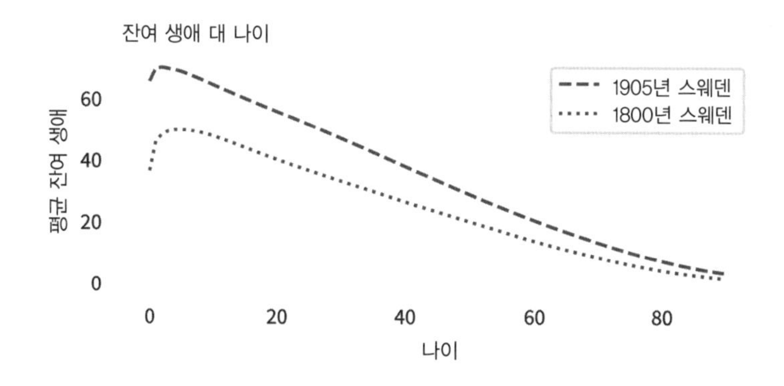

두 그룹 모두, 태어난 지 얼마간의 시간이 지난 사람들의 기대 수명이 갓 태어난 사람들보다, 적어도 출생 후 첫 몇 년 동안은, 더 높다. 1800년 어간에 태어난 사람의 출생 시 기대 수명은 36세이다. 하지만 이들이 첫 5년간 생존한다면 이들의 기대 수명은 50년을 더해 총 55세가 된다. 그와 비슷하게, 1905년 태어난 사람들의 출생 시 기대 수명은 66세이다. 하지만 그들이 출생 후 첫 2년간 생존한다면 그로부터 70년을 더해 72세까지 살 것으로 예상된다.

아동 사망률

다행히 아동 사망률은 1900년 이후 감소해 왔다. 다음 그림은 1900년부터 2019년까지 네 지역에서 출생 후 5세 이전에 사망한 아동의 비율을 보여준다. 이 데이터는 "통계학에 대한 이용과 이해를 늘려 지속 가능한 글로벌 개발을 권장한다"라는 취지의 스웨덴 재단인 갭마인더Gapminder로부터 구한 여러 자료를 종합한 것이다.

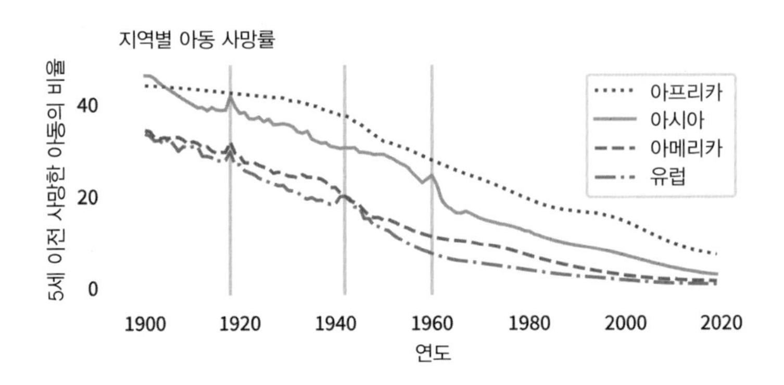

모든 지역에서 아동 사망률은 꾸준히 그리고 두드러지게 감소해 왔다. 소수의 예외는 수직선들로 표시했다. 1918년 — 아시아, 아메리카, 유럽 지역에 눈에 띄게 영향을 끼친 독감 대유행. 1939–1945년 — 유럽의 2차 세계대전. 1958–1962년 — 중국 대장정. 하지만 네 지역 모두, 이런 예외들은 장기적 흐름에는 영향을 미치지 않았다.

앞으로도, 특히 아프리카 지역에서, 더 노력이 경주돼야 하지만 아동 사망률은 세계 전지역에서 1900년보다 더 낮아졌다. 그 결과 대부분의 사람들은 이제 갓 태어난 경우의 사망률이 시간이 경과한 경우보다 더 나아졌다. 이런 변화를 입증하기 위해 나는 세계보건기구WHO의 '글로벌 보건 관측소Global Health Observatory'로부터 최근 사망 데이터를 수집했다. 2019년에 태어난 사람들의 경우, 이들의 미래 생애가 어떨지 지금은 알 수 없다. 하지만 만약 각 그룹의 사망률이 그들의 생애 동안 변하지 않을 것으로 가정한다면 추산할 수 있다. 그런 단순화를 바탕으로, 다음 그림은 2019년 스웨덴과 나이지리아에서 태어난 사람들의 평균 잔여 생애를 1905년 스웨덴의 데이터와 비교해 나이의 함수로 나타낸 결과이다.

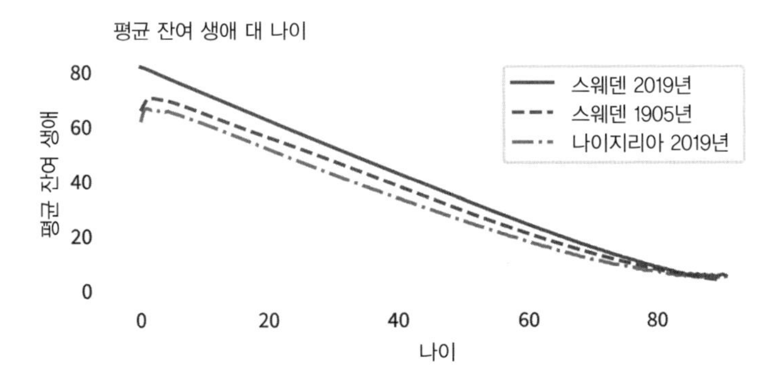

1905년 이후 스웨덴은 지속적으로 나아졌다. 모든 연령에서 2019년의 기대 수명은 1905년보다 더 높다. 그리고 스웨덴 사람들은 이제 NBUE 특성을 갖는다. 이들의 출생 시 기대 수명은 약 82세인데, 전구의 기대 수명처럼, 나이를 먹어갈수록 꾸준히 감소한다.

불행하게도 나이지리아는 세계에서 가장 높은 아동 사망률을 보이는 나라들 중 하나이다. 2019년, 신생아의 거의 8%가 출생 첫 해에 사망했다. 그 이후 이들의 사망률은 갓 태어난 경우보다 잠깐 낮아진다. 출생 시 기대 수명은 약 62세지만, 출생 후 첫 해를 생존한 아기는 평균 65년을 더 살 것으로 예상된다. 앞으로 계속해서 아동의 사망률은 모든 지역에서 감소하기를 나는 바란다. 만약 그렇게 된다면, 곧 모든 사람의 경우 갓 태어난 경우의 기대 수명이 나이를 먹은 경우보다 더 높게 될 것이다. 혹은 어쩌면 그보다 더 높게 만들 수도 있다.

불멸의 스웨덴인

이전 섹션에서, 나는 아동 사망률은 지난 세기에 급속히 감소했음을 보여주었고, 이런 기대 수명의 변화가 어떤 영향을 미쳤는지도 보았다. 이 섹션에서 우리는 성인 사망률을 더 긴밀히 들여다볼 것이다. 스웨덴의 데이터로 돌아가서, 다음 그림은 2000년부터 2019년까지 매 10년마다 업데이트된 각 연령 그룹의 사망률을 보여준다.

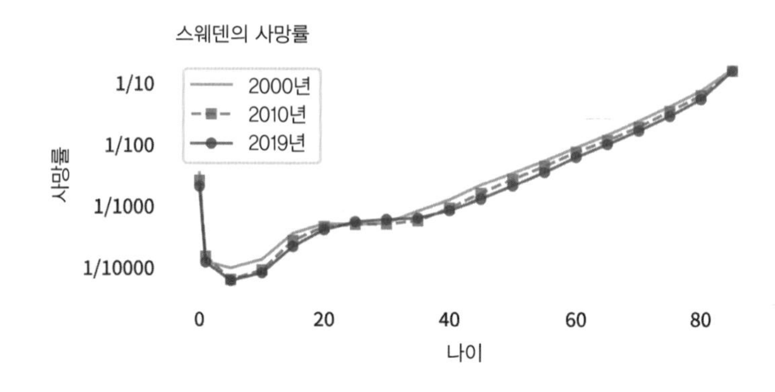

y축은 로그 척도로 표시되어 연령 그룹들 간의 차이는 10배수로 표시된다. 2019년의 경우 85세 이상 성인의 사망률은 10명당 1명 꼴이었다. 65-69세 그룹은 100명당 1명 꼴, 40-45세 그룹은 1000명당 1명 꼴, 그리고 10-14세 그룹은 1만 명당 1명 미만이었다. 이 그림은 네 국면의 사망률을 보여준다.

- 생후 첫해에 사망률은 여전히 꽤 높다. 영아들은 50세 성인의 사망률과 거의 동일하다.
- 1-19세 청소년들의 경우에 사망률이 가장 낮다.
- 20-35세 성인의 사망률은 낮으며 거의 일정하다.
- 35세 이후 사망률은 일정한 비율로 증가한다.

35세 이후 사망률의 직선적 증가 경향은 1825년 벤자민 곰페르츠Benjamin Gompertz가 처음 적시했고, 그래서 이 현상은 '곰페르츠의 법칙Gompertz Law'으로 불린다. 이것은 우리가 자연 상태에서 관찰한 패턴을 묘사한 실증적인 법칙이지만, 이 지점에서는 왜 그것이 참인지, 혹은 그것이 미래에도 확실히 참일지 설명하지 못한다. 그럼에도 불구하고, 이 사례의 데이터는 놀라울 정도의 직선 형태를 보여준다.

이전의 그림은 2000-2019년 사이의 사망률이 거의 모든 연령 그룹에서 감소했다는 점도 보여준다. 만약 아래 그림에서 보듯 40-80세의 연령대로 범위를 좁힌다면, 성인 사망률의 변화를 더 명확하게 볼 수 있다.

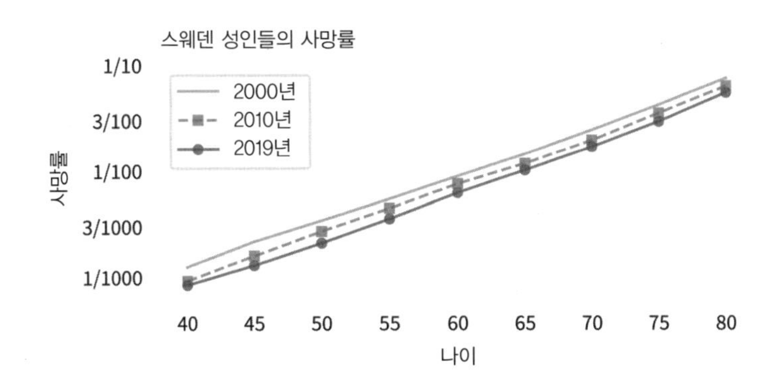

이 연령 그룹들에서, 사망률의 감소 추세는 놀라울 만큼 일정하다. 이 데이터에 모델을 맞추기 위해, 우리는 변화의 비율을 나이와 시간의 함수로 추산할 수 있다. 모델에 따르면, 한 연령 그룹에서 다음 그룹으로 움직임에 따라 사망률은 매년 약 11%씩 증가한다. 동시에, 각 연령 그룹간 사망률은 매년 2%씩 감소한다.

이 결과들은 이전 섹션에서 계산한 기대 수명은 지나치게 비관적이라는 점을 시사한다. 이는 연령에 따른 증가라는 첫 번째 효과만을 감안하고 시간 경과에 따른 감소라는 두 번째 효과는 감안하지 않았기 때문이다. 그러면 두 번째 효과도 감안하면, 다시 말해 사망률이 지속적으로 감소할 것이라고 추정하면 어떤 결과가 나오는지 살펴보자. 다음 그림은 2000년과 2019년 사이의 실제 사망률과 2040년과 2060년 사이의 예측 사망률을 보여준다.

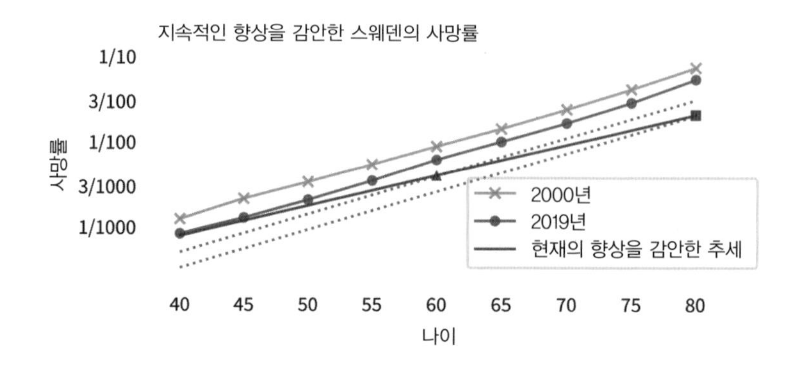

'현재의 향상을 감안한 추세'로 표시된 선은 2020년에 40세였던 스웨덴인의 예상 사망률을 가리킨다. 이들이 60세가 되는 것은 2040년이므로, 이들은 삼각형으로 표시된 2040년 60세의 사망률을 보일 것으로 예상된다. 그리고 이들이 80세가 되는 것은 2060년이므로, 이들은 사각형으로 표시된 2060년 80세의 사망률을 보일 것으로 예상된다. 우리는 이 사망률을 사용해 아래 그림과 같은 생존 곡선을 계산할 수 있다.

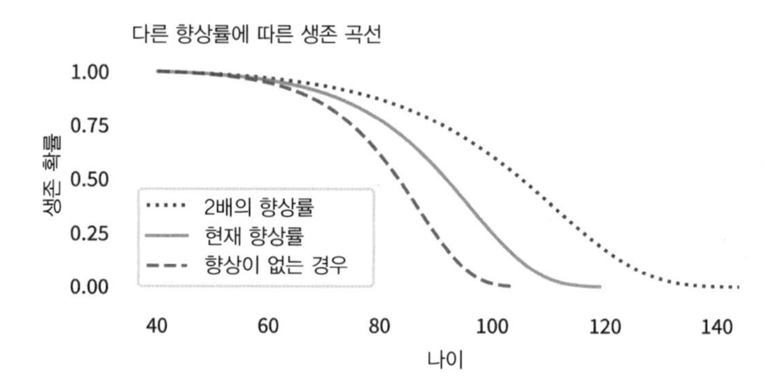

왼쪽의 파선은 사망률에서 더 이상의 감소가 없는 경우에 예상되는 생존 곡선을 보여준다. 이 시나리오에서 40세때 기대 수명은 82세이고 100세까지 살 확률은 1.4%밖에 안 된다. 실선은 사망률이 현재 속도로 계속 감소하는 경우의 생존 곡선을 보여준다. 이 경우 40세때 기대 수명은 90세이고

100세까지 살 확률은 25%이다. 마지막으로, 오른쪽의 점선은 사망률의 현재 추세보다 두 배 더 빠르게 감소하는 경우의 생존 곡선을 보여준다. 40세 때 기대 수명은 102세이고, 100세까지 살 확률은 60%가 될 것이다.

물론 이 향상 속도가 하루아침에 두 배로 나아지지는 않겠지만 궁극적으로 그렇게 될 수 있다. 최근 조사에서, 덴마크와 미국의 인구통계학자들은 그러한 향상을 가속화하는 데 기여할 만한 소스로 다음 몇 가지를 꼽았다.

- 전염성 질병의 예방과 치료. 그리고 미래 팬데믹의 예방.
- 비만과 약물 남용 같은 일상의 위험 요소들(그리고 나는 더 나은 자살 예방책도 더하고자 한다)의 축소.
- 면역 치료와 나노기술을 비롯한 암 예방 및 치료.
- 개인별 유전정보 기반의 정밀의학을 통한 효과적 치료법 선택. 그리고 유전적 질병에 대한 CRISPR 치료[1]
- 조직과 기관에 대한 재건 및 재생 기술.
- 그리고 생물학적 노화를 늦출 수 있는 여러 방법들.

나는 가까운 미래에 향상 속도가 두 배로 더 빨라지는 것이 가능할 것으로 생각한다. 하지만 그렇게 되더라도 결국엔 누구나 죽을 수밖에 없다. 우리는 더 잘할 수 있을 것이다. 다음 그림은 2019년을 기점으로, 사망률이 현재 속도보다 네 배 더 감소한다고 가정했을 때 나타날 수 있는 생존 곡선이다.

1 '크리스퍼'라고 읽으며 세균 및 고생균에 존재하는 반복 염기 서열을 일컫는다. CRISPR는 'Clustered Regularly Interspaced Short Palindromic Repeats'의 약자이다. DNA에 존재하는 18~40개로 구성된 특정 염기서열을 인식해 DNA 두 가닥을 절단하는 인공 제한효소로 동식물 유전자의 손상된 DNA를 잘라내고 정상 DNA로 교체하는 유전자 편집 기술을 의미한다. – 옮긴이

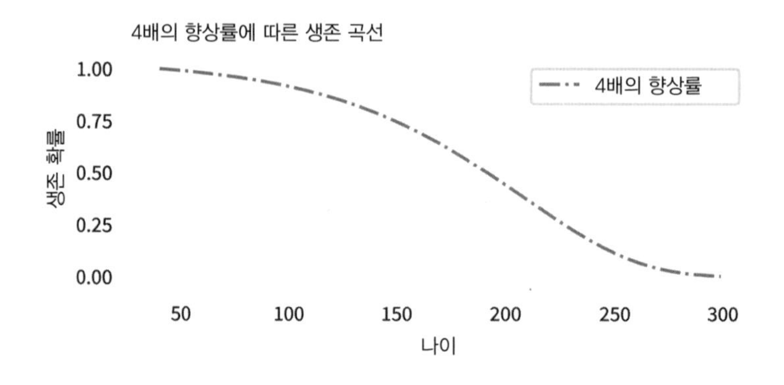

이 시나리오에서, 어떤 사람들은 300살까지 산다! 그러나, 심지어 이처럼 낙관적인 가정에서도 곡선의 형태는 향상률이 더 느린 경우의 곡선 모양과 비슷하다. 그리고, 아래 그림이 보여주듯 평균 잔여 생애는 거의 동일한 속도로 감소한다.

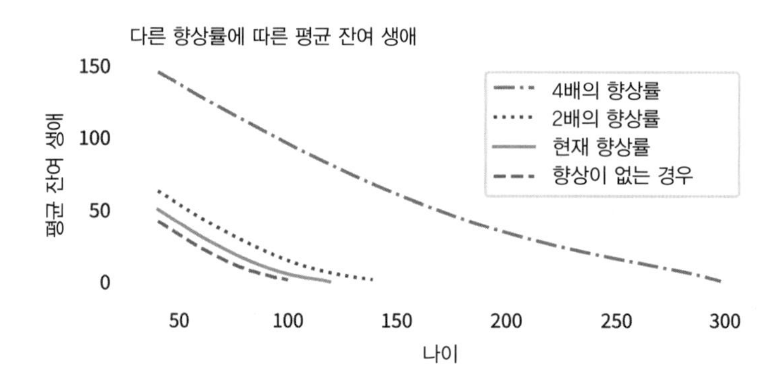

향상 속도가 빨라질수록 사람들은 더 오래 살지만 여전히 NBUE의 특성을 보인다. 한 해 한 해 지날수록, 이들은 평균적으로 무덤에 가까워진다. 그러나 향상 속도가 4.9배로 가속되는 경우 괄목할 만한 상황이 발생한다. 그 속도에서, 노화로 인한 사망률의 연간 증가율은 향상에 따른 감소로 정확히 상쇄된다. 이는 한 해와 다음 해의 사망 확률이 똑같다는 뜻이다. 영원히. 그 결과는 다음 그림과 같은 곡선 커브이다.

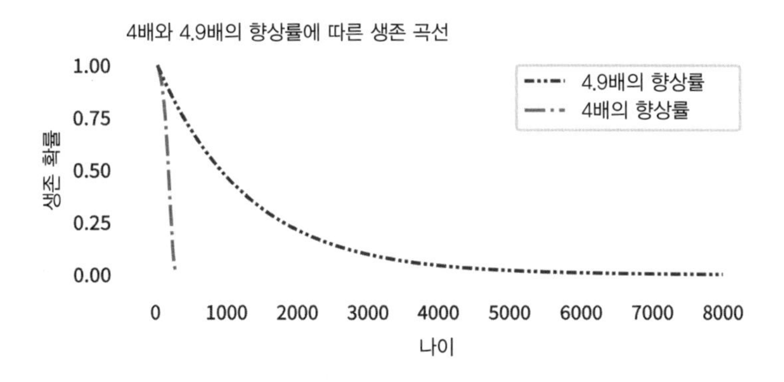

4와 4.9의 차이는 질적인 것이다. 4배의 향상률인 경우, 생존 곡선은 불가피한 종말을 향해 곤두박질친다. 4.9배인 경우, 곡선은 성서의 기록조차 넘어서는 연령까지 연장된다.

이런 속도로 향상되는 경우, 전체 인구의 절반이 879세까지 살며, 약 20%가 2000세까지, 그리고 4%가 4000세까지 산다. 70억 인구 중 최고령자는 2만 9000세로 예상된다. 하지만 가장 기묘한 부분은 평균 '잔여' 생애이다. 이 4.9배 시나리오에서, 출생 시 기대 수명은 1268세이다. 하지만 당신이 만약 그 나이까지 생존한다면, 당신의 예상 잔여 생애는 '여전히' 1268세이고, 그런 흐름은 영원히 계속된다.

매년 우리는 늙어가므로 사망 위험은 높아지지만, 의학적 향상은 그 위험 수준을 같은 비율로 낮춘다. 이 시나리오에서 사람들은 불멸이 아니다. 매년 1만 명 당 8명 정도가 사망한다. 하지만 매년 당신이 무덤으로 한 발씩 내디딜 때마다, 무덤은 한 발씩 당신으로부터 물러난다. 가까운 미래에, 만약 유아 사망률이 계속 감소한다면, 모든 경우 갓 태어난 아기의 기대 수명이 일정 나이를 먹은 사람보다 더 높아질 것이다. 하지만 궁극적으로, 만약 성인 사망률이 충분히 빠른 속도로 감소한다면, 갓 태어난 경우든 나이를 먹은 경우든 모두가 평균적으로 동일한 잔여 수명을 갖게 될 것이다.

출처와 관련 문헌

- 전구에 관한 논문은 「Renewal Rate of Filament Lamps(필라멘트 전구의 단선율)」이다[79].
- 임신 기간에 관한 데이터는 전국가족성장조사에서 얻었으며, CDC 웹사이트에서 구할 수 있다[84].
- 암 환자들의 생존 기간에 관한 데이터는 국립암연구소의 SEER 프로그램에서 얻었다[119].
- 아동기의 사망률에 관한 데이터는 갭마인더에서 구했다[18].
- 스웨덴의 역사적 사망률 데이터는 "「Early Cohort Mortality Predicts the Rate of Aging in the Cohort(유아기 인구집단의 사망률로 그 인구집단의 노화율을 예측하다)」"에서 나왔다[12].
- 더 근래 사망률 데이터는 세계보건기구의 '글로벌 보건 관측소'에서 구했다[69].
- 미래의 잠재적 사망률 감소에 관한 논문은 「Demographic Perspectives on the Rise of Longevity(장수 증가에 대한 인구 통계적 전망)」이다[129].
- 장수 분야의 미래 발전에 관한 최근 저서로는 스티븐 존슨Steven Johnson의 『Extra Life』(Viking Books for Young Readers, 2023)가 있다[55].

6장

속단하기

1986년, 마이클 앤서니 제롬 "스퍼드" 웹Michael Anthony Jerome "Spud" Webb은 168cm로 NBA(National Basketball Association, 미국프로농구협회)의 최단신 선수였다. 그럼에도 불구하고, 그 해 스퍼드는 엘리베이터 양손 더블 펌프 덩크와 양손 리버스 덩크에 성공하며 슬램덩크 경연대회에서 우승했다. 이 묘기는 적어도 107cm에 달하는 웹의 수직 점프가 그의 머리 높이를 275cm까지 올리고 양손을 위로 뻗을 경우 농구 골대 높이인 305cm보다 훨씬 더 높아지기 때문에 가능했다.

같은 해, 나는 매사추세츠 공과대학MIT에서 대학 배구팀의 선수로 활동했다. 비록 다른 선수들과 나는 스퍼드 웹만큼 뛰어난 운동선수들은 아니었지만, 나는 키와 수직 점프 사이에 비슷한 관계가 있음을 감지했다. 일관되게, 팀에서 키가 작은 선수들이 키가 큰 선수들보다 더 높이 점프했다. 당시 나는 그 관계에 모종의 생물역동학적biokinetic 이유가 있는지, 더 짧은 다리가 어떤 기계적 이점을 제공하는 것은 아닌지 궁금해했다. 밝혀진 바에 따르면 그런 이유는 없다. 점프 능력을 예측하는 물리적 특성들을 연구한 2003년 논문에 따르면 키와 수직 점프 사이에는 "아무런 상당한 관계도 없다no significant relationship".

이제 독자는 내 사고에 깃든 오류를 파악했을 것이다. 경쟁적 수준의 배구를 하는 데는 큰 키가 도움이 된다. 크지 않다면 높은 점프력이 도움을 줄 수 있다. 키도 크지 않고 점프도 잘 못한다면, 아마 그는 경쟁적 수준의 배구를 하지 않을 것이다. NBA에서 뛰지 않는다면 결코 슬램덩크 경연대회에서 우승할 수 없다.

일반 인구에서 키와 점프력 사이에는 아무런 상관관계가 없지만 대학팀의 운동 선수들은 그 일반 인구를 대표하는 표본이 아니며, 엘리트 운동 선수들은 더더욱 그렇지 못하다. 이들은 키와 점프력을 기준으로 선발됐기 때문에, 그런 선발 절차는 키와 점프력 간의 상관관계를 낳게 된다. 이런 현상은 1946년 관련 논문을 쓴 연구자의 이름을 따 '벅슨의 역설Berkson's paradox'로 불린다. 그가 발견한 내용은 나중에 다루기로 하고, 먼저 대학의 다른 사례를 들여다보자.

수학과 구술 능력

한 대학의 학생들을 대상으로 삼을 때, 수학과 구술 능력은 상관관계correlated일까, 반상관관계anti-correlated일까, 아니면 비상관관계uncorrelated일까? 달리 말해서, 만약 누군가가 두 가지 능력 중 어느 하나에서 평균 이상이라면, 당신은 그가 다른 분야에서도 평균 이상일 것이라고 보는가, 아니면 평균 이하일 것으로 보는가? 아니면 둘 사이에는 아무런 연관성도 없다고 생각하는가? 이 질문에 대답하기 위해, 나는 1997년의 NLSY(National Longitudinal Survey of Youth, 미국청소년추적연구)97 결과의 데이터를 사용할 것이다. 이 연구는 "1980−1984년에 태어난 미국 청소년 8984명의 삶을 추적한" 결과이다. 이 공공 데이터세트에는 대학 입학 조건으로 자주 사용되는 SAT, ACT 같은 여러 표준 시험의 결과도 들어 있다.

이 인구 집단에서 약 1400명의 참가자들은 SAT에 응시했다. 이들의 평균 점수는 구술 섹션에서 502점, 수학 섹션에서 503점이었고, 둘다 전국 평균인 500점과 근사했다. 이들이 받은 점수의 표준 편차는 구술 섹션에서 108점, 수학 섹션에서 110점으로, 둘다 전체 표준 편차인 100보다 조금 더 높았다.

이 점수들의 상관관계를 보여주기 위해 각 참가자의 데이터 포인트를 산포도散布度, scatter plot로 표시했다. 구술 점수는 가로축, 수학 점수는 세로축이다.

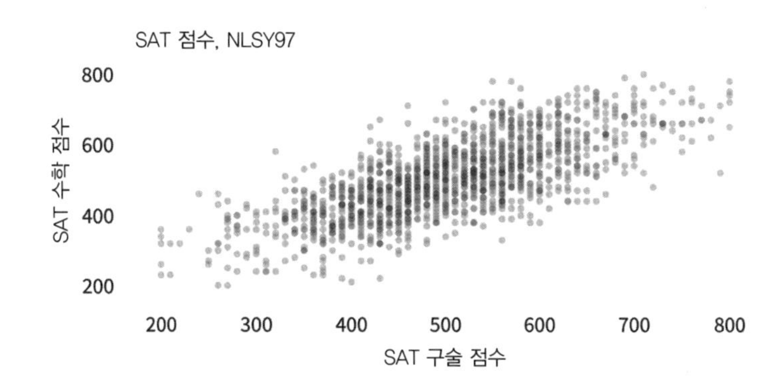

한 섹션에서 좋은 성적을 낸 학생들은 다른 섹션에서도 좋은 성적을 내는 경향을 보인다. 점수들 간의 상관관계는 0.73이다. 이는 구술 시험에서 평균mean 이상의 표준 편차를 가진 사람은 수학 시험에서 0.73의 표준 편차를 보일 것으로 예상된다는 뜻이다. 예를 들어 평균보다 100점 더 높은 600점 정도의 구술 점수를 받은 사람을 고른다면, 그 사람의 수학 점수는 평균보다 약 70점이 높은 570점 안팎이 될 것이다.

이것은 SAT를 친 사람들의 무작위 표본에서 보게 될 내용이다. 구술 능력과 수학 능력 간의 긴밀한 상관관계. 하지만 대학들은 학생을 무작위로 선발하지 않으므로, 어느 특정 캠퍼스에서 우리가 발견한 내용은 대표성 표본이 아니다. 대학들의 선발 절차가 어떤 영향을 미치는지 보기 위해, 몇 가지 유형의 대학들을 고려해 보자.

엘리트 대학교

먼저, EU(Elite University, 엘리트 대학교)라고 불리는 가상의 대학을 고려해 보자. EU의 입학 허가를 받으려면 SAT 총점(구술 및 수학 점수의 합계)이 1320점 이상이어야 한다고 가정하자. 만약 우리가 NLSY로부터 이 요건에 맞는 참가자들을 고른다면 두 부문에 대한 이들의 평균 점수는 약 700점이고, 표준 편차는 약 50이며, 두 점수들 간의 상관계수는 −0.33이다. 따라서 만약 누군가가 한 시험에 대해 EU 평균보다 표준 편차가 1만큼 높다면, 다른 시험에서는 EU 평균보다 표준 편차가 0.33 더 낮다는 뜻이다. 예를 들어, EU의 한 학생이 구술 시험에서 760점(EU 평균보다 60점 더 높다)을 받았다면, 그의 수학 시험 점수는 680점(EU 평균보다 20점 더 낮다)일 것으로 예상된다.

SAT 응시생들의 인구에서, 점수들 간의 상관관계는 양positive이다. 하지만 EU 학생 인구로 보면, 상관관계는 음negative이다. 다음 그림은 이것이 어떻게 표시되는지 보여준다.

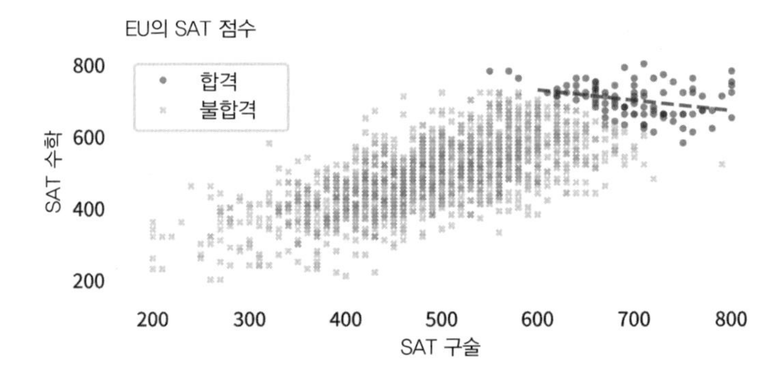

오른쪽 위의 원점들은 EU의 입학 요건에 맞는 학생들을 보여준다. 파선은 각각의 구술 점수에 상응하는 평균 수학 점수를 보여준다. 만약 EU에서 한 학생이 비교적 낮은 구술 점수를 받았다면, 그는 수학에서 높은 점수를 받았을 것으로 예상할 수 있다. 왜? 그렇지 않다면 그는 EU에 합격할 수 없었을 것이기 때문이다. 그리고 반대로, EU의 한 학생이 비교적 낮은 수학 점수를 받았다면, 그는 틀림없이 높은 구술 점수를 받았을 것이다.

나는 이 효과가 실제 명문 대학들의 학생들에 대한 인식을 왜곡할 수 있다고 짐작한다. 학교에서 만나는 학생들 중 수학이나 구술 어느 한 쪽에서 비상하게 높은 점수를 받은 경우가 더 흔하고, 양쪽 모두에서 좋은 점수를 얻은 경우는 드물 것이기 때문이다.

이런 현상은 C. P. 스노우C. P. Snow가 그의 유명한 '두 문화The Two Cultures' 강연에서 묘사한 현상을 부분적으로 설명해주는지 모른다.

> 자주 나는 회합에서, 전통적인 문화의 기준으로 볼 때 고등 교육을 받았다고 여겨지는 사람들이 문학에 대한 과학자들의 무지에 충격을 받았노라고 노골적인 불신을 표현하는 것을 목도했다. 한두 차례 나는 거기에 반발해서 거기에 모인 사람들 중 얼마나 많은 이가 열역학의 제2법칙을 설명할 수 있느냐고 물은 적이 있다. 반응은 차가웠다. 그리고 부정적이었다. 하지만 나는 "셰익스피어의 작품을 하나라도 읽어본 적이 있습니까?"라는 질문에 상응하는 과학 분야의 질문을 묻고 있었다.
>
> 나는 이제 설령 그보다 더 단순한 질문 — "읽을 줄 알아요?"라는 물음에 상응하는, 가령 질량이나 가속의 뜻을 아느냐는 과학의 기본 질문 — 을 던졌더라도 고등 교육을 받은 10명 중 1명조차 내가 자신들과 동일한 언어로 말한다고 느끼지 못했을 것으로 믿는다.

일반 인구에서 수학 능력과 구술 능력은 높은 상관관계를 갖지만 "고등 교육을 받은" 사람이 될수록 이들은 또한 더욱 선별적이 된다. 그리고 다음 섹션에서 보게 되듯이, 이들이 더욱 엄격하게 선발될수록, 이 능력들은 더욱 반대되는 상관관계를 갖는 것처럼 보일 것이다.

덜 우수할수록 더 커지는 상관관계

물론 모든 대학이 1320점 이상의 SAT 점수를 요구하지는 않는다. 대다수는 덜 선별적이며, 일부는 표준화 검사 점수를 아예 요구하지도 않는다. 그러니 입학 요건을 다변화하면 수학과 수능 점수간 상관관계에 어떤 일이 벌어지는지 알아보자. 이전 사례와 마찬가지로, 나는 대입 행정실에서 일하는 누구든 짜증스러워할 다음과 같은 선별 절차 모델을 사용할 것이다.

- 모든 대학이 단순한 SAT 총점 하한선을 가졌다고 가정하자. 어느 지원자든 그 하한선을 넘으면 합격 통보를 받을 것이다.
- 그리고 그 통보에 응한 학생들이 합격한 전체 학생들로부터 무작위 추출한 표본이라고 가정하자.

다음 그림은 700점부터 1400점까지, SAT 총점의 범위를 가로축으로 삼고 있다. 세로축은 NLSY 데이터를 바탕으로 SAT 총점이 하한선을 넘은 학생들에 대한 수학과 구술 점수 간의 상관관계를 나타낸다.

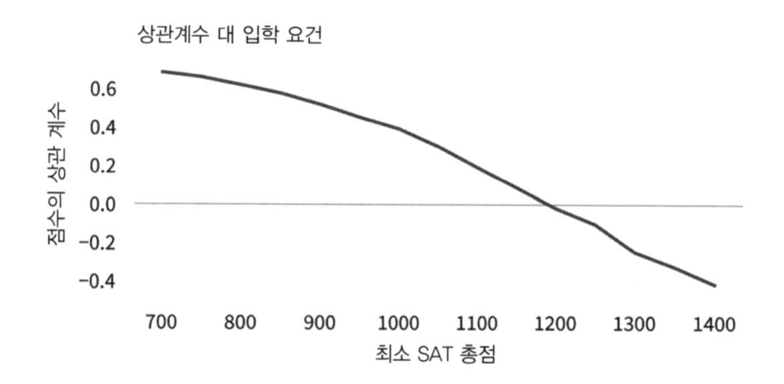

총점 700점을 요구하는 대학에서, 수학과 구술 점수는 양의 상관관계를 보인다. 하한선이 약 1200점으로 더 선별적인 대학에서는 상관관계가 0에 가깝다. 그리고 하한선이 1300점 이상인 엘리트 대학의 경우, 상관관계는 마이너스다.

지금까지 거론한 사례들은 비현실적인 대학 입학 사정 모델에 근거하고 있다. 우리는 변수 하나를 추가함으로써 이 사례를 조금 더 현실적으로 만들 수 있다.

세컨티에이 대학교

SAT 총점이 1200점 이상인 학생들의 입학을 허용하지만 실상 1300점 이상인 학생은 다른 대학으로 진학할 가능성이 높은 세컨티에이 대학교 Secondtier College('세컨티에이(se-con-tee-ay)'라고 발음한다)을 가정해 보자. 다시 NLSY 데이터를 사용해 작성한 다음 그림은 세 그룹으로 구분한 지원자들의 구술 및 수학 점수를 보여준다. 세 그룹은 불합격, 합격 후 등록, 그리고 합격했지만 다른 대학을 선택한 그룹이다. 등록한 학생들 중에서 수학과 구술 점수 간의 상관 계수는 뚜렷한 음으로 약 −0.84이다.

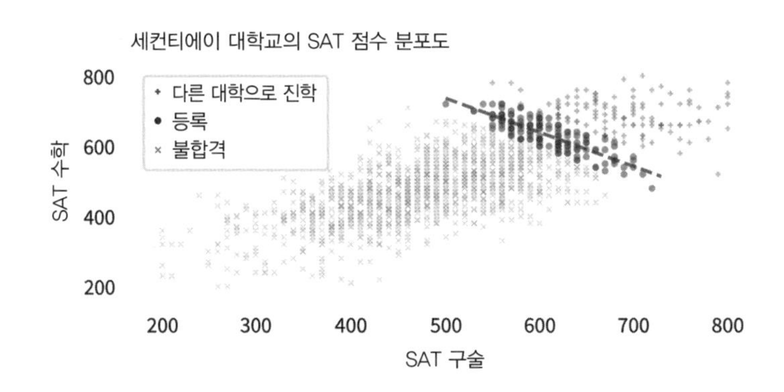

세컨티에이 대학교의 경우, 구술 부문에서 평균보다 약 50점 더 높은 650점을 받은 학생이라면, 그는 수학에서 평균보다 약 40점 더 낮은 590점을 받았을 것으로 예상된다. 이로써 우리는 앞에서 제기한 질문에 대한 대

답을 얻는다. 대학의 학생 선발 방식에 따라 수학과 구술 점수는 상관될 수도, 상관되지 않을 수도, 혹은 반대의 상관관계를 보일 수도 있다.

병원 데이터에 나타난 벅슨의 역설

지금까지 논의한 사례들은 흥미로웠을 수 있지만 그리 중요하지는 않을지 모른다. 키와 점프력, 혹은 수학과 구술 능력 간의 상관관계를 잘못 알았다고 해도 그에 따른 피해는 제한적이다. 하지만 벅슨의 역설은 스포츠와 표준화 검사에만 국한되지 않는다. 많은 다른 영역들에서는 실수나 잘못에 따른 결과가 더 심각할 수 있다. 벅슨의 역설이 처음으로 널리 인지된 의료 분야도 그 중 하나이다.

벅슨의 역설은 미네소타주 로체스터의 메이요 클리닉Mayo Clinic에서 생물측정학 및 의료통계학 부서를 이끌었던 조셉 벅슨Joseph Berkson의 이름을 딴 것이다. 1946년, 그는 의료원이나 병원에서 환자들을 표본으로 이용하는 일의 위험성을 지적하는 논문을 썼다. 그런 사례로 그는 담낭 질환(cholecystic disease, 담낭에 생기는 염증)과 당뇨병 간의 상관관계를 사용한다. 당시 이 질환들은 연관돼 있다고 여겨졌고, 그래서 "의료계 일각에서는 당뇨병에 치료의 일환으로 담낭이 제거되는 일이 벌어져 왔다"라고 그는 지적한다. 그의 어조는 이 '의료계 일각'에 대한 그의 비판적 시각을 내비친다.

벅슨은 두 질환이 명확히 연관된 것처럼 보이는 것은 병원 환자들을 표본으로 삼은 결과 때문임을 보여준다. 그런 점을 입증하기 위해, 그는 인구의 1%가 당뇨병이고 3%가 담낭염인 인구 구조를 시뮬레이션으로 생성해 두 질환은 연관성이 없음을 밝힌다. 다시 말해, 한 질환이 실상은 다른 질환을 가졌을 가능성에 아무런 영향도 끼치지 않았다는 뜻이다. 이어 그는 병원 환자들을 표본으로 쓰는 경우 어떤 일이 벌어지는지 시뮬레이션했다. 그는 둘 중 어느 한 질환을 가진 사람들이 병원에 갈 확률이 높고, 따라서 어느 질환도 갖지 않은 사람들과 비교해 병원의 표본으로 뽑힐 가능성이 더 높다. 병원의 표본에서는 두 질환 간에 음의 상관관계가 있음을 그는 발견한다. 즉, 담낭염이 있는 사람들은 당뇨병을 앓고 있을 확률이 더 낮다.

나는 벅슨의 실험을 단순화해서 그 점을 입증할 것이다. 인구가 100만 명이고 그 중 1%가 당뇨병을, 3%가 담낭염을 앓고 있으며, 두 질환은 서로 연관되지 않았다고 가정하자. 우리는 어느 한쪽의 질환을 가진 사람이 병원 표본에 잡힐 확률을 5%로 잡고, 어느 쪽 질환도 없는 사람이 표본이 될 확률은 1%로 가정할 것이다.

만약 이 표본 추출 과정을 시뮬레이션한다면, 우리는 병원에서 담낭염을 가진 사람과 그렇지 않은 사람, 그리고 당뇨병이 있는 사람과 그렇지 않은 사람의 숫자를 계산할 수 있다. 다음 표는 벅슨이 '4분표fourfold table'라고 부른 형태로 나타낸 결과이다.

	C	No C	Total
D	29	485	514
No D	1485	9603	11,088

'C'와 'no C'로 표시된 세로축은 담낭염을 가진(C) 사람과 그렇지 않은(no C) 사람을 가리키며, 'D'와 'no D'로 표시된 가로축은 당뇨병을 가진(D) 사람과 그렇지 않은(no D) 사람을 가리킨다. 그 결과들은, 100만 인구 중에서 다음을 뜻한다.

- 병원 환자들의 표본에서는 총 514명의 당뇨병 환자(맨 오른쪽 위)가 예상되는데, 그중 29명은 담낭염도 앓고 있을 것으로 예상된다. 그

리고,

- 그 표본에서 총 1만 1088명은 당뇨병이 없을 것(맨 오른쪽 아래)으로 예상되는데, 그중 1485명은 담낭염이 있을 것으로 예상된다.

만약 각 열의 비율을 계산한다면 다음과 같은 수치를 얻는다.

- 당뇨병을 가진 그룹에서는 약 5.6%가 담낭염도 앓고 있으며,
- 당뇨병이 없는 그룹에서는 약 13%가 담낭염을 앓고 있다.

그러므로 해당 표본에서, 두 질환 간의 상관계수는 음이다. 당뇨병을 앓는 사람은 담낭염을 가졌을 확률이 훨씬 더 낮다. 하지만 시뮬레이션 인구에서 그런 상관관계가 없다는 사실을 아는 것은 그런 결과가 나오도록 설계했기 때문이다. 그러면 병원 표본에서 이 상관관계가 나타나는 이유는 무엇일까? 다음은 그에 대한 몇 가지 설명이다.

- 둘 중 어느 한 질환을 가진 사람들은 아무 질환도 없는 사람들보다 병원을 찾을 확률이 더 높다.
- 만약 담낭염을 가진 사람을 병원에서 만난다면, 바로 그 질환이 그가 병원에 온 이유일 가능성이 높다.
- 만약 담낭염이 없는 사람이라면, 그는 다른 이유로 병원에 갔을 것이고, 따라서 당뇨병을 가졌을 확률이 높다.

벅슨은 이것이 다른 방향으로도 작동할 수 있음을 보여주었다. 가정을 달리하면, 전체 인구에서는 아무런 관계가 없음에도 불구하고, 병원 표본은 두 질환 간에 '양positive'의 상관관계가 있음을 보여줄 수 있다는 것이다.

그는 "병원 환자들을 표본으로 삼을 경우 나타나는 결과는 독립된 확률들의 평범한 중첩에 따른 허위 상관관계인데, 이를 교정할 손쉬운 방법은

없는 것 같다"라고 결론짓는다. 달리 말해, 관찰된 상관관계가 설령 벅슨의 역설에 의해 초래된 것임을 알더라도, 그것을 바로잡을 수 있는 방법은, 일반적으로, 더 나은 표본을 수집하는 길밖에 없다는 뜻이다.

벅슨과 COVID-19

이 문제는 사라지지 않았다. 2020년에 나온 한 논문은 그 제목에서부터 벅슨의 역설은 "COVID-19 질병의 위험과 심각성에 대한 우리의 이해를 약화한다"라고 주장한다. 영국 브리스톨대와 노르웨이과학기술대의 연구자들을 비롯한 저자들은, 벅슨이 그랬던 것처럼, 병원 환자들과 "활성 감염 여부를 검사 받는 사람들이나 자원한 사람들"로부터 추출한 표본을 사용하는 일의 위험성을 지적한다. 이 그룹들에서 관찰된 패턴은 일반 인구를 대상으로 한 경우 나타나는 패턴과 항상 일치하지는 않는다.

일례로, 이들은 의료계 종사자들은 중증 COVID-19 질환에 걸릴 위험성이 더 높다는 가설을 검토한다. 만약 병원과 의원의 COVID-19 노출이 다른 환경의 노출과 비교해 더 높은 바이러스 수치viral loads를 보인다면 그 가설은 참일 수 있다. 이 가설을 시험하기 위해, COVID-19 검사에서 양성 반응을 보인 사람들의 표본으로 시작해 의료계 종사자와 다른 사람들 중에서 중증 질환의 빈도를 비교해 볼 수 있다.

하지만 이 접근법에는 한 가지 문제가 있다. 모든 사람이 똑같은 확률로 검사를 받는 것은 아니기 때문이다. 많은 지역의 경우, 의료계 종사자들은 COVID-19 증상 여부를 정기적으로 검사받지만 위험도가 낮은 그룹의 사람들은 증상이 보일 때만 검사를 받는다. 그 때문에 양성 반응을 보인 사람들의 표본은 중증 질환부터 경미한 증상, 그리고 아무런 증상도 없는 경우까지 전체 범위에서 의료계 종사자들을 포함하는 데 비해, 다른 사람들의 경우 검사를 요구하는 중증 케이스만 포함한다. 설령 일반 인구에서는 의료계 종사자들이 평균적으로 더 중증인 경우에도, 이 표본에서 COVID-19 질환은 의료계 종사자들이 다른 사람들보다 경미한 것으로 나타난다.

이 시나리오는 가설이지만, 저자들은 "50만 영국민 참가자들로부터 얻은 유전자 정보와 건강 정보를 담은 대규모 생명과학 데이터베이스와 연구 자원"인 바이오뱅크BioBank의 데이터를 검토한다. 벅슨의 역설이 얼마나 만연해 있는지 파악하기 위해, 저자들은 2020년 4월부터 48만 6967명의 바이오뱅크 참가자들을 선별했다. 각 참가자의 데이터세트는 나이, 성별, 사회경제적 지위 같은 인구통계 정보, 병력病歷과 위험 요소들, 신체적 심리적 측정 결과, 행태 및 영양 상태 등 2556종의 특성 요소를 담고 있다.

이 특성들 중에서, 연구자들은 811개가 COVID-19 검사를 받을 확률과 통계학적으로 연관되어 있으며, 그 중 많은 연관성은 벅슨의 역설을 이끌어내기에 충분할 만큼 강력하다는 점을 발견했다. 이들이 판별한 특성에는 직업 (의료계 종사자들의 사례에서처럼), 민족성과 인종, 일반 건강, 거주 지역을 비롯해 인터넷 접근성과 과학적 관심 등과 같은 덜 명확한 변수들이 포함된다. 그 때문에 COVID-19 양성 결과가 나온 사람들의 표본만을 사용해서는 이들 중 어떤 특성들이 질환의 심각성에 영향을 미치는지 정확히 추정하기가 불가능하다.

저자들은 이렇게 결론을 내린다. "표본 추출의 범위를 알기는 어려우며, 설령 안다고 해도, 그것이 어떤 방법론에 충분히 타당한 것임을 증명할 수는 없다. 과학자와 정책 입안자들은 표적 인구를 대표하지 않는 표본으로부터 얻은 결과들을 신중하게 취급해야 한다."

벅슨과 심리학

벅슨의 역설은 일부 심리 질환에 대한 진단에도 영향을 미친다. 예를 들면, 'HRSD(Hamilton Rating Scale for Depression, 해밀턴 우울증 등급 척도)'는 우울증을 진단하고 그 심각성을 설명하는 데 사용되는 조사법이다. 이것은 17개의 질문을 담고 있는데 그 중 일부는 3점 척도이고 또 일부는 5점 척도로 돼 있다. 이 결과에 대한 해석은 각 질문에서 얻은 점수의 합에 의존한다. 이 질문서의 한 버전은 14점과 18점 범위를 경증 우울증으로, 18점 이상의 총점을 중증 우울증으로 진단한다.

이와 같은 등급 척도는 진단과 치료 효과를 평가하는 데 유용할 수 있지만 벅슨의 역설에 취약하다. 2019년의 한 논문에서, 네덜란드의 암스테르담 대학과 라이덴 대학의 연구자들은 그 이유를 설명한다. 일례로 이들은 HRSD의 첫 두 질문을 검토한다. 슬픔의 느낌과 죄책감에 관한 질문들이다. 일반 인구에서 이 질문들에 대한 두 답변의 상관관계는 긍정적이거나 부정적이거나 전혀 관계되지 않을 수도 있다.

하지만 HRSD의 총점 결과 우울증이 있다고 평가된 사람들을 선별한다면, 이 질문들에 대한 점수는, 특히 경증 우울증을 가진 사람들의 경우, 부정적인 상관관계를 보일 공산이 크다. 예를 들면, 높은 수준의 슬픔을 보고한 경증 우울증 환자는 낮은 수준의 죄책감을 가졌을 공산이 크다. 왜냐하면, 만약 그가 양쪽 모두에 낮은 수준임을 보고한다면 우울증이 아니라는 진단이 나오고, 둘 다에 높은 수준임을 보고한다면 경증 우울증이 아닐 것이기 때문이다.

이 사례는 17개 질문 중 두 개를 검토하지만, 같은 문제는 두 질문 간의 상관관계에 영향을 끼친다. 저자들은 임상 심리학에서 "벅슨의 편견은 심각함에도 제대로 인식되지 않은 문제"라고 결론짓는다.

벅슨과 우리

벅슨의 역설을 알고 나면 그것이 일상에도 존재한다는 사실을 깨닫기 시작할 것이다. 목이 나쁜 곳에 자리잡은 레스토랑은 정말로 맛있는 음식을 제공하는 것일까? 그럴지도 모른다. 요지에 자리잡은 레스토랑과 비교하면 그래야만 하기 때문이다. 하지만 만약 불량 레스토랑이 목이 나쁜 곳에서 개업한다면 그리 오래 가지 못할 것이다. 만약 그곳이 당신이 시험삼아 가 볼 만큼 충분히 오래 남아 있다면, 그곳은 좋은 레스토랑일 가능성이 높다.

거기에 간다면 메뉴에서 가장 구미가 덜 당기는 음식을 주문해야 한다고 조지 메이슨 대학의 경제학 교수인 타일러 코웬Tyler Cowen은 조언한다. 왜냐고? 만약 그게 좋게 들린다면 사람들은 그것을 주문할 것이므로 특별히 좋을 필요는 없다. 만약 나쁘게 들린다면 그것은 나쁠 것이므로 메뉴에 넣지 않을 것이다. 따라서 그것이 나쁘게 들리는데도 메뉴에 있다면, 그것은 좋을 것임에 틀림없다.

혹은 조던 엘렌버그Jordan Ellenberg의 저서 『틀리지 않는 법』(열린책들, 2016)에 나온 사례를 살펴보자. 데이트해본 사람들을 돌이켜보면, 매력적인 상대들은 인간성이 나쁘고, 성격이 좋은 사람들은 덜 매력적인 것처럼 여겨지지 않는가? 일반 인구에서는 그것이 사실이 아니겠지만, 당신이 데이트한 사람들은 일반 인구의 무작위 표본이 아닐 터이다. 만약 누군가가 매력도 없고 성격도 나쁘다면, 당신은 그와 데이트하지 않을 것이다. 만약 누군가가 매력적이면서 성격도 좋다면 이미 사귀는 상대가 있을 가능성이 크므로 데이트할 수 있는 기회도 적을 것이다. 그러므로, 남은 사람들 중에서, 당신은 둘 중 어느 한 미덕만 가진 사람과 만날 가능성이 높고 두 미덕을 모두 갖춘 상대를 찾기는 쉽지 않다.

영화가 책을 바탕으로 한 경우 그 영화는 책만큼 좋지 않다고 여겨지는

가? 실상은 영화의 품질과 그것이 바탕으로 삼은 책의 품질 사이에 긍정적인 상관관계가 있을 수 있다. 하지만 만약 누군가가 형편없는 책을 바탕으로 형편없는 영화를 만든다면 그걸 아는 사람은 거의 없을 것이다. 그리고 누군가가 당신이 좋아하는 책을 바탕으로 형편없는 영화를 만든다면, 영화가 책만큼 좋은 경우는 드물다고 믿는 첫 사례가 될 것이다. 그러므로 당신이 아는 영화들 중에서는, 책과 영화의 품질 사이에 부정적인 상관관계가 존재한다고 여겨질 수 있다.

요약한다면, 완벽한 데이트를 원한다면 매력 없는 누군가를 찾아서, 그를 스트립몰의 레스토랑에 데려가 끔찍하게 들리는 메뉴를 주문한 다음, 형편없는 책을 바탕으로 제작된 영화를 보러 가시라.

출처와 관련 문헌

- 1986년 NBA 슬램덩크 경연대회에서 스퍼드 웹이 보인 퍼포먼스는 위키피디아[116]에 묘사돼 있으며 인터넷 비디오 사이트들에서 볼 수 있다.
- 점프력을 예측할 수 있는 변수들에 대한 논문은 「Physical Characteristics That Predict Vertical Jump Performance in Recreational Male Athletes(남성 레크리에이션 육상선수들의 수직 점프 능력을 예측하는 신체적 특성들)」이다[27].
- 미국청소년추적연구의 데이터는 미국 노동통계국US Bureau of Labor Statistics에서 구할 수 있다[83].
- C. P. 스노우의 강연 "두 문화"는 1959년 책으로 출간되었다[114].
- 벅슨의 역설과 COVID-19에 관한 논문은 「Collider Bias

Undermines Our Understanding of COVID-19 Disease Risk and Severity(충돌 편향은 코로나바이러스감염증-19 질환의 위험과 심각성에 관한 우리의 이해를 약화한다)」이다[50].

- 심리 테스트에서 벅슨의 역설이 미친 영향에 관한 논문은 「Psychological Networks in Clinical Populations(임상 인구의 심리학 네트워크)」이다[28].
- 라이오넬 페이지Lionel Page는 트위터에 벅슨의 역설의 사례들을 수집했다[90].
- 조던 엘렌버그는 『틀리지 않는 법』에 벅슨의 역설에 관해 썼다[38].
- 리처드 매켈리스Richard McElreath도 목이 나쁜 곳에 있는 레스토랑들이 양질의 음식을 제공하는 경향이 있음을 시사한다[77].
- 타일러 코웬은 「Six Rules for Dining Out(외식의 6가지 규칙)」에서 메뉴에서 가장 구미가 덜 당기는 음식을 주문해야 한다고 조언한다[25]. 사실은, 이 기사는 벅슨의 역설을 모은 카탈로그이다.
- 넘버파일Numberphile 비디오에서, 해나 프라이Hannah Fry는 영화와 책의 품질 간의 명확한 관계는 벅슨의 편견의 한 사례라고 지적한다[87].

7장

인과, 충돌 그리고 혼란

출생 시 저체중의 역설low-birthweight paradox은 1971년, 캘리포니아 대학교 버클리 캠퍼스의 연구자인 제이콥 예루샬미Jacob Yerushalmy가 「The Relationship of Parents' Cigarette Smoking to Outcome of Pregnancy — Implications as to the Problem of Inferring Causation from Observed Associations(부모들의 흡연과 임신 결과의 관계 — 관찰된 연관성에 근거한 인과 관계 추론의 문제점에 대한 시사점)」를 발표하면서 처음 등장했다. 제목이 시사하듯, 이 논문은 임신 기간 동안의 흡연, 유아의 출생 시 체중 그리고 출생 후 한 달 간의 사망률 간의 관계를 짚고 있다.

1960년과 1967년 사이에 샌프란시스코 부근에서 출생한 약 1만 3000명의 유아들에 관한 데이터를 근거로 예루샬미는 이렇게 보고했다.

- 흡연 산모의 유아들은 출생 시 약 6% 더 가벼웠다.
- 흡연 산모들은 '출생 시 저체중Low BirthWeight, LBW'으로 간주되는 2500그램 이하의 유아들을 출산할 확률이 약 2배 더 높았다.
- 출생 시 저체중 유아들은 출생 후 한 달 안에 사망할 확률이 훨씬 더 높았다. 출생 시 저체중 유아들의 사망률은 1000명당 174명이었고 다른 경우는 1000명당 7.8명이었다.

이 결과들은 놀랍지 않았다. 흡연 산모의 유아는 출생 시 저체중이며, 그런 유아들은 조기 사망할 위험성이 높다는 사실은 당시 잘 알려져 있었다.

그런 결과들을 종합하면, 흡연 산모에게서 태어난 유아들의 사망률이 더 높을 것으로 예상할 수 있을 것이다. 그리고 그런 예상은 맞았다. 하지만 그 차이는 그리 크지 않았다. 백인 산모들의 경우, 흡연 산모 유아들의 사망률은 1000명당 11.3명으로, 비흡연 산모 유아들의 사망률 11.0과 별반 차이가 없었다.

이상한 결과지만 그보다 더 이상한 내용이 기다리고 있다. 출생 시 저체중 유아들만 선별하는 경우 이런 결과가 나온다.

- 비흡연자들의 출생 시 저체중 유아들의 경우, 사망률은 1000명당 218명이었다.
- 흡연자들의 출생 시 저체중 유아들의 경우, 사망률은 그보다 약 48% 낮은 1000명당 114명에 불과했다.

예루샬미는 또한 출생아의 선천적 장애율도 비교했다.

- 비흡연자들의 출생 시 저체중 유아들의 경우, 그 비율은 1000명당 147명이었다.
- 흡연자들의 출생 시 저체중 유아들의 경우, 그 비율은 비흡연자들의 경우보다 53% 낮은 1000명당 72명이었다.

이런 결과들은 산모의 흡연이 출생 시 저체중인 유아들에게 **유익한**beneficial 영향을 미쳐 어떤 식으로든 선천적 장애와 조기 사망률로부터 유아들을 보호하는 것처럼 보인다. 예루샬미는 이런 결론을 내렸다. "이 역설적 발견은 흡연이 태아의 자궁 내 발달을 저해하는 외인적exogenous 요인으로 작용한다는 주장에 의혹을 제기하면서, 도리어 그에 반대된다는 점을 보여준다." 다시 말하면, 산모의 흡연은 실상 유아들에게 생각만큼 유해하지 않은지도 모른다는 결론이었다.

예루샬미의 논문은 커다란 영향력을 행사했다. 2014년 「International Journal of Epidemiology(국제역학저널)」은 그 논문을 다시 게재하고, 전문가 다섯 명의 회고성 해설을 함께 실었다. 이들은 "예루샬미의 발견 내용은 1970년대, 80년대, 그리고 90년대에 걸쳐 담배 회사들에 의해 널리 홍보됐다"라고 지적했다. 언론도 널리 주목했는데, 이 중에는 1971년 나온 "산모들의 걱정은 기우, 흡연은 유아에게 무해"라는 보도 제목이 있었고, 1972년 「Family Health(가족 건강)」란 잡지의 한 칼럼 제목은 "흡연 산모들을 위한 변명"이었다.

1973년 미국의 공중위생국장surgeon general이 산모들의 흡연과 유아 사망률 간의 "강력하고 개연성 있는 연관성"을 보고하자, 예루샬미는 미국 상원에 그와 같은 인과 관계는 입증되지 않았다는 내용의 편지를 보냈다. 미국에서 예루샬미의 유산은, 한 논평에 따르면 "산모들에 대한 금연 조치들을 10년 정도 지체시켰을 것"이라는 점이었다. 또 다른 전문가는 영국에서 그의 논문은 "산모들의 흡연 습관을 막기 위한 모든 캠페인을 여러 해 지체시켰다."라고 지적했다.

하지만 예루샬미의 논문은 실수였다. 스포일러임을 무릅쓰고 말하자면, 출생 시 저체중의 역설은 통계적 가공물이다. 사실은, 산모의 흡연은 출생 시 체중과는 상관없이 유아들에게 해롭다. 그것이 유익한 것처럼 보이는 것은 결과 분석이 잘못됐기 때문이다.

그런 오류가 발견되기까지 꽤 시간이 걸렸다. 1983년, 질병학자인 앨런 윌콕스Allen Wilcox와 이안 러셀Ian Russell은 그에 대한 부분적 설명을 제시했다. 이들은 컴퓨터 시뮬레이션을 사용해 사망률은 같고 출생 시 평균 체중은 다른 두 그룹을 통해 출생 시 체중의 역설을 입증했다. 출생 시 더 낮은 체중을 가진 그룹에는 더 많은 출생 시 저체중 유아들이 있지만 이들은 더 건강하다. 다시 말해 이들의 사망률은 다른 그룹의 출생 시 저체중 유아들과 비교해 더 낮다.

이들의 시뮬레이션은, 출생 시 저체중의 역설은 설령 두 그룹의 실제 사망률이 같더라도 통계적 편향 탓에 발생할 수 있음을 보여준다. 하지만 이 결론은 충분히 만족스럽지는 않다. 부분적으로는 그것이 시뮬레이션 데이터에 근거하기 때문이고, 또 한 편으로는 '왜' 그 역설이 발생하는지 설명하지 않기 때문이다.

더 명확한 설명은 2006년 하버드대학과 국립보건원NIH의 질병학자들이 1991년에 태어난 300만 명의 유아들에 대한 데이터를 바탕으로 제시했다. 나는 NCHS(National Center for Health Statistics, 국립보건통계센터)의 같은 데이터세트를 사용해 이들의 결과를 재현하고 이들의 설명을 요약할 것이다. 이어 2018년의 데이터 분석을 되풀이한 다음 무엇이 달라졌는지 알아볼 것이다.

300만 명의 유아 데이터가 틀릴 수 없다

1991년 NCHS 데이터에서, 산모의 약 18%가 임신 중 흡연했다고 응답해 1960년대 예루샬미의 데이터세트에 나타난 37%보다 줄어든 양상을 보였다. 흡연 산모의 유아들은 비흡연 산모의 유아들에 비해 체중이 평균 약 7% 더 가벼웠는데, 이는 1960년대의 데이터세트에 나타난 차이와 비슷하다. 다음 그림은 두 그룹의 체중 분포도를 보여준다. 수직선은 출생 시 저체중의 경계선으로 2500g 지점에 표시돼 있다.

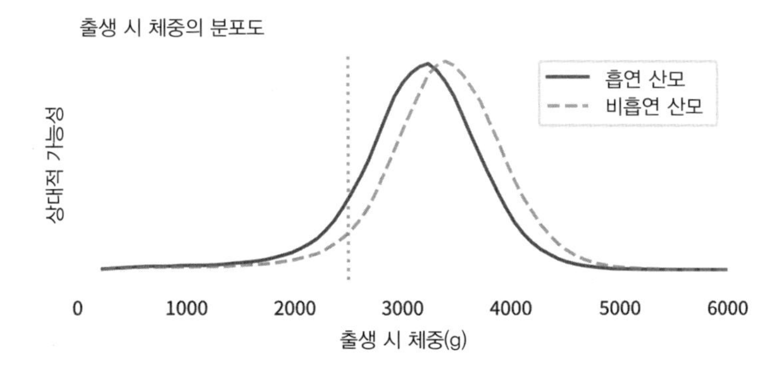

분포도의 형태는 비슷하지만 흡연 산모들의 경우 곡선은 왼쪽으로 더 치우쳐 있다. 흡연 산모들의 경우 체중 2500g 미만인 유아들의 비율은 약 11%인데 비해, 비흡연 산모들의 경우는 6%에 불과하다. 이것은 거의 2 대 1의 비율로, 1960년대와 거의 흡사하다. 그러므로 유아의 출생 시 체중에 미치는 흡연의 효과는 일관적이다.

전반적인 유아 사망률은 1991년에 훨씬 더 낮았다. 1960년대의 데이터 세트에 따르면 약 1000명당 13명 꼴로 유아들이 태어난 첫 달 안에 사망했고 8.5명꼴로 첫 해 안에 사망했다. 1991년의 경우, 흡연 산모의 유아 사망률은 1000명당 12명 꼴로 비흡연 산모의 7.7명보다 더 높았다. 그러므로 흡연 산모의 유아 사망 위험은 비흡연 산모의 경우보다 54% 더 높았다.

요약하면, 흡연 산모의 유아들은 비흡연 산모의 경우와 비교해 저체중일 확률이 두 배 더 높았고, 저체중 유아들은 정상 체중인 유아들보다 사망률이 50% 더 높았다. 그러나, 만약 2500g 미만인 유아들을 선택하면 흡연 산모 유아의 사망률은 비흡연 산모의 출생 시 저체중 유아들과 비교해 20% 더 낮아진다. 출생 시 저체중의 역설이 다시 발생하는 것이다.

지금까지는 2500g보다 가벼운 그룹과 무거운 그룹 둘만 놓고 분석했다. 하지만 모든 출생 시 저체중 유아들을 한데 묶은 것이 실수였을지 모른다. 실상은, 출생 시 체중이 2500g에 가까운 유아는 1500g인 유아보다 생존 가능성이 더 높다. 그래서 2006년 논문의 분석을 좇아, 나는 그 데이터세트를 비슷한 출생 체중을 가진 그룹들로 나눈 다음 각 그룹의 사망률을 계산했다. 다음 그림은 그 결과를 보여준다.

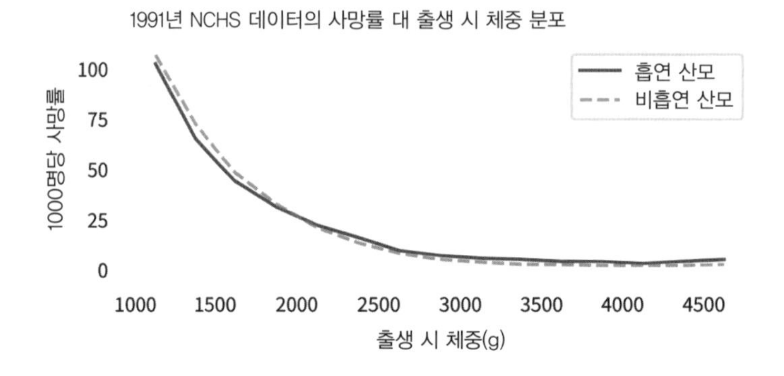

이 그림은 출생 시 저체중의 역설에 대한 더 상세한 전모를 제공한다. 2000g보다 체중이 더 나가는 유아들의 경우, 사망률은 예상대로 흡연 산모의 유아들이 더 높다. 그보다 가벼운 유아들의 경우, 사망률은 흡연 산모의 유아들이 더 낮다.

다른 그룹들

알고 보면, 출생 시 저체중의 역설은 흡연 산모와 비흡연 산모에만 적용되는 게 아니다. 2006년의 그 논문은 비슷한 효과가 높은 고도altitude에서 출생한 유아들에게도 나타난다는 점을 설명한다. 이들의 출생 시 체중은 낮은 고도에서 출생한 유아들보다 평균적으로 더 가볍지만, 만약 출생 시 저체중 유아들만 선별해 따져보면 사망률은 높은 고도에서 태어난 유아들이 더 낮다.

그리고 예루샬미는 또 다른 사례를 보고했다. 단신 산모의 유아가 장신 산모의 유아들보다 평균적으로 더 가볍다는 것이었다. 그의 데이터세트에 따르면, 단신 산모의 유아들은 출생 시 저체중으로 태어날 확률이 두 배 더 높았지만, 단신 산모의 출생 시 저체중 유아들 사이에서, 사망률은 49% 더 낮았고 선천적 장애의 비율은 34% 더 낮았다.

예루샬미는 흡연 산모 대 비흡연 산모, 그리고 단신 산모 대 장신 산모 간의 관계를 "놀라운 유사성remarkable parallelism"을 보여준다고 주장했다. 하지만 그는 양쪽 모두 통계적 편향이 빚은 결과라는 증거로 인식하지 못했다. 대신 그는 자신의 주장을 더욱 강하게 밀어붙였다. "이 비교는 흡연 산모와 비흡연 산모의 차이는 필연적으로 생물학적 기원의 문제라는 증거로서가 아니라, 생물학적 가설은 불합리하지 않음을 시사하는 것으로 보인다." 추후 연구의 결과와 더불어, 우리는 예루샬미가 곡해했음을 볼 수 있다. 흡연, 높은 고도, 그리고 단신 산모는 저체중 출생 유아를 선천적 장애나 조기 사망의 위험으로부터 보호해주는 변수가 아니다. 이 변수들은 출생 시 저체중에 대한 비교적 무해한 설명을 제공할 뿐이다.

왜 그런지 보기 위해, 네 가지 변수들이 출생 시 저체중을 초래한다고 가정하자.

- 산모는 단신일 수 있는데, 이것은 유아에게 전혀 해롭지 않다.
- 유아는 높은 고도에서 태어날 수 있는데, 이것은 그 유아의 사망률에 거의 아무런 영향도 미치지 않는다.
- 산모는 흡연자일 수 있는데, 이것은 유아에게 다소 해롭다.
- 유아는 선천적 장애가 있을 수 있는데, 이것은 그 유아의 사망률을 크게 높인다.

이제 담당 의사가 아기가 저체중으로 태어났다는 사실을 알았다고 가정하자. 저체중 아기의 사망 위험이 평균보다 높다는 사실을 아는 그는 걱정스럽다.

하지만 그 아기가 해발 2200미터에 위치한 뉴멕시코의 산타페에서, 키가 150cm밖에 안되는 어머니에게서 태어났다고 가정하자. 의사는 두 변수 중 하나가 출생 시 저체중의 원인이지만 어느 쪽도 사망률을 크게 높이는 변수가 아니라는 점을 알고 안심할 것이다. 그리고 산모가 흡연자라는 사실을 알면 그것도 좋은 뉴스라고 생각할 것이다. 왜냐하면 그것이 출생 시 저체중의 또 다른 원인일 수 있지만, 사망률을 높이는 변수는 아니라는 뜻이기 때문이다. 산모의 흡연은 여전히 유아에게 해롭지만 선천적 장애만큼 나쁘지는 않다고 의사는 짐작한다.

예루샬미가 이런 설명을 발견하지 못했다는 점은 퍽 유감스러운 대목이다. 돌이켜보면, 그는 결정적 증거(smoking gun, 죄송!)인 선천적 장애의 비율을 비롯해 필요한 모든 증거를 가지고 있었다.[1] 우리는 흡연 산모의 출생 시 저체중 유아들이 선천적 장애를 가질 확률이 낮지만 그것은 산모의 흡연이 어떤 식으로든 유아들을 보호해 주기 때문이 아님을 확인했다. 그것은 출생 시 저체중은 일반적으로 어떤 원인이 있는데, 그 원인이 산모의 흡연이 아니라면, 선천적 장애를 비롯한 다른 무엇일 가능성이 높기 때문이다. 우리는 이 설명이 맞다는 사실을 출생 시 아무런 선천적 장애도 관찰되지 않은 유아들을 선별함으로써 확인할 수 있다. 그렇게 한다면, 우리는 예상대로 흡연 산모의 유아들이 거의 모든 체중 범주에서 더 높은 사망률을 보인다는 사실을 발견할 수 있다.

산모의 흡연은 많은 선천적 장애들보다 덜 해로울지 모르지만, 분명히 말하건대, 여전히 해로운 것은 사실이다. 그리고 예루샬미의 오류는 이해할 만하기는 하지만 역시 해악을 끼쳤다. 흡연의 건강 위험 여부가 여전히 논쟁을 빚던 당시, 그의 논문은 혼란을 초래했고 흡연의 위험성을 축소하

1 '결정적 증거'를 뜻하는 한편 흡연을 뜻하기도 하는 'smoking'이라는 단어로 말장난(pun)을 해서 미안하다는 뜻. – 옮긴이

고자 급급한 세력들에게 보호막을 제공했다.

역설의 끝

어떤 역설적 현상이 해명되면, 그것은 더 이상 역설이 아니다. 그리고 출생 시 저체중의 역설의 경우, 그와 동시에 한 현상이기를 멈췄다. 2018년에 태어난 380만 명의 유아를 포함한 가장 최근의 NCHS 데이터세트에서, 출생 시 저체중의 역설은 자취를 감췄다. 이 데이터세트에서, 산모의 6%만이 임신 중에도 담배를 피웠다고 보고했다. 1960년대의 37%, 1991년의 18%보다 현저히 낮아진 수치였다. 흡연 산모의 유아들은 비흡연 산모의 경우보다 평균 6% 정도 체중이 더 가벼운 것으로 나타나 이전의 두 데이터세트들과 비슷한 차이를 보였다. 그러니 유아의 출생 시 체중에 미치는 흡연의 영향은 60년간 일정했던 셈이다.

2018년의 경우, 과거 두 데이터세트보다 더 적은 유아들이 출생 후 첫해 안에 사망했다. 그 사망률은 1000명당 5.5명 꼴로, 1991년 8.5명보다 감소했다. 그리고 흡연 산모 유아들의 사망률은 1000명당 11명 꼴로, 비흡연 산모 유아들의 5.1명보다 두 배 가까이 더 높았다. 앞에서 한 것처럼 이 데이터세트를 비슷한 출생 시 체중 그룹들로 나눈 다음 각 그룹의 사망률을 계산할 수 있다. 다음 그림은 그 결과를 보여준다.

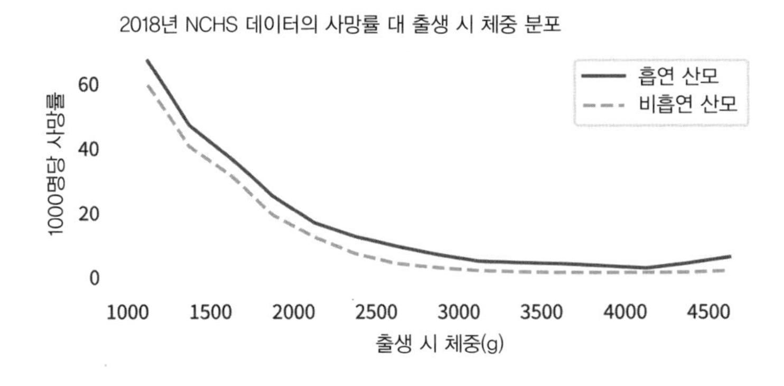

모든 출생 체중 단위에서 흡연 산모 유아의 사망률이 더 높다. 좋든 싫든, 출생 시 저체중의 역설은 사라졌다.

쌍둥이의 역설

출생 시 저체중의 역설은 난해한 사안처럼 여겨질지 모르지만, 비슷한 현상들은 계속해서 혼란의 원인이 되고 있다. 일례로 2000년, 홍콩대학의 연구자들은 1982년과 1995년 사이에 스웨덴에서 출생한 150만 명의 유아들에 대한 한 연구 결과를 발표했다. 이들은 외둥이, 쌍둥이, 그리고 세쌍둥이 분만에 대한 사망률을 재태 기간gestational age(최종 정상 월경 제1일로부터 계산한 주일의 수)의 함수로 계산해 다음과 같은 사실을 발견한다.

- 쌍둥이와 세쌍둥이는 조산할preterm 가능성이, 즉 재태 기간 중 37주 전에 출산할 확률이 더 높다.
- 조산 유아는 열 달을 다 채우고 태어난 유아보다 사망률이 더 높다.
- 전체 사망률은 쌍둥이와 세쌍둥이의 경우에 더 높다.

이런 결과들은 놀랍지 않다. 그러나 연구자들이 조산아들만 선별해 비교하자 쌍둥이와 세쌍둥이의 생존율은 외둥이의 경우보다 더 높은 것으로 나타난다.

이 놀라운 결과에 대해, 연구자들은 "초기에는 쌍둥이가 외둥이보다 더 건강하다" — 임신 후 36주까지는 — 그러나 "쌍둥이는 외둥이만큼 더 긴 재태 기간의 혜택을 누릴 수 없다"라고 그 이유를 설명한다. 그러나 이것은 생물학적 설명이지 통계학적 설명은 아니다.

이들의 논문에 대한 초빙 논평에서 의료 통계학자로 노르웨이 베르겐대학의 교수인 롤브 리에Rolv Lie는 1967년과 1998년 사이에 노르웨이에서 출생한 180만 명의 유아들로부터 유사한 결과를 얻었다고 보고한다. 그러나 그는 다른 결론을 내리는데, 지금까지 함께해 온 독자들도 그와 같은 생각을 했기를 바란다. 그는 단산과 다산 간의 사망률 차이는 "동일한 재태 기간에 출산되지 않은 태아들의 취약성을 반영하지 않고 있다"고 지적한다. "조산아들은 특정한 재태 기간의 조숙 문제뿐 아니라 조산을 초래한 병리학적 인자의 영향도 받는데, 그 인자가 무엇인지는 대체로 알려져 있지 않다."

이를 좀더 직설적으로 표현하면, 다태임신은 조산을 초래할 수 있는 여러 요인들 중 하나이고, 그런 요인들 중에서는 비교적 무해하다. 그러므로 조산아가 쌍둥이나 세쌍둥이라면 이들이 다른, 더 위험한 질환으로 고통받을 확률은 더 낮다는 뜻이다.

비만의 역설

출생 시 저체중의 역설은 사라졌고, 쌍둥이의 역설은 해명됐지만, 비만의 역설은 건재하다.

비만의 역설의 첫 사례는 1999년에 보고됐다. 비만이 신장 질환을 초래할 위험이 있고 신장 질환은 종종 치명적이라는 점은 잘 알려져 있었음에도, 연구자들은 신부전으로 인한 투석dialysis 치료를 받는 이들 중에서 비만 환자들의 생존 기간이 다른 환자들보다 더 길다는 점을 발견했다. 연구자들은 한 가지 가능한 설명을 내놓았다. "과체중 환자들은 지방 조직adipose tissue이 더 많으므로 에너지 결손으로 고통받을 가능성이 더 낮다." 연구자들은 이런 결론에 근거해, "높은 수위의 정상 체질량 지수Body Mass Index, BMI를 유지하기 위한 영양 섭취가 (신장 투석 환자들의) 높은 사망률과 이환율을 줄

이는 데 도움이 된다"라고 권고했다.[2]

그 이후에도 비슷한 패턴이 많은 다른 질환들에서도 보고됐다. 그 중 일례를 들면 다음과 같다.

- 비만은 뇌졸중, 심근 경색myocardial infarction, 심부전, 그리고 당뇨병의 위험을 높인다.
- 이 모든 질환들은 증가된 사망률 및 이환율과 관련되어 있다.
- 그럼에도 불구하고, 만약 이중 어느 질환을 앓고 있는 환자들만을 선별해 조사하면, 비만 환자들이 정상 체중 환자들보다 더 낮은 사망률과 이환율을 보인다.

이런 결과들이 초래한 혼란이 어느 정도였는지 가늠하기는 그런 내용을 보도한 신문들의 제목을 일별하는 것만으로 충분하다. 몇몇 사례를 들면 다음과 같다.

- 2006년: "비만의 역설: 사실인가 허구인가?"
- 2007년: "비만-생존의 역설: 여전히 논쟁거리인가?"
- 2010년: "비만의 역설: 인식 대 지식"
- 2011년: "체질량 지수가 심장 수술 후 결과에 미치는 영향: 비만의 역설은 존재하는가?"
- 2013년: "비만의 역설은 정말로 존재한다"
- 2019년: "심장혈관계 질환에서 보이는 비만의 역설: 우리는 어떤 상황인가?"

그러면, 우리는 지금 어떤 상황인가? 내가 보기에 가장 유력한 설명은

2 이환율(morbidity rate)은 집단 중 병에 걸리는 환자의 비율. – 옮긴이

「Epidemiology」 저널에 「The 'Obesity Paradox' Explained(비만의 역설에 대한 해명)」라는 유망한 제목으로 실린 편집자에게 보낸 한 편지의 내용이다. 일례로, 저자들은 심부전 환자들에 대한 비만의 역설을 검토하면서 다음과 같은 설명을 제시한다.

- 비만은 심부전의 원인 중 하나고, 심부전은 사망을 초래한다.
- 하지만 심부전에는 다른 원인들도 있고, 그로 인한 심부전 또한 사망을 초래한다.
- 다른 원인들과 비교할 때, 비만의 영향은 비교적 경미하다.
- 만약 한 심부전 환자가 비만이라면, 다른 원인들이 심부전을 초래했을 공산은 적다.
- 그러므로, 심부전 환자들 중에서 비만 환자들은 더 낮은 사망률을 보인다.

이들은 전국건강영양조사National Health and Nutrition Examination Survey와 국민사망지수National Death Index의 데이터를 사용해 이런 설명이 타당함을 보여준다. 이들의 이론이 시사한 통계학적 연관성이 그 데이터에 나타나며, 설령 비만이 아무런 보호 효과가 없다고 하더라도 비만의 역설을 충분히 설명할 만큼 연관성은 긴밀하다는 것이다.

이들의 주장이 설득력이 있다고 생각하지만 다른 인과 관계의 메커니즘을 배제하지는 않겠다. 예를 들면 신부전의 경우, 신장 기능이 약화하면서 축적되는 독소를 지방 조직이 희석함으로써 기관 손상을 예방하는지도 모른다. 그리고 이들의 주장은 다른 통계학적 설명도 배제하지 않는다. 예컨대 장기간의 심각한 질환이 체중 감량을 초래한다면, 비만은 비교적 단기간의 경미한 질환의 지표인지도 모른다. 그럼에도 불구하고, 다른 설명이 맞다는 증거가 나올 때까지는, 내 논문의 제목은 「비만의 역설은 없다」이다.

벅슨의 토스터

이 장을 읽어가는 동안, 어느 시점에서 당신은 출생 시 저체중의 역설과 벅슨의 역설 간의 연관성을 눈치챘을지 모른다.

벅슨의 역설은, 한 표본에 포함되는 두 가지 방법이 있다면, 그 대안들은 일반 인구 중에서는 연관되지 않거나 양의 상관관계를 갖는 경우에도, 표본 내에서는 음의 상관관계를 갖는다는 점을 보여준다. 예를 들면, 농구에서 덩크를 할 수 있으려면 그는 키가 충분히 크거나 점프력이 뛰어나야 한다. 만약 덩크할 수 있는 사람들의 표본을 추출한다면, 일반적으로는 신장과 점프력 사이에 그런 관계가 없음에도 불구하고, 키가 작은 사람일수록 더 높이 점프할 수 있다는 점을 발견한다.

출생 시 저체중의 역설은, 다시, 동일한 효과에 두 가지 원인이 있다는 것이다. 만약 그 효과에 해당하는 원인들을 선별한다면, 그 대안들은 해당 표본 내에서 음의 상관관계를 보인다. 그리고 그 원인들 중 하나가 더 해롭다면, 다른 원인은 비교적 경미해 보일지 모른다. 예를 들어, 점프가 무릎에 해롭다면, 덩크를 할 수 있는 사람들 중에서는 더 장신인 선수들이 더 건강한 무릎을 가졌을 것이다. (나는 방금 새로운 역설을 발명했다고 생각한다.)

출생 시 저체중의 역설, 그리고 이 장에서 논의한 관련 역설들을 생각할 때, 나는 '벅슨의 토스터Berkson's toaster'를 기억하라고 권한다. 부엌에서 화재경보기 소리를 듣는다고 가정하자. 당신은 재빨리 자리에서 일어나 부엌으로 달려가고, 누군가가 토스트 한 조각을 토스터에 너무 오래 남겨둔 것을 발견한다. 당신은 안도할 가능성이 높다. 왜? 화재경보기가 울리게 만들 온갖 원인들 중에서도 새까맣게 탄 토스트는 아마도 가장 덜 위험할 것이기 때문이다. 그렇다고 해서 탄 토스트가 좋다는 뜻은 아니지만 경보기가 울린다면, 탄 토스트가 다른 대안들보다는 더 낫다.

인과 관계의 다이어그램

출생 시 저체중의 역설을 설명하는 2006년의 논문과 비만의 역설을 설명하는 2013년의 논문은 가설적인 원인과 그 결과들을 표현하는 인과 관계의 다이어그램을 사용하기 때문에 주목할 만하다. 예를 들면, 다음은 출생 시 저체중의 역설에 대한 설명을 시각 자료로 표현한 인과 관계의 다이어그램이다.

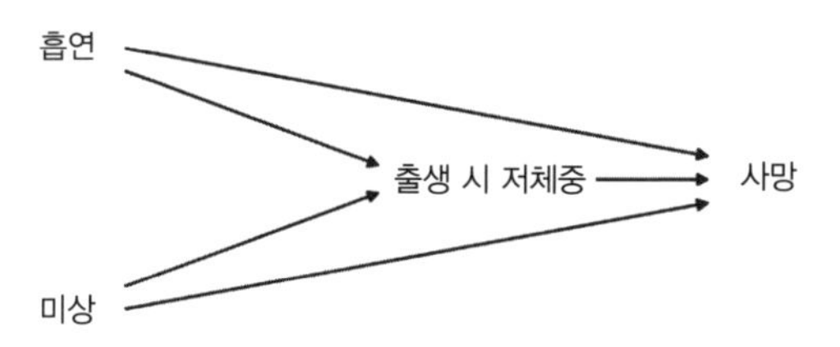

각 화살표는 인과 관계를 나타내므로 이 다이어그램은 다음 가설을 표현한다.

- 산모의 흡연은 출생 시 저체중과 사망의 확률을 증가시킨다는 점에서 두 가지 결과의 원인이 된다.
- 선천적 장애를 포함한 미지의 추가 변수들도 출생 시 저체중과 사망률을 초래한다.
- (무엇이 출생 시 저체중을 초래했든 상관없이) 출생 시 저체중도 사망을 초래한다.

중요한 것은 이 화살표들이 통계학적 연관성만이 아니라 진정한 인과 관계를 나타낸다는 점이다. 예를 들면, 출생 시 저체중으로부터 사망으로 향한 화살표는 출생 시 저체중이, 단지 해로운 조건이라는 통계학적 증거여서만이 아니라, 그 자체로 유해하다는 뜻이다. 그리고 사망으로부터 출생 시 저체중으로 향하는 화살표는 없는데, 이것은 둘이 연관되어 있기는 하지만 사망이 출생 시 저체중을 초래하지 않기 때문이다.

그러나 이 다이어그램은 출생 시 저체중의 역설을 설명하는 데 필요한 모든 정보를 담고 있지는 않다. 왜냐하면 서로 다른 인과 관계의 강도를 나타내지는 않기 때문이다. 그 역설을 설명하기 위해서는, 사망의 원인으로 작용하는 미지의 추가 변수들의 총합이 산모 흡연이라는 원인을 능가해야 한다. 또한, 이것은 출생 시 저체중의 역설을 설명할 수 있는 유일한 다이어그램이 아니다. 예를 들면, 출생 시 저체중에서 사망으로 향한 화살표는 필요하지 않다. 역설은 설령 출생 시 저체중이 전적으로 무해한 경우라도 발생할 수 있다. 그럼에도, 이와 같은 다이어그램들은 가설적인 인과 관계의 세트를 기록하는 유용한 방법이다.

다음 인과 관계의 다이어그램은 2013년 논문에서 제기된 비만의 역설에 대한 설명을 나타낸다.

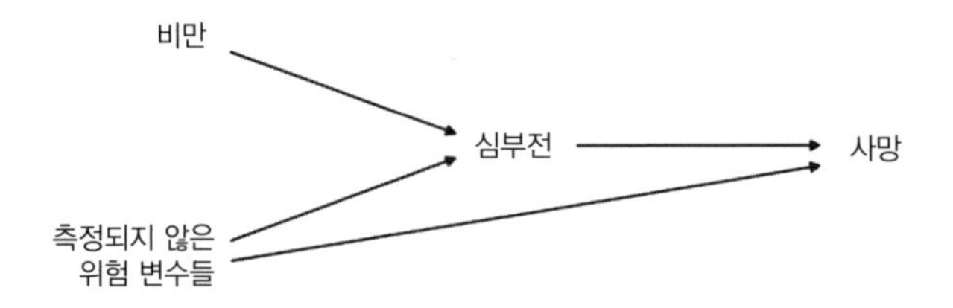

이 다이어그램에서 화살표들은 다음 가설을 나타낸다.

- 비만은 심부전의 확률을 높인다는 점에서 심부전을 초래한다.
- '유전적 변수와 생활 습관'을 포함한 다른 위험 요소들은 심부전과 사망을 초래한다.
- 심부전은 사망을 초래한다.

이 모델에서, 비만은 심부전의 확률을 높임으로써 사망을 간접적으로 초래하지만 사망의 직접적인 원인은 아니다. 이 가정은 심부전이 없는 비만 환자는 더 높아진 사망률을 갖지 않는다는 점을 암시한다. 실제 상황에서는 그것이 사실이 아닐 것이다. 예를 들면, 비만은 당뇨병도 초래하는데, 이는 사망률을 높이는 한 요소이다. 하지만 그것은 비만의 역설을 설명하는 데 필요하지 않기 때문에 이 모델에서는 그것을 제외할 수 있다. 필요한 것은, 하지만 이 다이어그램에 나타나지 않은 것은, 사망에 영향을 미치는 알려지지 않은 변수들의 총합이 비만이 심부전에 간접적으로 미치는 영향의 총합을 능가해야 한다는 점이다.

이 두 다이어그램을 비교해 보면, 두 역설이 어떤 공통점을 갖는지 알 수 있다.

- 출생 시 저체중의 역설에서, 우리가 선별한 조건은 두 가지 원인을 갖는다. 산모의 흡연, 그리고 선천적 장애 같은 다른 요소이다.
- 비만의 역설에서, 우리가 선별한 조건은 두 가지 원인을 갖는다. 비만, 그리고 유전적 요소와 생활 습관 같은 변수들이다.

마찬가지로, 조산 유아들을 선별할 때, 그 조건은 두 가지 원인을 갖는다. 바로 다태 출산과 다른 위험 요소들이다.

인과 관계의 모델링이라는 맥락에서, 한 조건은 '충돌 요소collider'로 불리는 두 가지 (혹은 그 이상의) 원인을 갖는다. 왜냐하면 인과 관계의 다이어그램에서, 들어오는incoming 화살표들은 충돌하기 때문이다. 그래서 벅슨의 역설은 더 일반적으로 '충돌 편향collider bias'이라고 불린다.

출처와 관련 문헌

- 예루샬미의 논문은 본래 「American Journal of Epidemiology(아

메리칸 역학 저널)」을 통해 발표됐고[133], 「International Journal」로 재출간됐다[134].

- 「International Journal of Epidemiology」에 재수록된 예루샬미의 논문에 대한 편집자 서문은 샤 이브라힘Shah Ebrahim이 썼고, 키스Keyes, 데이비 스미스Davey Smith, 그리고 수서Susser[59]; 파라스칸돌라Parascandola[9]; 골드스타인Goldstein[48]; 크레이머Kramer, 장Zhang, 그리고 플랫Platt[62]; 그리고 밴더-윌Vander-Weele[128]이 논평을 썼다.
- 출생 시 저체중의 역설을 컴퓨터 시뮬레이션으로 입증한 논문은 윌콕스Wilcox와 러셀Russell이 썼다[131].
- NCHS 데이터로 입증한 논문의 공저자는 에르난데즈-디아즈Hernández-Díaz, 쉬스터만Schisterman, 그리고 에르난Hernán이다[52].
- NCHS 데이터는 미국 질병통제예방센터CDC에서 구할 수 있다[130].
- 쌍둥이의 역설을 보고한 논문의 공저자는 청Cheung, 입Yip, 그리고 칼버그Karlberg[17]이고, 이를 설명하는 논평은 롤브 리에가 썼다[68].
- 비만의 역설을 보고한 논문의 공저자는 플라이시만 외 다수Fleischmann et al.[42]이고, 이를 설명한 2013년의 논문 저자는 바낙Banack과 카우프만Kaufman이다[10].
- 인과 관계의 모델링에 관해 더 알고 싶은 일반 독자들에게 좋은 입문서는 주디아 펄Judea Pearl의 『The Book of Why』(Basic Books, 2018)이다[93].

8장

재난의 긴 꼬리

우리는 과거 그 어느 때보다 재난에 더 잘 대비하고 있다고 생각할 것이다. 하지만 뉴올리언스New Orleans 일대에 끔찍한 홍수를 초래한 2005년의 허리케인 카트리나Hurricane Katrina, 그리고 푸에르토리코에 큰 피해를 입혔고 아직도 제대로 복구되지 않은 2017년의 허리케인 마리아Hurricane Maria 같은 사건들은, 대규모의 재난 대응은 종종 불충분하다는 점을 보여준다. 위급 상황들에 대응할 목적의 대규모 정부 부처들과 재난 구호를 제공하는 자금력 풍부한 기관을 갖춘 부유한 나라들조차 제대로 준비되지 못했음을 반복해서 드러낸다.

이런 실패에는 많은 이유들이 있지만 그 중 하나는 드물게 벌어지는 대규모 사건들은 근본적으로 이해하기 어렵기 때문이다. 드물기 때문에 정확히 얼마나 드문지 추산하는 데 필요한 데이터를 구하기 어렵다. 그리고 대규모이기 때문에, 우리가 일상 생활에서 경험하는 것보다 어느 정도나 더 큰 규모인지 양적으로 상상하기가 어렵다. 이 장의 목표는 대규모 사건들의 낮은 확률을 이해하는 데 필요한 툴들을 소개하고, 그럼으로써 다음에는 좀더 잘 준비할 수 있게 되는 것이다.

재난의 분포

자연 재해와 인위적 재해는 매우 가변적이다. 인명 손실과 재산 피해를 초래하는 최악의 재난들은 작고 더 흔한 재난들보다 수천 배 더 큰 규모이다. 그런 사실은 놀랍지 않을지 모르지만, 이런 피해는 그보다 덜 알려진 일정한 패턴을 갖는다. 이 패턴을 보는 한 가지 방법은 손꼽히게 컸던 재난들의 규모를 로그 척도로 표시해 보는 것이다. 이를 보여주기 위해 나는 위키피디아에 나온 125개 재난들의 목록에서 뽑은 피해 추산 규모를 사용할 것이다.

이 목록에 실린 재난의 대부분은 자연적인 것으로 56건의 열대성 폭풍과 다른 폭풍우, 16건의 지진, 8건의 들불, 8건의 홍수, 그리고 6건의 토네이도가 포함돼 있다. 그 중 가장 큰 피해를 안긴 자연 재해는 2011년 도호쿠Tōhoku 지진과 쓰나미로, 후쿠시마Fukushima 원전 재난이 그로부터 초래됐고 2021년 가치로 환산해 총 4240억 달러(약 557조 원)의 비용 손실을 기록했다. 목록에는 사람에 의해 벌어진 재난은 그리 많지 않지만, 그 중에는 전체를 통틀어서도 손꼽힐 만큼 큰 피해를 안긴 사례가 있다. 7750억 달러의 추산 피해를 초래한 체르노빌Chernobyl 원전 폭발 사고다. 인재의 목록에는 4건의 원유 유출이나 방사성 물질에 따른 오염 사고, 3건의 우주 비행 사고, 두 건의 구조적 실패, 두 건의 폭발 사고, 두 건의 테러 공격이 들어 있다.

이 목록은 편향적이다. 부유한 나라들에 피해를 입히는 재난들은 값비싼 자산들을 손상시킬 가능성이 높고, 그 피해액 산정도 더 정확하고 완전하다. 더 많은 인명 피해를 — 그리고 더 가혹하게 — 초래한 다른 지역의 재난은 이 목록에 나오지 않았을 수도 있다. 그럼에도 불구하고, 이것은 몇몇 커다란 재난의 규모를 계량화할 수 있는 한 방법을 제공한다. 다음 그림은 그 데이터의 "순위규모 그림rank-size plot"을 보여준다. x축은 1부터 125까지 재난의 순위를 보여주는데, 1은 가장 피해가 큰 경우이다. y축은 10억 달러 단위로 표시한 피해 규모를 보여준다.

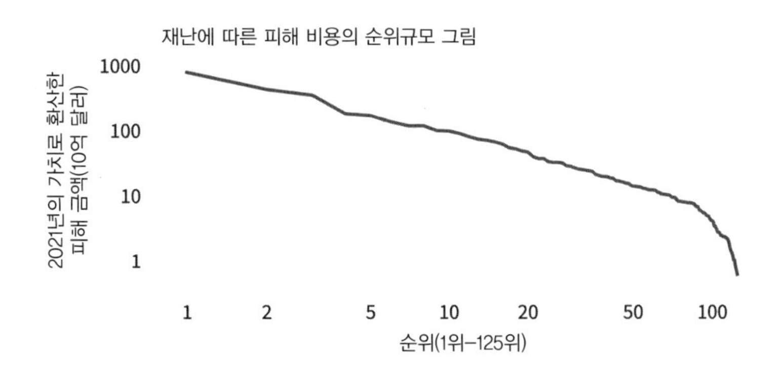

양축이 로그 척도로 표시된 그래프에서 순위규모 그림은, 적어도 상위 100건의 재난들에 대해서는 거의 수직선을 그린다. 그리고 이 선의 기울기는 1에 가까운데, 이는 순위가 두 배가 될 때마다, 비용은 2분의 1로 줄어든다. 즉, 가장 큰 피해를 안긴 재난과 비교해 두 번째로 큰 피해를 입힌 재난이 초래한 비용은 2분의 1이고, 4위에 오른 재난의 피해액은 4분의 1, 8위 재난의 피해액은 8분의 1과 같은 식으로 진행된다는 뜻이다.

이 장에서 나는 이 패턴의 기원을 설명하겠지만 그 대답은 아직 불완전하다는 점을 미리 경고해 두고자 한다. 자연 시스템과 인위적 시스템은 여러 가지 방법으로 이와 같은 분포 양상을 생성할 수 있다. 충돌 분화구와 그것을 형성하는 소행성과 같은 경우에는, 이들의 크기가 어떻게 분포하는지 설명하는 물리적 모델이 있다. 태양 플레어solar flare와 지진 같은 경우는 그 전조나 징후밖에 없다.

우리는 또한 이 패턴을 사용해 앞날을 예측할 것이다. 그렇게 하려면 "꼬리가 긴long-tailed" 분포를 이해해야 한다. 1장에서는 사람의 키처럼 가우스의 정규 분포를 따르는 많은 측정 사례들을 봤다. 그리고 4장에서는 사람의 체중처럼 로그 정규 분포를 따르는 여러 다른 측정 사례들을 봤다. 나는 이런 패턴들에 대해 일반적인 설명을 제시했다.

- 만약 측정하는 것들이 많은 변수들을 더한 결과라면, 그 합은 가우스의 정규 분포를 보이는 경향이 있다.
- 만약 측정하는 것들이 많은 변수들을 곱한 결과라면, 그 곱의 결과는 로그 정규적 특성을 갖는 경향이 있다.

이 분포들 간의 차이는 꼬리 부분에서, 즉 가장 극단적인 값의 분포에서 가장 뚜렷하다. 정규 분포는 대칭적이고, 그 꼬리 부분들은 평균으로부터 그리 멀리 연장되지 않는다. 로그 정규 분포는 비대칭적이고, 꼬리 부분은 보통 왼쪽보다 오른쪽으로, 평균으로부터 멀리 연장된다.

어떤 측정 결과가 정규 분포를 따를 것이라고 생각했는데 실제로는 로그 정규 분포의 양상을 보인다면, 당신은 평균으로부터 예상보다 훨씬 더 멀리까지 연장된 아웃라이어 기준점들을 보고 놀랄 것이다. 가장 빠른 주자들이 여느 주자들보다 훨씬 더 빠르고 최고의 체스 선수들이 일반 플레이어들보다 훨씬 더 뛰어난 이유도 그 때문이다. 이런 이유로, 로그 정규 분포는 "꼬리가 긴" 분포로 간주된다. 하지만 그것만이 꼬리가 긴 분포는 아니며, 일부 경우는 로그 정규적인 분포의 경우보다 심지어 더 길다. 그러니, 만약 어떤 측정 결과가 로그 정규 분포를 보일 것으로 생각했는데 실제로는 "로그 정규적인 것보다 더 긴" 분포 양상을 보인다면 아웃라이어 기준점들이 당신이 예상한 것보다 더더욱 멀리까지 연장되는 것을 보고 놀랄 것이다.

재난 규모의 분포도로 돌아가 보면, 이 꼬리 긴 분포들 중 하나가 만들 수 있는 차이를 보게 될 것이다. 재난의 규모를 시각화하기 위해, 나는

CDF의 보완이 될 수 있는 "꼬리 분포tail distribution"를 보여줄 것이다. 5장에서는 암 환자들의 생존 기간을 나타내기 위해 꼬리 분포를 사용했다. 그런 맥락에서, 분포도는 암 진단 후 주어진 기간까지 생존한 환자들의 비율을 보여준다. 재난의 시나리오에서, 분포도는 피해 규모가 주어진 한도를 초과한 재난의 비율을 보여준다. 다음 그림은 대규모 피해를 안긴 재난 125건을 로그 정규 모델과 더불어 로그 척도로 보여준다.

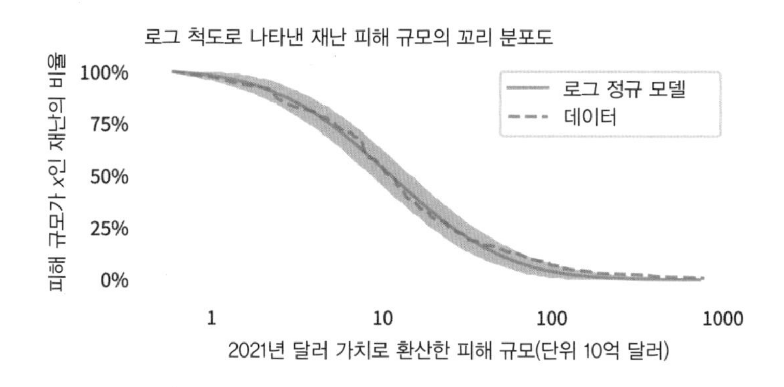

파선은 일정 수준의 피해 비용을 초과한 재난들의 비율을 보여준다. 예를 들면, 재난의 98%는 피해 규모가 10억 달러를 초과하며, 7%는 1000억 달러를 초과한다. 실선은 그 데이터와 맞추기 위해 선택한 로그 정규 모델을 보여준다. 회색으로 표시된 구역은 125건의 표본 크기에서 예상하는 변이도이다. 데이터의 대부분은 회색 구역의 경계 안에 놓이며, 이는 로그 정규 모델과 일치한다는 뜻이다.

그러나 좀더 가까이 들여다본다면, 예상보다 더 많은 대규모 피해 재난들이 로그 정규 분포 안에 존재한다. 이 부분의 분포도를 더 명확히 보기 위해, y축을 로그 척도로 표시할 수 있고, 다음 그림은 그 결과를 보여준다.

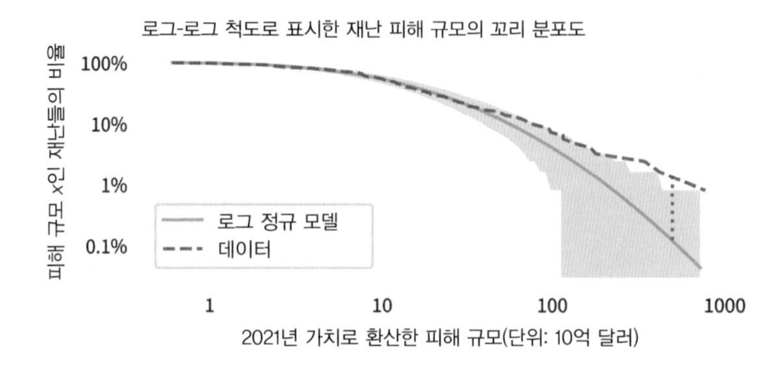

여기에서도 회색 지대는 이 크기의 표본에서 예상되는 변이도를 로그 정규 모델과 견주어 보여준다. 분포의 극단 꼬리에서, 이 영역은 넓다. 이 범위에서 소수의 재난들만이 관찰되기 때문이다. 데이터가 적으면 불확실성은 늘어난다.

분포도를 이런 식으로 보는 것은 현미경으로 꼬리를 확대해 보는 것과 같다. 이제 데이터의 어느 부분에서 그 모델이 얼마만큼 갈라져 나오는지 더 분명하게 볼 수 있다. 예를 들면, 수직 점선은 5000억 달러의 차이를 보여준다. 모델에 따르면 1000건의 재난 중 단 하나만이 이 피해 규모를 초과해야 하지만, 실제 비율은 1000건당 16건이다. 만약 당신의 직무가 재난에 대비하는 것이라면, 이렇게 큰 오류는 그야말로 재난적일 수 있다.

더 정확히 예측할 수 있으려면 대규모 재난의 확률을 정확하게 추산해주는 모델이 필요하다. 꼬리가 긴 분포도에 관한 문헌을 찾아보면, 여러 개의 선택 사항이 있다. 그 중 내가 찾아낸 것은 스튜던트Student의 t 분포이다. 이것은 1908년 윌리엄 실리 고셋William Sealy Gosset이 기네스 양조장Guinness Brewery의 품질 관리와 연계된 통계 문제들과 씨름하던 도중 스튜던트라는 가명을 사용해 묘사한 분포이다.

t 분포의 모양은 정규 분포와 비슷한 벨 곡선이지만 꼬리들이 오른쪽과 왼쪽으로 더 멀리 연장된 모양새다. 이것은 정규 분포처럼 중간점과 커브

의 너비를 결정하는 두 개의 매개변수를 갖는 한편, 꼬리의 두께를 제어하는, 즉 값들의 일부가 평균으로부터 얼마만큼 멀리까지 연장되는지 결정하는 세 번째 매개변수를 갖는다.

나는 그 값들의 로그 분포에 맞추기 위해 t 분포를 사용하므로, 그 결과를 로그-t 모델log-t model이라고 부르겠다. 다음 그림은 데이터와 맞추기 위해 내가 선택한 로그-t 모델과 더불어 피해 규모의 분포를 보여준다. 위 패널에서 y축은 선형적 척도 위에서 재난들의 분포를 보여주며, 아래 패널에서 y축은 로그 척도 위에서 동일한 분포를 보여준다.

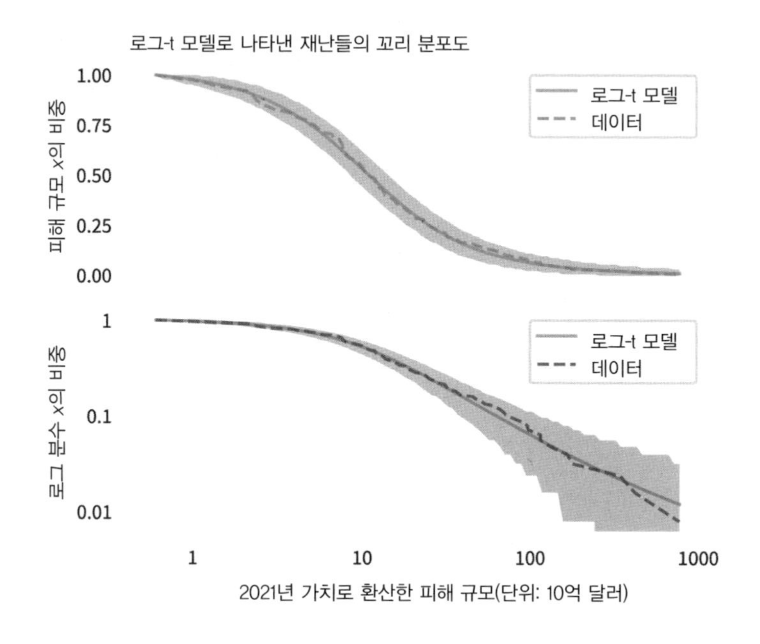

위쪽 패널은 분포의 전체 범위에 걸쳐 회색 영역 안에 놓이는 데이터를 보여준다. 아래쪽 패널은 그 모델이 극단의 꼬리 부분에서도 잘 맞는다는 사실을 보여준다. 모델과 데이터의 일치는 그 분포가 이런 모양인 이유의 힌트를 제공한다. 수학적으로, 스튜던트의 t 분포는 정규 분포와 다른 표준편차의 혼합이다. 사실은, 재난들의 목록은 여러 다른 유형의 재난을 포함하는데, 이들은 각기 다른 비용 분포 특성을 지니므로 이런 설명은 타당해 보인다. 이것이 적절한 설명인지 확인하기 위해 지진이라는 한 가지 재난을 면밀히 검토해 보자.

지진

지진의 여러 규모를 살피기 위해 나는 남캘리포니아 지진 데이터 센터Southern California Earthquake Data Center의 데이터를 내려받았다. 이들의 기록은 1932년까지 거슬러 올라가지만, 이들이 사용하는 감지기와 커버 영역은 시간이 지나면서 변모해 왔다. 일관성을 유지하기 위해, 나는 1981년 1월부터 2022년 4월까지의 데이터를 선택했는데, 여기에는 79만 1329건의 지진 기록이 포함돼 있다.

지진의 강도는 "순간 진도瞬間 震度, moment magnitude scale"로 측정되는데, 이것은 널리 알려진 리히터 규모Richter scale의 업데이트 버전이다. 순간 진도는 지진에 의해 방출되는 에너지의 로그 값에 비례한다. 이 척도에서 두 단위 증수의 차이는 1000배 단위와 상응하므로, 진도 5의 지진은 진도 3의 지진보다 1000배 더 많은 에너지를 방출하며, 진도 7의 지진보다 1000배 더 적은 에너지를 방출한다.

다음 그림은 가우스 모델과 비교한 순간 진도의 분포로, 에너지 차원에서는 로그 정규 모델이라고 할 수 있다.

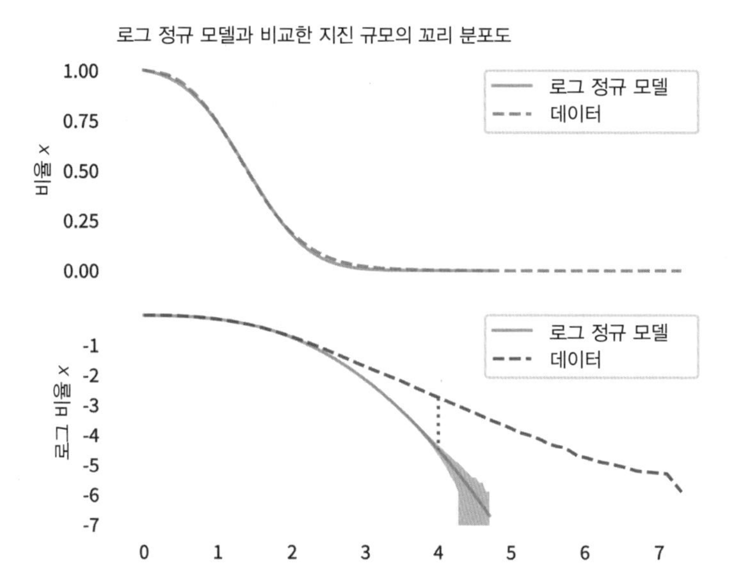

위 패널만 본다면, 로그 정규 모델로 충분하다고 생각할지 모른다. 하지만 진도 3보다 큰 지진의 확률은 너무나 작아서 모델과 데이터의 차이는 거의 분별되지 않는다.

아래 패널은 y축을 로그 척도로 삼으면서 꼬리를 더 명확히 보여준다. 여기에서는 로그 정규 모델이 데이터보다 더 빠르게 아래로 떨어지는 것을 볼 수 있다. 그 모델에 따르면, 진도 4 이상인 지진의 백만분율은 33 정도이다. 하지만 이런 규모를 가진 지진의 실제 백만분율은 1800으로 50배 이상 더 높다.

더 거대한 지진들의 경우, 그 차이는 심지어 더 크다. 모델에 따르면 백만분율로 따져 1 미만만이 진도 5를 넘는다. 실상은 170이다. 만약 당신의 직무가 대규모 지진들을 예측하는 것이라면, 이들의 빈도를 170분의 1로 과소 평가하는 셈이니 매우 심각하다. 다음 그림은 로그-t 모델과 비교한 지진 규모의 분포도이다.

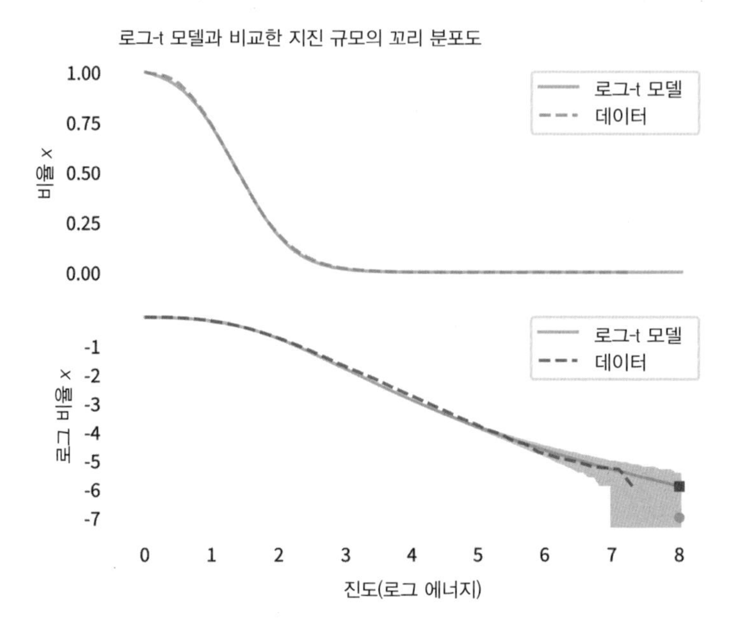

위 패널은 로그-t 모델은 진도 3 미만의 분포와 잘 맞는다. 아래 패널은 분포의 꼬리 부분도 잘 맞음을 보여준다.

이를 주어진 데이터 범위 밖으로 외삽해 추론한다면, 이 모델은 지금까지 기록된 것보다 더 큰 규모의 지진들이 일어날 확률을 계산할 수 있다. 예를 들면, 아래 패널의 사각 점은 진도 8의 지진이 발생할 확률이 예측된 지점으로 백만분율로 약 1.2이다.

이 데이터세트에서 지진 발생 숫자는 연간 약 1만 8800회이다. 그 비율에 근거한다면 진도 8이 넘는 지진이 평균적으로 매 43년마다 일어날 것으로 예상할 수 있다. 이 예상이 얼마나 믿을 만한지 보기 위해, 이것을 나보다 훨씬 더 믿을 만한 출처로부터 얻은 예측치와 비교해 보자. 2015년, USGS(US Geological Survey, 미국 지질 조사소)는 세 번째 개정한 「Uniform California Earthquake Rupture Forecast(균일한 캘리포니아 지진 파열 예측)」 보고서(UCERF3)를 발간했다. 이 보고서는 남캘리포니아에서 진도 8

이상의 지진이 일어날 확률은 522년에 한 번 꼴이라고 예측했다. 위 그림에서 아래 패널의 원형 점은 그런 확률을 표시한 결과이다.

이들의 예측은, 위 모델의 불확실성을 표시하는 회색 영역 안에 포함된다는 점에서, 나의 예측과 얼추 맞는다고 볼 수 있다. 달리 말하면, 주어진 데이터에 기반한 나의 모델은 진도 8 이상의 지진이 발생할 확률에 대한 예측이 10의 배수로 어긋날 수 있음을 인정한다. 그럼에도 불구하고, 당신이 캘리포니아에 건물을 소유하고 있거나 그런 건물에 대한 보험 서비스를 제공하고 있다면, 10의 배수는 커다란 차이이다. 따라서 어떤 모델을 믿어야 할지 선택할 필요가 있다.

어느 모델이 더 나은지 파악하기 위해, USGS의 2015년 예측이 지금까지 얼마나 잘 맞았는지 알아보자. 비교를 위해, 나는 2015년 이전의 데이터만을 사용해 로그-t 모델을 다시 돌렸다. 다음 그림은 2015년 1월과 2022년 5월 사이, 7.3년 동안 각각의 진도를 초과한 지진들에 대한 USGS의 예측, 나의 예측, 그리고 실제 숫자를 보여준다.

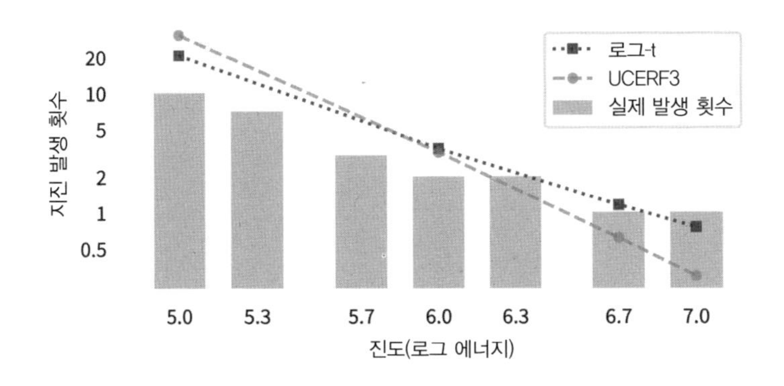

왼쪽부터 시작해, UCERF 모델은 이 기간 동안 진도 5.0 이상의 지진이 30회 일어날 것으로 예측했다. 로그-t 모델은 20회로 예측했다. 실제 일어난 지진 횟수는 10회였다. 그러니 두 모델이 예측한 것보다 더 적은 횟수의 대규모 지진이 일어났던 셈이다. 그림 중간 근처에서 두 모델은 6.0이나 그 이상의 지진이 3회 일어날 것으로 예측했다. 실제로는 2회였으니 두 모델 모두 비슷했던 셈이다. 그림의 오른쪽에서, UCERF 모델은 진도 7.0이나 그 이상의 지진이 7.3년의 기간 동안 0.3회 일어날 것으로 예상한다. 로그-t는 이런 규모의 지진이 같은 기간에 0.8회 일어날 것으로 예상한다. 실제로는 한 차례 일어났다. 2019년 벌어진 리지크레스트Ridgecrest 지진은 진도 7.1이었다.

두 모델 간의 불일치는 더 큰 규모의 지진에 대한 예측에서 더 커진다. UCERF 모델은 진도 7.5를 넘는 지진들 간의 시간 간격을 87년으로 추정한다. 로그-t 모델은 겨우 19년으로 추산한다. UCERF 모델은 진도 8.0이 넘는 지진들 간의 간격을 522년으로 추산하지만 로그-t 모델의 겨우 36년으로 추정한다. 어느 모델을 믿어야 할지 헷갈릴 것이다.

USGS의 보고서에 따르면 UCERF3은 "지진학, 지질학, 측지학, 고지진학, 지진 물리학, 지진 공학 분야의 전문가들에 의해 개발되고 검토됐다. 그렇기 때문에 진도, 위치, 그리고 주 전체에 걸쳐 피해를 끼칠 수 있는 지진의 발생 가능성에 대한 권위 있는 예측에 관한 한 최선의 과학적 근거를 제공한다."

다른 한편, 나의 모델은 어떤 지진 관련 분야에도 전문성이 없는 데이터 과학자가 혼자 개발한 것이다. 그리고 순수한 통계 모델이다. 지진이 발생하는 과정은, 심지어 우리가 관찰한 데이터의 범위를 넘어선 경우에도 단순한 수학적 모델을 따를 수밖에 없다는 가정에 기반하고 있다.

어느 쪽을 선택할지는 독자의 몫이다.

태양 플레어

다음에 일어날 대지진을 기다리는 동안, 잠재적 재난의 다른 출처를 고려해 보자. 바로 태양 플레어solar flare(태양 표면 폭발)이다. 태양 플레어는 태양의 대기로부터 유래하는 빛과 다른 전자기 방사선의 분출 현상으로 짧게는 몇초, 길게는 몇시간 동안 지속될 수 있다. 이 방사선이 지구에 도달하면 그 대부분은 대기에 흡수되기 때문에 보통은 지표면에 아무런 영향도 끼치지 않는다. 태양 플레어는 무선 통신과 GPS를 방해할 수 있고 우주비행사들에게 위험하지만, 그 외에는 심각한 걱정거리가 못된다.

그러나, 태양 플레어를 일으키는 인자는 CME(Coronal Mass Ejection, 코로나 질량 방출)도 초래하는데, 이것은 태양을 떠나 행성간 공간으로 이동하는 대량의 플라즈마plasma이다. 이것은 태양 플레어보다 그 분출 범위가 더 좁기 때문에 모두 행성과 충돌하지는 않지만 그렇게 되는 경우 그 영향은 심각할 수 있다. CME가 지구로 접근하면서 대다수 입자들은 지구의 자기장 덕택에 지표면까지 닿지 않는다. 극지방 부근의 대기로 진입하는 CME는 오로라의 형태로 우리 눈에 보인다.

하지만 매우 커다란 CME는 지구의 자기장에 대규모의 빠른 변화를 초래한다. 산업혁명 전까지, 이런 변화들은 감지되지 않은 채 지나쳤을지 모르지만 지난 수백년 동안 인류는 지표면에 촘촘히 교차하는 수백만 킬로미터의 케이블을 설치해 왔다. CME에 의해 초래되는 지구 자기장의 변화는 이 케이블들을 통해 대규모 전류를 공급할 수 있다. 1859년, CME가 워낙 강력한 전류를 전신선들telegraph lines에 끌어내는 바람에 곳곳에 화재가 일어났고 전신 직원들은 충격에 빠졌다. 1989년에는 CME가 캐나다 퀘벡의 전력망에 대규모 정전 사태를 초래했다.

최악의 경우, 매우 큰 규모의 CME는 전력망에 광범위한 피해를 입혀,

이를 복구하는 데만 몇 년의 시간과 몇 조 달러의 막대한 비용이 요구될 수 있다. 다행히 이런 위험들은 관리 가능하다. 지구와 태양 사이에 위성들을 위치시켜, CME가 지구에 닿기 몇 시간 전에 미리 탐지할 수 있다. 그리고 잠깐 전력망을 차단함으로써 대부분의 잠재적 피해를 면할 수 있다.

그러므로, 인류 문명을 잘 유지하기 위해, 우리는 태양 플레어와 CME를 제대로 이해해야 할 명분을 가진 셈이다. 그런 목적을 위해, SWPC(Space Weather Prediction Center, 우주 기상 예보 센터)는 태양 표면의 활동과 그것이 지구에 미치는 영향을 감시하고 예측한다. 1974년 이후, SWPC는 정지궤도 환경위성 시스템Geostationary Operational Environmental Satellite system, GOES을 운영해 왔다. 이 시스템에서 여러 대의 인공위성들은 태양 플레어를 측정하는 센서를 장착하고 있다. 이 센서들로부터 얻은 데이터는 1975년까지 거슬러 올라가며 누구든 내려받을 수 있다.

1997년 이후, 이 데이터세트에는 "통합 유입량integrated flux" — 과학소설 작가들이 좋아하는 용어 — 항목이 있는데, 이것은 주어진 영역을 통과하는 태양 플레어의 에너지 총량을 측정한다. 이 유입 에너지의 규모는 지구에 미치는 잠재적 영향을 계량화하는 한 방법이다. 이 데이터세트는 3만 6000개 이상의 태양 플레어에 대한 측정 결과를 담고 있다. 다음 그림은 로그 정규 모델과 비교한 태양 플레어 규모의 분포도이다.

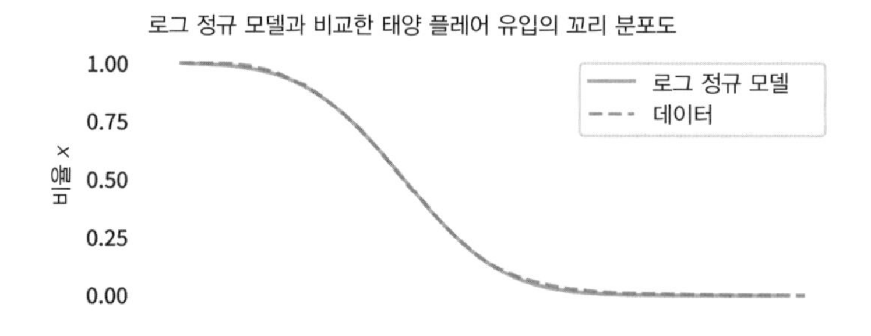

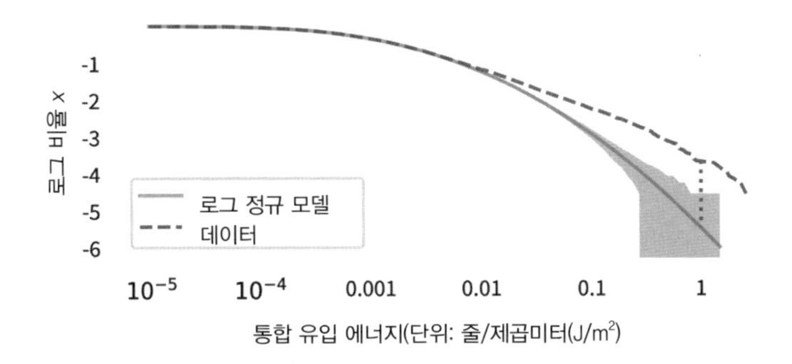

x축은 로그 척도에 표시한 통합 유입 에너지를 보여준다. 이 기간 동안에 관측된 최대 규모의 플레어는 2005년 9월 7일에 관측된 것으로 2.6 줄/제곱미터(J/m²)였다. 그 자체로는 별다른 의미가 없어 보이지만 이것은 가장 작은 플레어보다 100만 배 가까이 더 큰 규모이다. 그러므로 여기에서 확인할 것은 플레어의 규모 범위가 광범위하다는 점이다.

위 패널을 보면, 로그 정규 모델은 데이터와 잘 맞는 듯하다. 하지만 0.1 J/m²보다 큰 유입 에너지의 경우, 구분조차 되지 않을 정도로 그 확률이 매우 작다. 아래 패널은 이 범위의 유입 양상을 보여주는데, 로그 정규 모델이 그 확률을 과소 추정했음을 알 수 있다. 예를 들어, 모델에 따르면, 1보다 큰 유입 에너지를 가진 플레어의 비율은 백만분율로 약 3이어야 한다. 실제 데이터세트를 보면 그 비율은 200이나 된다. 수직으로 표시된 점선은 이 차이를 보여준다. 만약 0.01보다 작은 플레어들만 본다면, 로그 정규 모델은 충분히 제몫을 한다고 볼 수 있다. 하지만 우주 기상이 지구에 미치는 영향을 예측하는 일에서 우리가 관심을 갖는 부분은 대규모 플레어들이다. 그런 점에서 이 로그 정규 모델은 위험할 정도로 부정확하다.

로그-t 모델은 그보다 나은지 살펴보자. 다음 그림은 플레어의 분포도와 로그-t 분포도를 비교한 것이다.

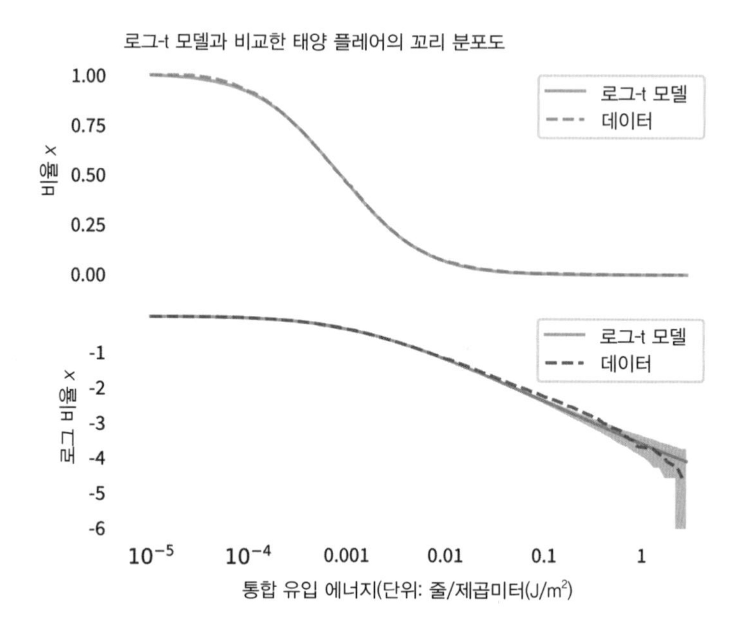

위 패널은 로그-t 모델이 분포 범위 전체에 걸쳐, 아주 작은 규모의 플레어들을 제외하면, 데이터와 잘 맞음을 보여준다. 어쩌면 우리는 작은 플레어를 생각만큼 정확하게 탐지하지 못하는지도 모르고, 아니면 모델이 예측하는 것보다 플레어가 더 적을 수도 있다. 아래 패널은 로그-t 모델이 가장 극단적인 값들을 제외하면 분포의 꼬리 부분과도 잘 맞음을 보여준다. 1 J/m^2 이상인 태양 플레어들에서, 실제 곡선은 모델보다 더 빠르게 떨어지지만 여전히 우리가 예상한 변이도 안에 놓인다. 이런 하강 추세에는 어떤 물리적 이유가 있을지도 모른다. 다시 말해, 태양이 생산할 수 있는 태양 플레어의 최대 유입 에너지에 근접하는 것인지도 모른다. 하지만 데이터세트에서 유입 에너지가 1 J/m^2보다 큰 태양 플레어는 7개에 불과하기 때문에, 이들이 예상보다 약간 더 작은 것은 그저 우연일 수도 있다.

이 사례는 태양 플레어 크기의 분포는 로그 정규 분포보다 더 긴 꼬리를 지니며, 이는 가능한 대규모 태양 플레어는 우리가 지금껏 관측한 것보다 훨씬 더 클 수 있다는 뜻이다. 이 모델을 써서 데이터 범위 밖으로 외삽한다면 — 이것은 항상 불확실한 작업이다 — 100만 건당 2.4개의 플레어가 10 J/m^{2}를 넘고, 0.36개가 100 J/m^{2}을 초과할 것으로 예상된다. 지난 20년간 3만 6000개의 플레어를 관측한 점을 고려하면, 100만 개의 플레어를 관측하기까지는 500년 이상이 소요될 것이다. 하지만 그 시간 동안, 우리는 지금까지 관측된 것보다 10배나 100배 더 큰 플레어를 보게 될 수도 있다.

케플러Kepler 우주 망원경을 통해 우리는 태양과 같은 항성들의 일부는 지금까지 관측된 것보다 1만 배 더 큰 '슈퍼플레어superflare'를 분출하는 것을 발견했다. 현재로서는 이런 항성들이 태양과 어떻게 다른지, 혹은 태양도 그런 슈퍼플레어를 분출할 수 있는지 모르고 있다.

달 분화구

눈은 하늘을 바라보는 동안, 잠재적 재난의 또 다른 출처를 고려해 보자. 소행성 충돌이다. 2022년 3월11일, 헝가리 부다페스트 부근의 한 천문학자가, 이제는 '2022 EB5'로 명명된, 지구와 충돌하게 되는 경로로 날아오는 새로운 소행성을 탐지했다. 그로부터 채 두 시간이 안돼 그 소행성은 그린랜드 부근의 대기권에서 폭발했다. 다행히 아무 커다란 파편도 표면까지 닿지 않았고 그래서 아무런 피해도 입히지 않았다.

우리는 항상 그렇게 운이 좋지만은 않았다. 1908년, 훨씬 더 큰 소행성이 시베리아 상공의 대기로 진입해 2메가톤 규모의 폭발을 일으켰다. 미국에서 시험한 가장 큰 수소폭탄과 엇비슷한 규모였다. 그 폭발은 로드 아일랜드와 맞먹는 2100제곱킬로미터 면적에서 자라던 8000만 그루의 나무들을 초토화했다. 다행히 그 지역에는 거의 사람이 살지 않았지만 대도시 하나를 날려버릴 만한 규모의 폭발이었다.

이런 사건들은 커다란 소행성들이 지구와 충돌할 경우의 위험성을 알아두는 것이 현명하다는 점을 상기시킨다. 그를 위해, 우리는 소행성들이 과거에 초래한 피해 증거를 살펴볼 것이다. 바로 달 표면에 널린 충돌 분화구들이다. 지구와 가까운 달 표면에서 가장 큰 베일리[Bailly]라는 이름의 분화구는 지름이 303km이다. 먼 쪽에서 가장 큰 분화구인 '남극 에이트킨[South Pole-Aitken]' 분지는 지름이 약 2500km이다. 이들처럼 눈에 띄는 큰 분화구들 외에도, 헤아릴 수 없이 많은 소형 분화구들이 널렸다. '달 분화구 데이터베이스[Lunar Crater Database]'는 총 130만 개에 이르는, 직경 1km 이상의 거의 모든 달 분화구 정보를 담고 있다. 이 데이터베이스의 출처는 2009년 NASA(미항공우주국)가 발사한 달 탐사 궤도 우주선[Lunar Reconnaissance Orbiter]이 찍은 이미지들이다. 다음 그림은 로그-t 모델과 비교한 분화구 크기의 분포도를 보여준다.

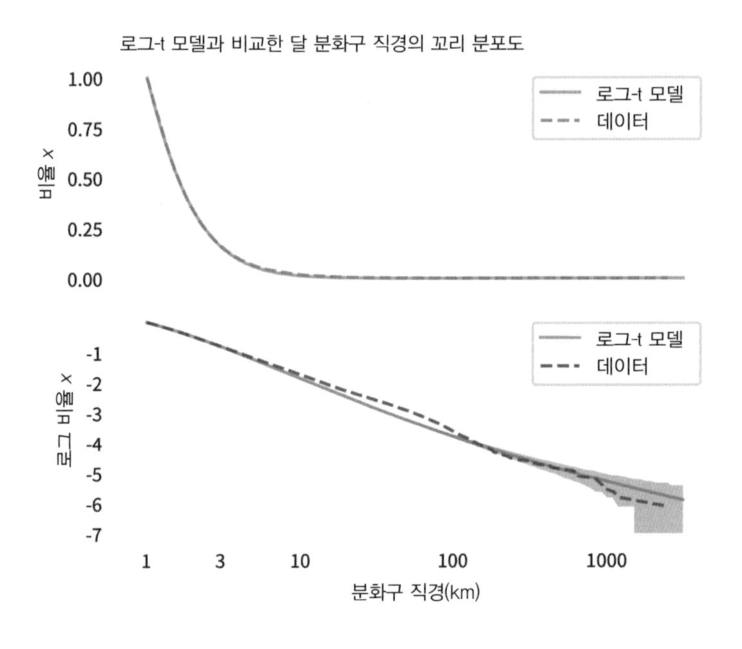

이 데이터베이스는 직경 1km 미만인 분화구는 포함하고 있지 않으므로,

나는 모델도 똑같은 수준에서 끊었다. 더 작은 분화구가 많으리라 짐작할 수 있지만, 이 데이터세트로는 그런 크기의 분포가 어떤 형태일지 알 수 없다. 로그-t 모델은 분포도와 잘 맞지만 완벽하지는 않다. 직경 100km에 가까운 규모에서는 모델이 예측한 것보다 더 많은 분화구들이 있으며 1000km 이상의 규모에서는 더 적다. 늘 그렇듯이, 자연계가 단순한 규칙을 따라야 할 의무 같은 것은 전혀 없지만, 이 모델은 꽤 잘 작동한다.

왜 그런지 궁금해할 법하다. 분화구 크기의 분포를 설명하려면, 분화구들이 어떻게 생겨났는지 생각하는 게 도움이 된다. 달 표면의 대다수 분화구들은 약 40억 년 전, "후기 미행성 대충돌기Late Heavy Bombardment"라고 불리는 태양계 생명주기의 한 기간에 형성됐다. 그 기간 중에, 엄청난 수의 소행성들이 소행성대asteroid belt로부터, 아마도 커다란 외곽 행성들의 상호 작용 때문에 떨어져나왔고 그 중 일부가 달과 충돌한 것이다.

소행성

예상할 수 있듯이, 소행성의 크기와 그 소행성이 만드는 분화구의 크기 사이에는 일정한 관계가 존재한다. 대체로, 소행성이 클수록 분화구도 크다. 그러하니, 왜 분화구 크기의 분포가 긴 꼬리 형태인지 이해하기 위해 소행성 크기의 분포를 따져보기로 하자.

제트 추진 연구소Jet Propulsion Laboratory, JPL와 NASA는 우리의 태양계에 존재하는 소행성, 혜성, 그리고 다른 작은 물체들에 대한 데이터를 제공한다. 이들의 '소형 물체 데이터베이스Small-Body Database'에서 나는 화성과 목성의 궤도 사이에 있는 "주 소행성대main asteroid belt"의 소행성들을 골랐다. 이 데이터세트에는 100만 개가 넘는 소행성들이 있는데, 그 중 약 13만 6000개의 직경이 측정됐다. 가장 큰 것부터 몇 개를 소개하면 세레스(Ceres, 직경

940km), 베스타(Vesta, 525km), 팔라스(Pallas, 513km), 그리고 히게이아(Hygeia, 407km)가 있다. 아주 작은 것들은 지름 1km 미만이다. 다음 그림은 로그-t 모델과 견준 소행성 크기의 분포도를 보여준다.

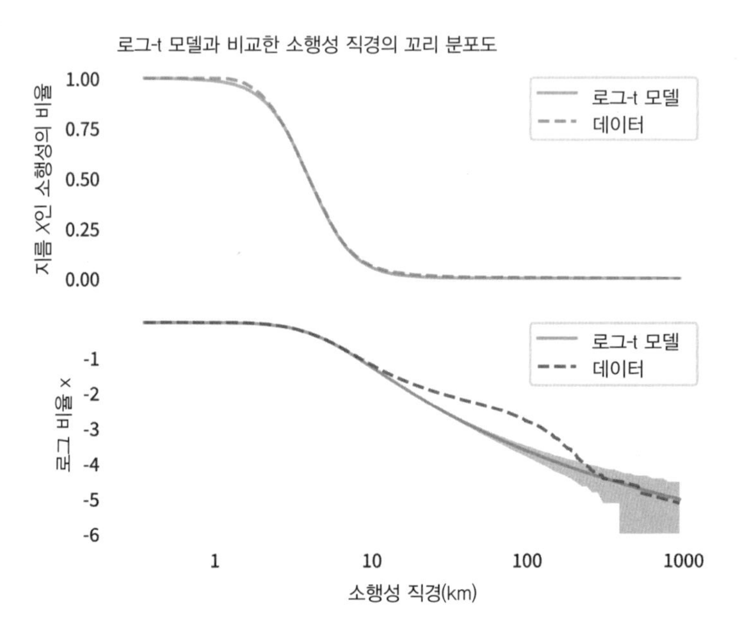

위 패널은 로그-t 모델이 범위의 중간에서 데이터와 잘 맞음을 보여준다. 다만 지름 1km 근처는 그리 잘 맞지 않는다. 아래 패널은 로그-t 모델이 분포도의 꼬리와 별로 잘 맞지 않음을 보여준다. 모델이 예측한 것보다 더 많은 소행성들의 직경이 100km에 가깝다. 그러므로 소행성 크기의 분포도는 로그-t의 분포를 정확히 따르지는 않는다. 그럼에도 우리는 이것을 분화구 크기의 분포를 설명하는 데 사용할 수 있다. 그런 점은 다음 섹션에서 보여줄 것이다.

긴 꼬리 분포도의 기원

긴 꼬리 분포도가 자연계에 흔한 이유 중 하나는 그것이 지속적이라는 점이다. 예를 들어, 만약 긴 꼬리 분포도에서 나온 일정한 양을 상수와 곱하거나 제곱을 하게 되면, 그 결과는 긴 꼬리 분포도의 양상을 보여준다.

긴 꼬리 분포도는 다른 분포들과 상호 작용하는 경우에도 지속적이다. 두 양을 한데 더하는 경우, 만약 둘 중 하나가 긴 꼬리 분포의 특성을 가졌다면 그 합은 다른 분포도가 어떤 모양이든 긴 꼬리 분포 양상을 따른다. 마찬가지로, 두 양을 곱하는 경우, 만약 둘 중 하나가 긴 꼬리 분포라면 그 곱도 대체로 긴 꼬리 분포 양상을 따른다. 이런 특성은 왜 분화구 크기의 분포가 긴 꼬리인지 설명해주는지도 모른다.

경험적으로 — 즉, 물리적 모델보다 실제 데이터에 근거할 때 — 분화구가 받는 충격의 직경은 분화구를 형성하는 충돌체의 직경(0.78제곱)과 충격 속도(0.44제곱)에 달려 있다. 충돌하는 소행성의 밀도와 충돌 각도도 영향을 미친다. 이 관계를 나타내는 간단한 모델로서, 나는 이전 섹션에서 본 분포도의 소행성 직경들을 그리고, 데이터와 일치시키기 위해 고른 매개변수와 더불어 로그 정규 분포에서 얻은 다른 변수들 — 밀도, 속도, 각도 — 을 그리는 방식으로 분화구 형성 과정을 시뮬레이션할 것이다. 다음 그림은 분화구 크기의 실제 분포와 더불어 이 시뮬레이션으로부터 얻은 결과를 보여준다.

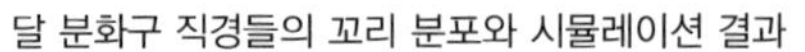

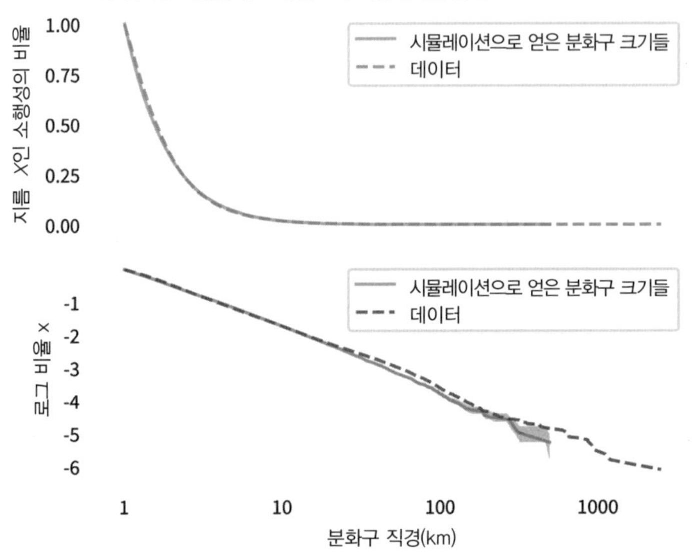

시뮬레이션 결과는 실제 데이터와 잘 맞는다. 이 사례는 분화구 크기의 분포가 소행성 크기들의 분포와, 속도와 밀도 같은 다른 변수들의 관계에 의해 설명될 수 있음을 시사한다.

그런가 하면, 소행성 크기들의 분포를 설명해줄 수 있는 물리적 모델들이 존재한다. 현재 과학으로 추정한 바에 따르면 소행성대의 소행성들은 충돌해 서로 붙어버린 먼지 입자들에 의해 형성됐다. 이 과정은 "강착accretion"으로 불리며, 강착 과정의 간단한 모델은 긴 꼬리 분포도를 초래할 수 있다. 그러므로 분화구 크기들이 긴 꼬리 분포인 이유는 소행성들 때문이고, 소행성들이 긴 꼬리 분포인 이유는 강착 때문이다.

베노이트 만델브로트Benoit Mandelbrot는 『The Fractal Geometry of Nature』(Times Books, 1982)에서 자연계에 긴 꼬리 분포 특성이 만연한 이유로 소위 "이단적인heretical" 설명을 제시한다. 소수의 시스템들만이 긴 꼬리 분포 특성을 갖지만 그 시스템들 간의 상호작용이 그런 특성을 널리 퍼뜨리게 하는지도 모른다는 것이다. 그는 우리가 관찰하는 데이터는 종종 "기반을 이루는 고정된 분포 특성과 변이성이 매우 높은 필터의 접합 효과"라면서, 그러나 "매우 다양한 필터들은 데이터의 분포 특성이 지닌 점근漸近 행동은 불변인 채로 남겨둔다."라고 말한다.[1]

소행성 크기들의 분포에서 긴 꼬리는 "점근 행동"의 사례이다. 그리고 소행성의 크기와 그로 인한 분화구의 크기 사이의 관계는 "필터filter"의 사례이다. 이 관계에서, 소행성의 크기는 제곱에 "변이성이 매우 높은highly variable" 로그 정규 분포를 곱한 값을 갖는다. 이 연산은 위치와 분포의 확산을 변화시키지만 꼬리의 형태를 바꾸지는 않는다. 만델브로트가 1970년대에 이런 설명을 내놓았을 때는 이단적으로 여겨졌을지 모르지만, 이제 긴 꼬리 분포는 더 널리 알려졌고 더 잘 이해되고 있다. 당시 이설이었던 것이 이제는 정설이다.

주식 시장의 붕괴

자연 재난은 생명을 앗아가고 건물을 파괴한다. 그와 견주어, 주식 시장의 붕괴는 덜 무서워 보일지 모른다. 하지만 인명 피해를 초래하지는 않는 대신, 이것은 더 많은 부를, 더 빠르게 파괴한다. 예를 들면, '검은 월요일Black Monday'로 알려진 1987년 10월 19일의 주식 시장 붕괴는 전세계에 걸쳐 1.7조 달러(약 2243조 원)의 재산 손실을 초래했다. 하룻만에 사라진 부의 규모는, 적어도 문서상으로는, 20세기와 21세기 현재까지 일어난 모든 지진의 재산 피해 총액보다 많다.

1 점근 행동(asymptotic behavior)은 입력값(혹은 독립 변수)이 무한대로 접근함에 따라 한 함수가 어떻게 행동하는가를 묘사하는 수학적 개념. – 옮긴이

자연 재난과 마찬가지로, 주식 시장 붕괴 규모의 분포는 긴 꼬리 모양이다. 이를 입증하기 위해, 나는 1885년 2월 16일부터 현재까지 매일 마감 시간의 다우존스 산업평균 지수를 수집해 온 메저링워스 재단MeasuringWorth Foundation의 데이터를 사용했고, 동시에 가치의 일관성을 유지하기 위해 얼마간의 수치 조정을 가했다. 내가 수집한 시리즈는 2022년 5월 6일에 끝났으므로 총 3만 7512일의 가치를 포함한 셈이다.

퍼센티지로 따져, 하룻만에 가장 큰 폭의 하락세를 기록한 것은 검은 월요일 동안의 22.6%였다. 두 번째로 큰 폭락은 COVID-19 팬데믹이 초래한 2020년 3월 16일의 12.9%였다. 세 번째와 네 번째로 큰 낙폭은 1929년 월스트리트 붕괴 동안 이틀 연속으로 기록된 12.8%와 11.7%였다.

긍정적인 면으로 보면, 1933년 3월 15일 다우 지수는 15.3% 올라 하루 최대 상승폭을 기록했다. 다른 큰 폭 상승은 1929년 10월과 1931년 10월이었다. 21세기 들어 지금까지 가장 큰 폭으로 오른 경우는 2020년 3월 24일로, 미 의회가 대규모 경제 부양 법안을 통과시킬 것이라는 기대감에 힘입어 11.4%가 올랐다.

우리는 주식 시장 붕괴에 관심이 있으므로, 나는 지수가 떨어진 1만 7680일을 골랐다. 다음 그림은 로그-t 모델과 비교한 하락률 변화의 분포도를 보여준다.

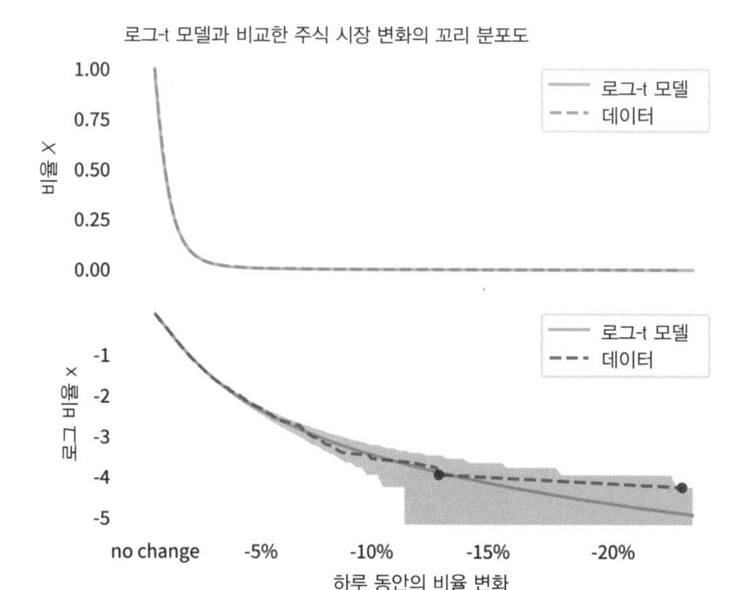

위 패널은 로그-t 모델이 분포의 왼쪽 부분과 잘 맞음을 보여준다. 아래 패널은 모델이 꼬리와 잘 맞는다. 예외는 마지막 데이터 포인트인 1987년 붕괴 시점으로, 우리가 예상하는 변이 수준의 가장자리에 겨우 들어간다. 모델에 따르면 1만 7680일의 하락일 중에서 그와 맞먹는 규모의 붕괴를 보게 될 확률은 5%에 불과하다.

이 관측 내용에는 두 가지 해석이 가능하다. 검은 월요일의 증시 붕괴는 모델로부터 벗어난 일탈이었거나, 아니면 그저 운이 없었거나. 이런 가능성들은 다음 섹션에서 논의하듯이 일각의 논쟁거리이다.

블랙 스완과 그레이 스완

나심 니콜라스 탈레브Nassim Nicholas Taleb의 『블랙 스완』(동녘사이언스, 2008)을 읽은 독자라면, 이 장의 사례들은 블랙 스완과 그 친척뻘인 그레이 스완을 이해할 수 있는 맥락을 제공한다. 탈레브의 용어에서, 블랙 스완은 이전 사건들을 바탕으로 한 모델에 따르면 벌어질 가능성이 극도로 낮은, 거대하고 충격이 큰 사건을 가리킨다. 만약 사건 규모들의 분포가 실제로 긴 꼬리 모양이라면, 그리고 그 모델이 가우스의 정규 분포를 따른다면, 블랙 스완들은 일정한 주기로 일어날 것이다.

예를 들어, 만약 지진 규모들의 모델에 정규 분포를 사용한다면, 진도 7의 지진은 섹스틸리언(sextillion, 10^{18}) 당 4회의 확률로 예측된다. 앞에서 살펴본 데이터세트에서 실제 확률은 백만분율로 따져 6이었다. 실제 빈도는 1조(10^{12})배나 더 높다는 뜻이다. 만약 당신의 예측이 가우스 모델에 기반하고 있었다면 진도 7의 지진은 블랙 스완이 되는 셈이다.

그러나, 블랙 스완은 이 장에서 보여준 것처럼 적절한 긴 꼬리 분포도를 사용해 "길들일tamed" 수 있다. 과거 지진들의 분포에 기반한 로그-t 모델, 그리고 실제 데이터와 지질물리학에 근거한 UCERF3 모델에 따르면, 진도 7의 지진은 평균적으로 수십년에 한 번씩 일어난다. 이런 모델들을 근거로 지진 예측을 하는 사람에게, 그런 지진은 특별히 놀랍지 않을 것이다. 탈레브의 용어를 빌리면 이것은 그레이 스완gray swan에 해당한다. 거대하고 충격적이지만 예상 못한 것은 아닌 사건. 탈레브의 논지에서 이 부분은 논쟁거리가 아니다. 만약 데이터와 맞지 않는 모델을 사용한다면, 당신의 예측은 틀릴 확률이 높다. 이 장에서, 우리는 그것을 입증하는 여러 사례들을 관찰했다.

그러나, 탈레브는 거기에서 더 나아가, 긴 꼬리 분포가 "소수의 블랙 스완을 설명하지만 다는 아니다"라고 주장한다. 그의 설명이다. "그레이 스완은 모델을 세울 수 있는 극단적 사건들을 설명하며, 블랙 스완은 알려진 알려지지 않은 것들known unknowns을 다룬다." 슈퍼플레어는 길들여지지 않은 블랙 스완의 일례인지 모른다. 태양 플레어에 관한 섹션에서 언급했듯이,

우리는 태양계의 태양에서 지금까지 관측한 최대 규모의 플레어보다 1만 배 더 거대한 다른 항성계들의 슈퍼플레어를 관측했다.

그 로그-t 모델에 따르면, 그런 규모의 플레어가 나타날 확률은 10억 회당 몇 번으로, 평균 삼아 3만 년마다 한 번 일어날 것으로 예상된다는 뜻이다. 하지만 그 추산은 주어진 데이터를 벗어나면 1만 년마다 한 번씩 일어나는 것으로 바뀌는데, 우리는 이 모델이 그 범위에서 유효할 것이라는 확신이 없다. 어쩌면 슈퍼플레어를 생성하는 과정은 정상 플레어를 생성하는 과정과는 달라서, 실제로는 모델이 예측하는 것보다 더 자주 일어나는지도 모른다. 아니면 우리가 사는 태양계의 태양은 슈퍼플레어를 생성하는 다른 항성계의 태양들과 달라서, 영원히 슈퍼플레어를 생산하지 않을 수도 있다. 20년 정도의 데이터에 근거한 모델로 이런 가능성들을 분별할 수는 없다. 그것들은 '알려지지 않은 알려지지 않은 것들unknown unknowns'이다.

블랙 스완과 그레이 스완의 차이는 우리가 가진 최고 지식과 모델의 상태이다. 만약 슈퍼플레어가 내일 일어난다면 그건 블랙 스완일 터이다. 하지만 태양과 다른 항성들에 관한 이해가 깊어지면, 대규모 태양 플레어를 신뢰할 만한 정확도로 예측하는 더 나은 모델이 나올 수도 있을 것이다. 미래의 언젠가 슈퍼플레어는 그레이 스완이 될지 모른다. 하지만, 드문 사건들을 예측하기는 늘 어렵고, 따라서 항상 블랙 스완은 존재할 수 있다.

긴 꼬리 분포도의 세계

사실은, 드물게 벌어지는 대규모 사건들에 앞으로도 항상 제대로 대응하는데 어려움을 겪을 것이라는 전망에는 두 가지 이유가 있다. 첫째, 드물다는 점이다. 사람들은 작은 확률을 이해하는 데 서투르다. 둘째, 크다는 점이다. 사람들은 매우 큰 규모의 사안을 이해하는 데도 서투르다. 두 번째 특성을 입증하기 위해 사람의 키가 정규 분포도, 심지어 로그 정규 분포도 따르지 않는 세계를 상상해 보자. 대신 이 장에서 논의한 다양한 재난들처럼 긴 꼬리 분포를 보인다고 상상해 보는 것이다. 구체적으로, 재난 피해 규모의 분포와 똑같은 꼬리 두께를 갖는 로그-t 분포를 따른지만, 평균은 사람의 실제 키 분포와 같다고 가정하자.

이 긴 꼬리 분포도의 세계에서 깨어난다면, 당신은 그 차이를 즉각 감지하지는 못할 것이다. 처음 만난 몇 사람들은 놀랍지 않은 신장일 것이다. 100명을 지나쳤다면 그 중에서 가장 키가 큰 사람은 215cm 정도일 것이므로, 꽤 큰 키라고 여기겠지만 아직은 낯선 신세계에 들어왔다는 사실을 깨닫지 못할 것이다. 만약 1000명을 본다면 그 중 최장신은 277cm 정도일 것이므로, 당신은 뭔가 이상하다고 의심하기 시작할 것이다. 1만 명을 본다면 그 중 최장신은 4m가 넘을 것이다. 그 단계에 이르면 당신은 지구에 있는 게 아니라고 마침내 깨달을 것이다.

하지만 이건 시작에 불과하다. 긴 꼬리 분포도의 세계에서 그 표본을 100만 명으로 늘리면, 최장신은 유칼립투스eucalyptus 나무의 높이와 맞먹는 59m에 이를 것이다. 미국 인구와 비슷한 규모의 나라를 상정한다면, 가장 키가 큰 사람은 16만 킬로미터나 돼서, 땅을 딛고 서면 그의 머리는 달까지 거리의 3분의 1 이상이 될 것이다. 그리고 70억 지구 인구를 놓고 따진다면 최장신인 사람은 10^{18}에 이르는데, 이는 약 1500광년 거리로 태양과 베텔게우스Betelgeuse[2]의 거리보다 거의 3배나 더 멀다.

이 사례는 긴 꼬리 분포 특징이 얼마나 우리의 직관을 위배하고 우리의 상상력을 비트는지 잘 보여준다. 이 세계에서 우리가 관찰하는 사물의 대부분은 정규 분포와 로그 정규 분포의 특징을 따른다. 긴 꼬리 분포를 따르

---

2 베텔게우스(Betelgeuse)는 오리온 자리에서 가장 밝은 별이다. – 옮긴이

는 것들은 인식하기 어렵고, 그래서 상상하기도 어렵다. 그러나, 데이터를 수집하고 그것을 이해할 수 있는 적절한 툴을 사용한다면 더 나은 예측을 할 수 있을 뿐 아니라 — 바라건대 — 그에 걸맞은 준비를 할 수 있다. 그러지 않으면, 드문 사건들은 계속해서 불시에 들이닥치고 우리는 미흡한 준비 때문에 쩔쩔맬 것이다.

이 장에서 나는 내가 사용한 데이터의 출처를 밝히는 것으로 논지의 핵심을 짚었다. 이런 데이터를 일반에 공개한 다음 기구와 기관들에 감사한다.

- 국립해양대기국National Oceanic and Atmospheric Administration, NOAA의 기금 지원을 받는 우주 기상 예보 센터Space Weather Prediction Center와 국립환경정보센터National Centers for Environmental Information.
- USGS의 기금을 받는 남캘리포니아 지진 데이터 센터.
- NASA가 수집한 데이터를 사용해 USGS가 제공한 달 분화구 데이터베이스.
- NASA의 기금을 받는 제트추진연구소 제공한 소형 물체 데이터베이스Small-Body Database.
- "중요한 경제적 거시 지표들에 관한 최고 품질과 가장 신뢰할 만한 역사적 데이터"를 제공한다는 목표를 내건 비영리 기관인 메저링 워스 재단.

이런 데이터를 수집하려면 위성, 우주 탐사선, 지진계, 기타 장비들이 필요하다. 그리고 그런 데이터를 처리하는 데는 시간과 전문 지식, 기타 자원이 요구된다. 이런 활동은 많은 비용이 들지만 우리가 그런 데이터를 사용해 재난을 예측하고, 그에 대비하고, 피해를 줄일 수 있다면 그보다 몇 배나 더 많은 비용을 아끼는 셈이 될 것이다.

출처와 관련 문헌

- 재난들의 목록은 위키피디아[70]에서 가져왔다.
- 존 D. 쿡John D. Cook은 스튜던트의 분포에 관한 블로그를 썼다[21].
- 태양 플레어와 CME에 관한 정보성 비디오는 쿠르즈게작트Kurzgesagt[23]에서 볼 수 있다.
- 태양 플레어에 관한 데이터는 우주 기상 예보 센터 데이터 서비스Space Weather Prediction Center Data Service[120]에서 구할 수 있다. 스페이스웨더라이브SpaceWeatherLive에서 데이터세트에서 2005년 9월7일 발생한 가장 큰 플레어의 비디오[9]를 볼 수 있다. 플레어로 인해 발생한 오로라의 사진들은 스페이스웨더닷컴(https://spaceweather.com)[112]에서 볼 수 있다.
- 코로나 질량 방출은 기록 역사상 가장 강력한 지구 자기의 폭풍이었던 '캐링턴 이벤트Carrington Event'의 원인이었다.
- 지진 데이터는 남캘리포니아 지진 데이터 센터[115]에서 구할 수 있다.
- 시베리아 지역에서 벌어진 유성 폭발은 「퉁구스카 사건Tunguska Event」[126]으로 알려져 있다.
- 달 분화구 데이터는 「Journal of Geophysical Research: Planets(지질물리학 연구 저널: 행성들)」[102]에 소개됐고 '달 분화구 데이터베이스Lunar Crater Database[101]에서 구할 수 있다.
- 소행성 데이터는 JPL 소형 물체 데이터베이스[56]에서 얻을 수 있다.
- 나는 분화구 크기와 소행성 크기의 상관관계를 멜로시Melosh의 『Planetary Surface Processes』(Cambridge University Press, 2011)』

[78]에서 얻었다.

- 긴 꼬리 분포에 대한 베노이트 만델브로트의 이단적 설명은 그의 『The Fractal Geometry of Nature』[73]에서 나왔다.
- 주식 시장 데이터는 메저링워스 재단에서 얻을 수 있다[132].
- 나심 니콜라스 탈레브의 블랙 스완과 그레이 스완 논의는 그의 저서 『블랙 스완』[121]에 나와 있다.

9장

공정과 오류

형사 사법 시스템에서, 우리는 누구를 보석금을 받고 석방할지 아니면 감옥에 둘지, 그리고 누구를 형무소에 수감할지 아니면 가석방할지에 관한 결정을 내리는 데 알고리듬의 도움을 받는다. 물론 우리는 그런 알고리듬이 공정하기를 원한다. 예를 들어, 한 수감자가 가석방될 경우 또 다른 범죄를 저지를지 여부를 예측하는 알고리듬을 사용한다고 가정하자. 만약 그 알고리듬이 공정하다면,

- 그 예측은 다른 그룹의 사람들에게도 동일한 의미를 가져야 한다. 예를 들어, 그 알고리듬이 여성 그룹과 남성 그룹의 재범 확률이 같다고 예측한다면, 우리는 실제로 범행을 다시 저지르는 여성과 남성의 수가 평균적으로 비슷할 것이라고 예상한다.
- 또한, 그 알고리듬은 재범을 저지른 누군가에게 낮은 재범 확률을 배정하고, 정작 재범하지 않은 사람에게는 높은 재범 확률을 판정하는 식의 실수를 저지를 텐데, 그런 실수의 빈도는 다른 그룹의 사람들에게 동일해야 한다.

이와 같은 요구 사항을 반박하기는 어렵다. 그 알고리듬이 100명의 여성과 100명의 남성에게 30%의 재범 확률을 매겼다고 가정하자. 만약 그 여

성들 중 20명이 다시 범죄를 저지르고 남성들 중 40명이 다시 범죄를 저질렀다면, 그 알고리듬은 불공정하다고 볼 수 있다. 혹은 흑인 전과자들이 높은 재범률을 부당하게 받을 가능성이 더 많고, 백인 전과자들은 낮은 재범률을 그릇되게 받을 확률이 더 높다고 가정해 보자. 그것도 불공정해 보인다.

하지만 문제는 알고리듬 — 혹은 사람 — 이 양쪽 요구 사항을 모두 충족시키는 것은 불가능하다는 데 있다. 두 그룹이 정확히 똑같은 비율로 범죄를 저지르지 않는 한, 두 그룹에 대해 동일한 비율을 배정하는 어떤 분류든 두 그룹 간에 다른 종류의 오류를 초래할 수밖에 없다. 그리고 만약 우리가 그것을 재조정해 같은 유형의 오류를 낳는다면, 예측의 의미는 달라질 것이다. 왜 그런지 이해하기 위해서는 "기저율 오류base rate fallacy"를 이해해야 한다.

이 장에서는 다음 세 가지 사례를 이용해 기저율 오류를 입증할 것이다.

- 당신이 의료 검사를 받았는데 그 결과는 양성으로, 이는 당신이 어느 특정한 질병을 가졌음을 뜻한다고 가정하자. 만약 그 검사가 99% 정확하다면, 당신은 그 질병을 가졌을 확률이 99%라고 생각할 것이다. 하지만 실제 확률은 그보다 훨씬 더 낮을 수 있다.
- 한 운전자가 체포된 이유가 검사 장비가 그의 혈중 알콜 농도가 법정 한도보다 높다고 판정했기 때문이라고 가정하자. 만약 그 장비가 99% 정확하다면, 당신은 유죄일 확률이 99%라고 생각할 것이다. 실상은, 그 확률은 경찰이 그 운전자를 세운 이유와 강한 연관성이 있다.
- 한 질병으로 사망한 사람들의 70%가 정작 그 질병의 백신을 접종받은 경우라는 말을 들었다고 가정하자. 당신은 그 백신이 효과가

없다고 생각할 것이다. 사실은, 그러한 백신은 사망률을 80%나 그 이상으로 예방해 수많은 인명을 살렸을 수도 있다.

이 사례들은 이전에 본 적이 없다면 놀라운 내용일 수도 있다. 하지만 일단 그 속내를 이해하고 나면 말이 된다는 사실을 인정할 것이다. 이 장의 말미에, 우리는 알고리듬과 사법 정의의 문제로 다시 돌아갈 것이다.

의료 검사

COVID-19 팬데믹 기간 동안, 우리는 모두 전염성 질병의 과학과 통계에 대해 벼락치기로 배웠다. 그 중 하나는 의료 검사의 정확도와, 허위 양성false positive이나 허위 음성false negative으로 밝혀질 수 있는 오류의 가능성에 관한 것이다. 일례로, 당신의 친구가 COVID-19 양성 판정을 받았는데, 자신이 정말로 감염된 것인지 아니면 허위 양성인지 알고 싶다고 가정해 보자. 어떤 정보가 있어야 친구의 질문에 답할 수 있을까?

한 가지 분명히 알아야 할 것은 해당 검사의 정확도지만, 그것도 제대로 판정하기가 예상보다 까다로울 수 있다. 의료 검사의 경우, 두 유형의 정확도를 고려해야 한다. 민감도sensitivity와 특이도specificity이다.

- 민감도는 감염의 존재presence를 탐지할 수 있는 검사의 능력이며 보통 확률로 표현된다. 예를 들어, 만약 검사의 민감도가 87%라면, 이는 실제로 감염된 100명 중 평균 87명이 양성 판정을 받을 것이라는 뜻이다. 나머지 13명은 '허위 음성' 판정을 받을 것이다.
- 특이도는 감염의 부재absence를 확인할 수 있는 검사의 능력이다. 예를 들어, 만약 특이도가 98%라면, 이는 감염되지 않은 100명 중 평균 98명이 음성 판정을 받을 것이라는 뜻이다. 나머지 두 명은

'허위 양성' 판정을 받을 것이다.

이 숫자들은 내가 꾸며낸 게 아니다. 가정에서 자가 검사를 하는 데 사용되는 유형인 신속 항원 검사법rapid antigen test에 대해 2021년 12월 보고된 한 브랜드의 민감도이다. 그 숫자에 따르면 검사법은 정확해 보이므로, 만약 당신의 친구가 양성 판정을 받았다면 그는 실제로 감염됐을 확률이 높다고 판단할 수 있다.

하지만 그게 꼭 사실인 것만은 아니다. 감안해야 할 또 다른 정보 요소가 있다. 바로 기저율base rate이다. 이것은 그 검사의 결과를 제외한, 그에 대해 우리가 아는 모든 것에 근거한, 그 친구의 감염 확률이다. 예를 들어, 만약 친구가 감염률이 높은 지역에 살고, 그가 누군가 감염된 사람과 한 방에 있었고, 지금은 감염 증상을 보인다는 점을 안다면, 기저율은 꽤 높을 것이다. 만약 그가 14일간 엄격한 격리 상태에 있었고 아무 증상도 없다면, 기저율은 꽤 낮을 것이다.

왜 이것이 중요한지 파악하기 위해, 기저율이 비교적 낮은, 이를테면 1%인 경우를 감안해 보자. 그리고 모두 검사를 받은 1000명의 그룹을 상상해 보자. 이만한 크기의 그룹에서, 우리는 10명이 감염됐을 것으로 예상한다. 왜냐하면 1000명의 1%는 10명이기 때문이다. 감염된 10명 중에서, 9명은 양성 판정을 받았을 것으로 예상한다. 왜냐하면 그 검사의 민감도는 87%이기 때문이다. 다른 990명 중에서, 우리는 970명이 음성 판정을 받았을 것으로 예상한다. 특이도가 98%이기 때문이다. 하지만 이는 20명은 허위 양성 판정을 받았을 것으로 예상된다는 뜻이다.

더 진행하기 전에, 이 숫자들을 표로 나타내 보자.

	사람 수	양성 판정 확률	양성 판정자의 수
감염자	10	0.87	9
비감염자	990	0.02	20

첫 번째 세로줄은 감염자와 비감염자 그룹에 속한 사람들의 수이다. 두 번째 세로줄은 각 그룹에서 양성 판정을 받을 확률이다. 실제로 감염된 사람의 경우, 민감도가 87%이므로 양성 판정의 확률은 0.87이다. 감염되지 않은 사람의 경우, 특이도가 98%이므로 음성 판정의 확률은 0.98이고, 따라서 양성 판정을 받을 확률은 0.02이다. 세 번째 세로줄은 앞선 두 세로줄의 곱으로, 각 그룹에서 양성 판정을 받을 것으로 예상되는 사람들의 평균 숫자이다. 1000명에 대한 검사 결과 양성 판정을 받은 29명 중 9명은 진짜 양성이고 20명은 허위 양성이다.

이제 친구의 질문에 답할 준비가 됐다. 양성 판정 결과로 볼 때, 그가 실제로 감염됐을 확률은 얼마인가? 이 사례에서, 그 답은 29명 중 9명 꼴, 혹은 31%이다. 다음 표는 네 번째 세로줄을 더한 모양이다. 실제 감염 확률과, 해당 검사 결과가 허위 양성일 보완적 확률이다.

	사람 수	양성 판정 확률	양성 판정자의 수	진짜 양성 확률
감염자	10	0.87	9	31.0
비감염자	990	0.02	20	69.0

이 검사의 민감도와 특이도가 높기는 하지만, 양성 판정을 받았더라도 당신의 친구가 실제로 감염됐을 확률은 31%밖에 되지 않는다. 그렇게 낮은 이유는 이 사례에서 기저율이 1%밖에 되지 않기 때문이다.

더 높은 유병률[1]

이게 왜 중요한지 보기 위해 시나리오를 바꿔 보자. 당신의 친구가 경미한 감기 증상이 있다고 치자. 그런 경우, 아무 증상도 없는 사람과 비교해 그가 감염됐을 가능성은 더 높다. 10배 더 높다고 치면, 실제 테스트 결과를 받기 전에, 친구가 감염됐을 가능성은 10%이다. 그 경우, 동일한 증상을 가진 1000명 중에서, 우리는 100명이 감염됐다고 예상할 것이다. 표의 첫 번째 세로줄을 그에 맞춰 조정하면 이런 결과가 나온다.

	사람 수	양성 판정 확률	양성 판정자의 수	진짜 양성 확률
감염자	100	0.87	87	82.9
비감염자	900	0.02	18	17.1

이제 친구가 실제로 감염됐을 확률은 약 83%이고 그 결과가 허위 양성일 가능성은 약 17%이다. 이 사례는 다음 두 가지를 입증한다.

1. 기저율은 큰 차이를 낳는다. 그리고
2. 심지어 정확한 검사법과 10%의 기저율로도 허위 양성이 나올 확률은 여전히 놀라울 만큼 높다.

만약 그 검사가 더 민감하다면 도움이 되겠지만 예상하는 만큼은 아니다. 예를 들면, 또 다른 브랜드의 신속 항원 검사는 95%의 민감도를 주장하는데, 이는 87%였던 첫 번째 브랜드보다 상당히 더 높은 수준이다. 위와 같은 98%의 특이도와 10%의 기저율을 가정하고, 이 검사를 써보면 이런 결과가 나온다.

1 유병률(prevalence) – 어느 한 시점에서 질병 상태에 있는 사람의 모집단 인구에 대한 비율. 한 해에 새로 생긴 질병을 인구 1,000명을 기준하여 계산한다. – 옮긴이

	사람 수	양성 판정 확률	양성 판정자의 수	진짜 양성 확률
감염자	100	0.95	95	84.1
비감염자	900	0.02	18	15.9

민감도를 87%에서 95%로 높였지만 그 효과는 미미하다. 검사 결과가 허위 양성일 확률은 17%에서 16%로 나아졌을 뿐이다.

더 높은 특이도

특이도를 높이면 더 큰 효과가 나타난다. 예를 들면, 중합효소 연쇄 반응polymerase chain reaction을 이용한 PCR 검사는 100%에 가까운 높은 특이도를 자랑한다. 그러나 실제 상황에서는 샘플이 오염되거나, 기기가 오작동하거나, 결과가 부정확하게 보고될 가능성이 항상 존재한다.

예를 들면, 우리집 근처의 한 은퇴자 거주지에서는 2020년 8월 18명의 직원과 한 거주민이 검사에서 코로나바이러스 양성 반응을 얻었다. 하지만 19명 모두 허위 양성으로 드러났고, 그런 실수를 저지른 보스턴의 한 랩lab은 적어도 383건의 허위 양성 결과를 보고한 직후 공중보건부에 의해 운영 정지 명령을 받았다.

이런 식으로 일이 잘못되는 일이 얼마나 잦은지는 알기 어렵지만 1000번에 한 번 꼴로 일어난다고 해도 이 검사의 특이도는 99.9%가 될 것이다. 그것이 결과에 어떤 영향을 미치는지 알아보자.

	사람 수	양성 판정 확률	양성 판정자의 수	진짜 양성 확률
감염자	100	0.950	95.0	99.1
비감염자	900	0.001	0.9	0.9

95%의 민감도, 99.9%의 특이도, 그리고 10%의 기저율을 갖는 경우, 당신의 친구가 PCR 검사 결과 양성 판정을 받았다고 가정할 때 실제로 감염됐을 확률은 약 99%이다.

그러나, 기저율은 여전히 중요하다. 당신의 친구가, (적어도 이 글을 쓰던 당시에는) 코로나바이러스 감염률이 매우 낮은 뉴질랜드에 산다고 가정해 보자. 그런 경우 경미한 감기 증상을 가진 사람의 기저율은 1000분의 1일 수 있다. 아래 표는 95%의 민감도, 99.9%의 특이도, 그리고 기저율 1000분의 1인 경우다.

	사람 수	양성 판정 확률	양성 판정자의 수	진짜 양성 확률
감염자	1	0.950	0.950	48.7
비감염자	999	0.001	0.999	51.3

이 사례에서, 세 번째 세로줄은 정수가 아니지만 괜찮다. 계산은 같은 방법으로 작동한다. 1000번의 검사 중에서 우리는 평균 0.95의 진짜 양성 판정을, 그리고 0.999의 허위 양성 판정을 예상한다. 그러므로 양성 검사가 정확할 확률은 약 49%이다. 이것은 의사를 포함한 대다수 사람들이 생각하는 것보다 낮은 수준이다.

나쁜 의학

2014년 「Journal of the American Medical Association(미국 의학협회 저널)」에 게재된 한 논문은 응큼한 한 실험의 결과를 보고한다. 연구자들은 의사들로 구성된 "편의 표본convenience sample"(아마 연구자들의 친구와 동료들일 것이다)에게 다음과 같은 질문을 던졌다. "만약 유병률이 1000분의 1인 질병을 탐지하는 검사법의 허위 양성 비율이 5%라면, 양성 판정을 받은 사람이 실제로 그 질병을 가졌을 확률은 얼마인가? 당신은 그의 증상이나 징후에 관해 아무것도 모른다고 가정한다." 이들이 "유병률prevalence"라고 부르는 것은 내가 지금까지 "기저율base rate"이라고 불러온 것과 같다. 그리고 그들이 "허위 양성률false positive rate"이라고 부르는 것은 특이도의 보완이다. 따라서 5%의 허위 양성률은 95%의 민감도와 부합한다.

이 실험의 결과를 알려주기 전에, 그 질문에 대한 대답부터 생각해 보자. 그 검사의 민감도는 주어지지 않았으므로 나는 99%라는 긍정적 가정을 하겠다. 다음 표는 그 결과를 보여준다.

	사람 수	양성 판정 확률	양성 판정자의 수	진짜 양성 확률
감염자	1	0.999	0.99	1.9
비감염자	999	0.05	49.95	98.1

맞는 답은 약 2%이다.

이제, 그 실험의 결과들을 알려줄 차례다. "응답자들의 4분의 3 정도가 그 질문에 틀린 답을 내놓았다. 우리 연구에서, 61명 중 14명(23%)은 맞는 답을 제시했다. [...] 가장 일반적인 대답은 95%로, 27명이 그 수치를 내놓았다." 만약 정답이 2%이고 가장 흔한 대답이 95%라면, 그것은 우려할 만한 수준의 오해이다.

공정을 기하자면, 질문의 표현이 혼란을 초래했을 수도 있다. 비공식적으로, "허위 양성률"은 다음 둘 중 하나로 해석될 수 있다.

- 검사 결과 양성 판정을 받았으나 실제로는 감염되지 않은 사람들의 비율, 혹은
- 허위로 드러난 양성 검사 결과의 비율이다.

첫 번째는 "허위 양성률"의 기술적 정의이고, 두 번째는 "허위 발견율false discovery rate"로 불린다. 하지만 통계학자들조차 이런 용어들을 제대로 이해하는 데 애를 먹는다. 의사들은 의학 전문가지 통계학 전문가는 아니다.

그러나, 설령 응답자들이 그 질문을 오해했다고 하더라도, 이들의 혼동은 환자들에게 실질적인 결과를 낳을 수 있었다. COVID-19 검사의 경우, 허위 양성 검사 결과는 불필요한 격리 기간으로 이어지고, 이는 일상에 지장을 주고, 비싼 비용을 요구하며, 유해할 수도 있다. 수백 개의 허위 양성 결과를 보고한 랩을 조사한 주 당국은 이들의 그런 실패가 "환자들을 즉각적인 피해 위험"으로 내몰았다고 결론지었다.

다른 의료 검사들도 비슷한 위험을 안고 있다. 예를 들면, 암 검진의 경우, 허위 양성 진단은 환자와 그 가족에 미칠 정서적 충격은 말할 것도 없고, 추가 검사, 불필요한 생체 검사나 수술, 상당한 비용을 초래할 수 있다. 의사와 환자들은 기저율 오류에 대해 알아둘 필요가 있다. 다음 섹션에서 보게 되듯이, 변호사, 판사, 배심원 들도 마찬가지다.

음주 운전

기저율 오류가 제기하는 문제는 일부 주들이 "마약에 취한 상태의 운전drugged driving"을 집중 단속하면서 더욱 부각됐다. 2017년 9월 ACLU(American Civil Liberties Union, 미국 시민 자유 연맹)은 대마초에 취한 상태로 운전했다는 혐의로 체포된 네 명의 운전자를 대표해 조지아주 캅Cobb 카운티를 고소했다. 네 명 모두 트레이시 캐럴Tracey Carroll 경관의 평가를 거쳤는데, 그녀는 1970년대 로스앤젤레스시 경찰청이 개발한 훈련 프로그램 중 하나인 "DRE(Drug Recognition Expert, 마약 인식 전문가)" 과정을 마쳤다.

체포될 당시, 네 명 모두 어떠한 대마 제품도 흡연하거나 흡입하지 않았다고 주장했고, 혈액 검사에서도 모두 음성 판정이 나왔다. 즉, 혈액 검사에서 최근 대마 사용의 아무런 증거도 발견되지 않았다. 각각의 사안에서, 검사들은 대마 흡입 운전과 관련된 기소는 기각했다. 그럼에도, 그 체포 사건은 당사자들에게 큰 정신적 물질적 피해를 안겼고, 체포 사실은 공공 기록으로 영구히 남게 됐다.

이 사건에서 ACLU가 문제로 삼은 사안은 "DRE 프로토콜의 유효성이 정식으로 그리고 독립적으로 검증된 적이 전혀 없다"는 것이었다. 그래서 나는 그 주장을 조사하기로 했다. 내가 발견한 내용은 전체적으로 심각한 오류를 안고 있는 연구들의 모음이었다. 거기에 수록된 모든 연구들이 적어도 하나씩은, 중학교 수준의 과학 경진대회에 나갔더라도 망신을 샀을 것 같은 방법론적 오류를 포함하고 있었다.

일례로, DRE 프로토콜이 유효함을 보여준다고 가장 자주 인용되는 랩 연구는 1985년에 존스 홉킨스 의과대학에서 수행된 것이었다. 이 연구는 이렇게 결론을 내린다. "전체적으로, 술이나 마약에 취했다고 판정된 경우의 98.7%에서 연구 대상은 이전에 모종의 활성 약제active drug를 섭취한 것으로 드러났다." 달리 말하면, 연구 대상이 마약에 취했다고 마약 인식 전문가가 판정한 경우에서, 이들은 그런 판정의 98.7%에서 맞았다.

인상적으로 들리지만 이 연구에는 여러 문제가 도사리고 있다. 가장 큰 문제는 연구 대상들이 모두 선별 절차를 거쳐 "정신운동psychomotor 작업과 연구에 사용된 주관적 효과의 질문에 대한 훈련을 거친" 18-35세의 "정상적이고 건강한" 남성이라는 점이다. 계획적으로, 그 연구는 여성, 35세 이상인 사람, 그리고 건강 상태가 좋지 못한 사람은 제외했다. 이어 선별 과정에서 누구든 술이 취하지 않은 상태에서 음주 측정 검사를 통과하는 데 어려움을 겪는 사람들, 예컨대 손떨림이 있거나, 신체 조정력이 떨어지거나, 균형 감각이 낮은 사람은 제외했다. 하지만 그런 사람들이야말로 무고하게 의심받기 쉬운 경우이다. 허위 양성 결과를 낳기 쉬운 사람들을 모조리 제외한다면 도대체 허위 양성의 숫자를 어떻게 추산할 수 있나? 그럴 수 없다.

자주 인용되는 또 다른 연구는 "알콜 이외에 다른 마약 성분이 섭취되었다고 DRE들이 주장하는 경우, 그런 마약 성분들은 거의 항상(전체의 94%) 혈액에서 탐지됐다"라고 보고한다. 이것도, 연구 방법을 확인할 때까지는 인상적으로 들린다. 이 연구의 대상자들은 마약이나 음주 운전으로 의심받고 음주 측정에 걸려 이미 체포된 사람들이었다. 이어, 구류 상태에서 이들은 마약 감정 절차를 훈련받은 다른 DRE의 평가를 받았다. 그 DRE가 마약 복용이 의심된다고 판단하는 용의자에게는 혈액 검사에 대한 동의를 구했고, 의심되지 않는 용의자는 석방했다.

219명의 용의자들 중 18명은 DRE가 "피상적인 검사cursory examination"를 수행해 아무런 마약 복용의 증거가 없다고 평가한 다음 석방됐다. 나머지 201명에 대해서는 혈액 검사의 동의를 구했다. 그들 중 22명은 검사를 거부했고 6명은 소변 표본만 제공했다. 173개의 혈액 표본 가운데 162개는 알콜이 아닌 다른 마약 성분을 포함한 것으로 밝혀졌다. 이것은 비율로 따져 94%이고, 연구자들이 보고한 수치이기도 했다.

하지만 이 연구에서 기저율은 비정상적으로 높은데, 이는 체포 경관이 의심하고 DRE 담당자에 의해 확인된 경우들만 포함하고 있기 때문이다. 몇 가지 관대한 가정들을 토대로 나는 이 연구의 기저율이 86% 정도일 것으로 추산하지만 실제는 아마도 그보다 더 높을 것이다. 석방된 용의자들은 검사받지 않았기 때문에, 이 검사의 민감도를 추정할 방법은 없지만 99%일 거라고 가정하자. 만약 한 용의자가 마약에 취했다면, DRE가 이를 탐지할 가능성은 99%라는 얘기다. 실상은 아마 그보다 더 낮을 것이다. 이런 관대한 가정들을 토대로, 우리는 다음 표를 사용해 DRE 프로토콜의 민감도를 추산할 수 있다.

	용의자 수	양성 반응 확률	건수	%
비정상 운전	86	0.99	85.14	93.8
정상 운전	14	0.40	5.60	6.2

85%의 기저율로 계산하면, 100명의 용의자들 중에서, 86명이 비정상 운전을 14명이 정상 운전을 했다고 예상한다. 99%의 민감도에 따르면, DRE는 약 85명의 진짜 양성을 탐지할 것으로 예상한다. 그리고 60%의 특이도를 적용하면, DRE는 5.6명의 용의자를 잘못 기소할 것으로 예상한다. 91명의 양성 검사 중에서 85명은 정확할 것인데, 이는 연구에서 보고된 대로 94% 정도이다. 하지만 이 정확도는 오직 그 연구의 기저율이 그렇게 높기 때문에 가능하다. 연구 대상의 대부분은 현장의 음주/마약 검사에 걸려 체포된 사람들임을 상기하라. 그 다음에 이들을 검사한 DRE는 사실상 그 결과를 인증하는 의견second opinion을 제시한 셈이다.[2]

하지만 그것은 트레이시 캐럴 경관이 케이틀린 에브너Katelyn Ebner, 프린세스 음바마라Princess Mbamara, 아요쿤레 오리요미Ayokunle Oriyomi, 그리고 브리타니 펜웰Brittany Penwell을 체포할 때 벌어진 상황이 아니었다. 각각의 경우에서, 운전자는 비정상 운전을 이유로 정지 명령을 받았고, 그런 운전 행태가 음주나 마약 복용의 가능성을 보여주는 증거이다. 하지만 캐럴 경관의 평가를 시작했을 때는 그것만이 음주나 마약 복용의 유일한 증거였다.

그러므로 연관된 기저율은 위에 소개한 연구처럼 86%가 아니다. 그것은 마약에 취한 비정상 운전자들의 비율이다. 하지만 비정상 운전에는 많은

2 'Second opinion'은 다른 의사의 견해를 가리킨다. 이미 첫 번째 의사로부터 진단을 받은 다음, 이를 확인하기 위해 구하는 다른 전문가나 의사의 의견을 지칭한다. – 옮긴이

다른 이유가 가능하다. 다른 데 주의를 팔았거나, 졸았거나, 술을 마셨을 수도 있다. 어느 설명이 가장 일반적인지 알기는 어렵다. 시간과 장소에 따라 달라질 것이라고 생각한다. 하지만 한 사례로서, 기저율을 50%로 잡았을 때 나오는 결과는 다음 표와 같다.

	용의자 수	양성 반응 확률	건수	%
비정상 운전	50	0.99	49.5	71.2
정상 운전	50	0.40	20.0	28.8

기저율 50%, 민감도 99%, 그리고 특이도 60%를 가정했을 때, 그 검사의 예측 가치는 71%에 불과하다. 이런 가정에서는 마약 운전 혐의를 받은 사람의 거의 30%가 무고하다. 실상은, 기저율과 민감도, 그리고 특이도는 아마 그보다도 더 낮을 것이고, 이는 그 검사의 예측 가치는 심지어 더 나쁘다는 뜻이다.

ACLU의 고소는 성공적이지 못했다. 법원은 현장의 운전자 검사는 체포의 "상당한 근거probable cause"를 구성하기 때문에 체포는 타당했다고 판결했다. 그 결과, 법원은 DRE 프로토콜의 유효성이 증거로 삼을 만한지 아니면 그렇지 않은지 심리하지 않았다. ACLU는 그 판결에 항소했다.

백신의 유효성

기저율의 오류를 이해했으니, 이제 COVID-19를 둘러싼 가짜 정보의 혼란스러운 사례들을 들여다볼 준비가 됐다. 2021년 10월, 한 언론인이 잘 알려진 팟캐스트에 출연해 놀라운 주장을 펼쳤다. "영국에서 COVID-19로 사망한 사람의 70% 이상은 완전접종을 받은 사람들입니다." 진행자는 못 믿겠다는 투로 반문했다. "70%라고요?" 그 언론인은 자신의 말을 되풀이했다. "사망한 10명 중 7명이에요. 이걸 강조하고 싶은데, 왜냐하면 아무도 안 믿기 때문이죠. 하지만 그 숫자는 정부의 문서에 들어 있습니다. 9월에 영국에서 사망한 사람들의 대다수는 완전접종을 받은 사람들입니다."

그리곤 그걸 증명이라도 하듯, 2021년 영국 공중보건국Public Health England에서 발간한 보고서의 표를 하나 보여주었다. 그리고 표에 나온 각 연령 그룹의 사망자 수를 읽어주었다. "80세 이상 범주에서 1500명 중 1270명, [...] 70세 이상에서 800명 중 607명. [...] 이들은 거의 모두 백신을 완전접종했습니다. 영국에서 COVID-19로 사망한 대부분의 사람들은 이제 완전접종을 받은 사람들이에요." 그 숫자들은 사실이다. 하지만 그로부터 백신이 무용하거나 오히려 해롭다는 결론을 끌어내는 것은 잘못이다. 사실은, 이 숫자들과, 같은 표에서에 뽑아낸 추가 정보를 함께 사용해 백신의 효율성을 계산하고, 백신 덕택에 살아남은 사람들의 숫자를 추정할 수 있다.

80세 이상의 최연장자 그룹부터 시작하자. 이 그룹의 경우 2021년 8월 23일부터 9월 19일까지 4주 동안 COVID-19에 의한 사망자는 1521명이었다. 그중 1272명은 백신 완전접종을 받았다. 나머지는 백신 접종을 전혀 받지 않았거나 일부만 받은 경우였다. 사안을 단순화하기 위해 이들은 모두 '완전접종을 받지 않은' 사람들로 간주하겠다. 그러므로, 이 연령 그룹에서, 사망한 사람들의 84%는 완전히 백신 접종을 받은 상태였다. 이 숫자들만 봐서는, 백신은 효과가 없었던 것처럼 여겨진다.

그러나, 해당 표는 백신 접종자와 비접종자들의 사망률도 보여준다. 각 연령대에서 사망자의 수를 전체 인구에 기준한 비율로 나타낸 것이다. 같은 4주 동안, COVID-19로 인한 사망률은 비접종자들의 경우 100만 명당 1560명, 접종자들은 495명이었다. 따라서 사망률은 백신 접종자들의 경우에서 훨씬 더 낮았다.

다음 표는 이런 사망률을 두 번째 세로줄에, 그리고 사망자 수를 세 번째 세로줄에 보여준다. 이런 숫자를 고려하면 우리는 앞으로 나아가 네 번째 세로줄을 계산할 수 있는데, 여기에서도 사망자의 84%가 백신 접종자들임이 드러난다. 뒤로 계산해 첫 번째 세로줄도 구할 수 있는데, 그에 따르면 이 연령대에서 약 257만 명이 백신을 접종 받았고 16만 명만이 접종을 받지 않았다. 따라서 이 연령대의 94% 이상의 백신을 접종한 셈이다.

	인구	사망률	사망자 수	%
백신 접종자	2.57	495	1272	83.6
백신 비접종자	0.16	1560	249	16.4

이 표로부터, 우리는 백신의 효율성도 계산할 수 있다. 그것은 백신이 예방한 사망자의 비율로 나타난다. 그에 따르면 사망률은 100만 명당 1560명에서 495명으로 68% 포인트 줄었다. 정의상, 이 감소는 이 연령대에 대한 백신의 "효율성effectiveness"이다.

마지막으로, 우리는 "만약 백신 접종자들의 사망률이 백신 비접종자들의 사망률과 같다면, 사망자 수는 얼마나 됐을까?"라는 반사실적 질문에 대답함으로써 구제된 사람들의 숫자를 추산할 수 있다. 그 대답은 4009명이 사망했으리라는 것이다. 실제 사망자 수는 1272명이었으므로, 백신이 그 연령대에서 불과 4주 동안 약 2737명의 생명을 구한 셈이다. 지금 영국에서는 수많은 사람들이 살아 있는 부모와 조부모 댁을 방문하고 있다. COVID-19 백신이 아니었다면 많은 경우 묘지를 찾아야 했을 것이다.

물론, 이 분석은 일정한 가정을 바탕으로 한다. 그 중 주목할 만한 것은 접종자들과 비접종자들이 백신 접종 여부를 제외하고는 서로 유사하다는 가정이다. 그것은 사실이 아닐 것이다. 고위험군이거나 일반적인 건강 상태가 좋지 않은 사람들이 백신 접종에 더 적극적이었을 것이다. 만약 그렇다면, 우리는 추정치를 너무 낮게 잡았고 실상은 더 많은 인명이 백신 덕택에 구제됐을 가능성이 높다. 만약 그렇지 않고 건강이 나쁜 사람들이 백신 접종을 기피했다면, 우리의 추정치는 너무 높았을 것이다. 어느 쪽의 가능성이 더 높은지는 독자들의 판단에 맡기겠다.

우리는 이 분석을 다른 연령대에도 반복할 수 있다. 다음 표는 각 연령대의 사망자 수와, 백신 접종자들 중 사망한 사람의 비율을 보여준다. 나는 "18세 미만" 연령대는 누락했다. 왜냐하면 이 그룹의 사망자는 불과 6명으로 그 중 4명은 비접종자였고 2명의 접종 여부는 미상이었기 때문이다. 그처럼 작은 숫자로는 사망률이나 백신의 효율성에 대한 유용한 추산을 할 수가 없다.

연령대	사망 접종자의 수	총 사망자의 수	사망자 중 접종자의 비율
18 to 29	5	17	29
30 to 39	10	48	21
40 to 49	30	104	29
50 to 59	102	250	41
60 to 69	258	411	63
70 to 79	607	801	76
80+	1272	1521	84

세로 줄의 숫자들을 더하면 총 사망자 3152명 가운데 접종자의 수는 2284명이다. 따라서 팟캐스트에 출연한 한 언론인의 지적대로 사망자의 72%가 백신 접종을 받았다. 80세 이상의 연령대에서 사망률은 이미 확인한 대로 심지어 더 높다. 그러나, 젊은 연령대에서는 접종자들 중 사망률은 상당히 더 낮은데, 이 숫자는 백신보다 그 연령대의 다른 무엇인가를 반영하고 있다는 징후일 수도 있다.

백신의 효율성을 계산하기 위해, 우리는 사망자의 숫자 대신 사망률을 사용할 수 있다. 다음 표는 영국 공중보건부가 각 연령대별로 보고한 100만 명당 사망률을 보여주는데, 그로부터 백신의 효율성도 사망률의 감소 추세를 통해 파악할 수 있다.

연령대	접종자 사망률	비접종자 사망률	효율성
18 to 29	1	3	67
30 to 39	2	12	83
40 to 49	5	38	87
50 to 59	14	124	89
60 to 69	45	231	81
70 to 79	131	664	80
80+	495	1560	68

백신의 효율성은 대부분의 연령대에서 80% 이상이다. 가장 젊은 그룹에서 효율성은 67%지만 사망자 수가 적고, 추정된 사망률이 정확하지 않기 때문에 이 수치는 부정확할 수도 있다. 최고령 연령대의 효율성은 68%인데, 이는 백신이 고령자들에게 덜 효과적임을 시사한다. 아마 그들의 면역체계가 더 취약하기 때문일 것이다. 그러나, 사망 확률을 68%나 줄여주는 처방은 여전히 매우 훌륭하다. 효율성은 대부분의 연령대에서 거의 동일한데, 이는 1차적으로 백신의 어떤 특성을 반영하며, 오직 2차적으로만 그 연령대들의 일정한 특성을 반영하기 때문일 것이다.

이제, 주어진 사망자 수와 사망률을 바탕으로, 각 연령대의 접종자 수와 비율을 추론할 수 있다.

연령대	총 접종자(100만 명)	총 비접종자(100만 명)	접종률
18 to 29	5.0	4.0	56
30 to 39	5.0	3.2	61
40 to 49	6.0	1.9	75
50 to 59	7.3	1.2	86
60 to 69	5.7	0.7	90
70 to 79	4.6	0.3	94
80+	2.6	0.2	94

2021년 8월에 이르러, 영국에서 거의 모든 60세 이상의 연령대가 백신 접종을 마쳤다. 그보다 더 젊은 그룹에서 그 비율은 더 낮았지만, 심지어 가장 어린 연령대에서도 백신 접종률은 절반이 넘었다. 이런 통계를 감안하면 왜 대부분의 사망이 백신 접종자들 사이에서 나오는지 명백해진다.

- 대부분의 사망은 가장 나이든 그룹에서 나왔다. 그리고
- 이 연령대들에서 거의 모두가 백신을 접종받았다.

이 논리를 극단으로 몰아서, 만약 모두가 백신 접종을 마쳤다고 가정하면, 모든 죽음은 백신 접종자들에서 나올 것으로 예상된다.

이 장에서 사용한 용어를 빌리면, 백신 접종자들 중 사망자의 비율은 백신의 효율성, 그리고, 전체 인구중 백신 접종의 기저율에 의존한다. 만약 젊은 연령 그룹에서 보듯 기저율이 낮으면, 백신 접종자들중 사망자의 비율은 낮다. 만약 기저율이 높다면, 나이든 연령대에서 보듯, 사망자의 비율은 높다. 이 비율은 해당 그룹의 속성들에 워낙 긴밀하게 좌우되기 때문에, 백신 자체의 속성에 대해서는 별로 알려주는 바가 없다.

마지막으로, 우리는 각 연령대에서 구제된 인명의 숫자를 추산할 수 있다. 먼저 사망률이 백신 비접종자들의 경우와 같다는 가정 하에 백신 접종

자들중 사망자의 수를 가설적으로 계산한 다음, 거기에서 실제 사망자의 수를 뺀다.

연령대	가설적인 사망자 수	실제 사망자 수	구제된 인명 수
18 to 29	15	5	10
30 to 39	60	10	50
40 to 49	228	30	198
50 to 59	903	102	801
60 to 69	1324	258	1066
70 to 79	3077	607	2470
80+	4009	1272	2737

모두 더해서, COVID-19 백신은 4주 동안, 약 4800만 명의 관련 인구 중에서 7000명 이상의 생명을 구했다. 만약 채 한 달도 안 되는 기간 동안 단 한 나라만 따져 7000명의 생명을 구한 백신을 개발한 사람이라면, 스스로 퍽 자랑스러워할 만하다. 한편 사실을 왜곡하는 통계를 이용해 전세계의 대규모 청중들로 하여금 백신을 맞지 말라고 설득하는 사람이라면 수치심을 느껴야 할 것이다.

범죄 예측

기저율 오류를 이해하면 의료 검사와 비정상 운전 검사 결과를 바르게 해석할 수 있고, COVID-19 백신에 관한 선정적 기사 제목에 속아넘어가지 않을 수 있다. 형사 사법체계에서 진행중인 데이터와 알고리듬 논란에도 해결의 실마리를 던져줄 수 있다.

2016년, 온라인 뉴스 사이트인 **프로퍼블리카**ProPublica의 취재팀은 어느 피고인이 재판 전에 보석금을 내고 석방돼야 하는지, 유죄 판결을 받은 피고인은 몇년 형을 받아야 하는지, 그리고 어떤 죄수가 집행 유예로 석방돼야 하는지 등을 법원이 판단하기 위해 여러 주들에서 사용하는 콤파스COMPAS라는 통계 분석 툴에 관한 고발 기사를 게재했다. 콤파스는 피고인들에 관한 정보를 사용해 어느 죄수가 석방됐을 경우 또다른 범죄를 저지를 확률을 계량화한 '위험 지수risk score'를 생성한다.

프로퍼블리카 기사의 취재 기자들은 공개된 데이터를 사용해 콤파스 위험 지수의 정확도를 평가했다. 이들의 설명에 따르면 "2013년과 2014년 플로리다 주의 브로워드 카운티에서 체포된 7000명 이상의 사람들에게 배정된 위험 지수를 입수해, 그 이후 2년 동안 얼마나 많은 사람들이 다시 범죄를 저질러 기소됐는지 확인했다. 이것은 콤파스 알고리듬의 개발자들이 사용한 것과 동일한 근거였다." 이들은 입수한 데이터를 공개했고, 그래서 우리는 그것을 사용해 이들의 분석을 되풀이하는 것은 물론 우리의 자체 분석도 해볼 수 있다.

콤파스를 일종의 진단 검사로 여긴다면, 고위험도 지수는 양성 판정과 같고, 저위험도 지수는 음성 판정과 같다고 볼 수 있다. 그러한 정의에 따라, 주어진 데이터를 사용해 해당 검사의 민감도와 특이도를 계산할 수 있다. 그렇게 계산한 결과는 과히 좋지 않다.

- **민감도**: 관찰 기간 중 재범한 사람들 가운데 63%만이 고위험 지수를 받았다.
- **특이도**: 재범하지 않아 기소되지 않은 사람들 가운데 68%만이 저위험 지수를 받았다.

이제 판사가 고위험 지수를 받은 피고인의 보석 신청을 심리한다고 가정해 보자. 여러 고려사항 중에서도, 그는 피고인이 석방되었을 때 범죄를 다시 저지를 확률이 얼마인지 알고 싶어할 것이다. 우리가 그것을 파악할 수 있는지 따져보자. 이제는 익히 예상하겠지만, 또 다른 정보가 필요하다. 바로 기저율이다. 브로워드 카운티의 표본에서 그 비율은 45%이다. 다시 말하면, 감옥에서 풀려난 피고인들의 45%가 2년 내에 재기소된다는 뜻이다.

다음 표는 그 결과를 기저율, 민감도, 그리고 특이도로 보여준다.

	피고인 수	고위험 확률(%)	고위험 피고인 수	비율(%)
재기소된 경우	450	0.63	283	61.8
재기소되지 않은 경우	550	0.32	175	38.2

이 데이터세트에서 1000명 중 평균 450명은 재범으로 다시 기소되고, 나머지 550명은 기소되지 않을 것이다. 이 검사의 민감도와 특이도를 근거로, 우리는 재범자들중 283명, 그리고 재범하지 않은 이들중 175명이 고위험 지수를 받을 것으로 예상한다. 고위험 지수를 가진 모든 사람들 중에서 약 62%가 또다른 범죄로 기소될 것이다. 이 결과는 "양성 예측치positive predictive value", 혹은 PPV라고 불리는데, 그것이 양성 검사 결과의 정확도를 계량화하기 때문이다. 이 경우 양성 검사의 62%는 맞는 것으로 밝혀졌다.

우리는 저위험 지수에 대해서도 똑같은 분석을 할 수 있다.

	피고인 수	저위험 확률(%)	저위험 피고인 수	비율(%)
재기소된 경우	450	0.37	166	30.7
재기소되지 않은 경우	550	0.68	374	69.3

450명의 범죄자들중 166명이 부정확한 저위험 지수를 받을 것으로 예상된다. 550명의 비범죄자들 중에서는 374명이 정확한 저위험 지수를 받을 것으로 예상된다. 따라서, 저위험 지수를 받은 모든 사람들 가운데 69%는 또 다른 범죄로 기소되지 않았다. 이 결과는 검사의 "음성 예측치negative predictive value", 또는 NPV라고 불리는데, 음성 검사의 몇 %가 정확한지 알려주기

때문이다.

한편으로, 이 결과들은 위험 지수가 유용한 정보를 제공한다는 점을 보여준다. 만약 누군가가 고위험 지수를 받았다면 그가 재범으로 다시 기소될 확률은 62%이다. 만약 저위험 지수를 받았다면 그 확률은 41%밖에 안 된다. 그러므로 고위험 지수를 가진 사람이 재범할 확률이 두 배 정도 더 높은 셈이다. 다른 한편, 이 결과들은 그런 결정이 사람들의 삶에 매우 심각한 영향을 미침에도 불구하고 바람직한 수준만큼 정확하지 않다. 그리고 그런 수준으로 공정하지도 않다.

그룹 비교

프로퍼블리카 기사의 취재 기자들은 콤파스가 다른 그룹들에 대해서도 똑같은 정확도를 보이는지 점검했다. 인종별 그룹과 관련해 이들은 다음과 같은 결과를 얻었다.

> …누가 재범할지 예측하는 일에서, 해당 알고리듬은 흑인과 백인 피고인들의 경우에 대략 비슷한 비율로 실수를 저질렀지만 그 방식은 사뭇 달랐다.
>
> - 그 공식은 흑인 피고인들을 미래의 범죄자로 틀리게 판정할 확률이 특히 높았는데, 이런 식으로 틀리게 분류하는 경우가 백인 피고인의 경우보다 거의 두 배 더 높았다.
> - 백인 피고인들은 저위험으로 분류되는 경우가 흑인 피고인들보다 더 높았다.

이 차이는 형사 사법체계에서 콤파스를 이용하는 것이 인종 차별적임을 시사한다.

나는 기자들이 입수한 데이터를 사용해 이들의 분석을 반복해 볼 것이다. 그리고 이들이 내놓은 숫자들이 정확한지 확인해 볼 것이다. 하지만 이 결과들을 해석하는 일은 복잡한 작업이라는 사실이 드러났다. 나는 성별을 먼저 따지고 이어 인종을 고려하면 더 명확한 답을 구할 수 있을 것으로 생각한다. 브로워드 카운티의 데이터에서 피고인의 81%는 남성, 19%는 여성이다. 위험 지수의 민감도와 특이도는 두 그룹에서 거의 동일하다.

- 남성 피고인의 민감도는 63%, 여성 피고인은 61%이다.
- 특이도는 두 그룹 모두 68%에 가깝다.

하지만 기저율은 다르다. 남성 피고인의 약 47%가 다른 범죄로 기소된 데 비해 여성 피고인의 경우는 36%였다.

1000명의 남성 피고인 그룹에서, 다음 표는 고위험 지수를 받을 것으로 예상되는 사람의 수와, 그들 중에서 다시 범죄를 저지를 사람의 비율을 보여준다.

	피고인 수	고위험 확률(%)	고위험 피고인 수	비율(%)
재기소된 경우	470	0.63	296	63.7
재기소되지 않은 경우	530	0.32	169	36.3

고위험 지수를 받은 남성 피고인들 가운데 약 64%가 또다른 범죄로 기소됐다. 다음은 그와 비교한 1000명의 여성 피고인들의 통계다.

	피고인 수	고위험 확률(%)	고위험 피고인 수	비율(%)
재기소된 경우	360	0.61	219	51.8
재기소되지 않은 경우	640	0.32	204	48.2

고위험 지수를 받은 여성 피고인들 가운데, 52%만이 또다른 범죄로 기소

됐다. 그리고 그것은 우리가 예상한 결과이기도 하다. 만약 그 검사가 동일한 민감도와 특이도를 보이더라도 두 그룹의 기저율이 다르다면, 두 그룹은 다른 예측치를 가질 것이다.

이제 인종 그룹들을 고려해 보자. 프로퍼블리카 기사가 보도한 대로, 콤파스의 민감도와 특이도는 백인과 흑인 피고인들 사이에서 상당히 다르다.

- 민감도는 백인 피고인들의 경우 52%, 흑인 피고인들은 72%이다.
- 특이도는 백인 피고인들의 경우 77%, 흑인 피고인들은 55%이다.

민감도의 나머지값은 "허위 음성률false negative rate", 혹은 FNR로, 이 경우 부당하게 저위험 지수를 받은 범죄자들의 비율이다. 백인 피고인들의 허위 음성률은 48%(52%의 나머지값)이며 흑인 피고인들의 경우는 28%이다. 그리고 특이도의 나머지값은 "허위 양성률false positive rate", 혹은 FPR로, 부당하게 고위험 지수를 받은 비범죄자들의 비율이다. 백인 피고인들의 허위 양성률은 23%(77%의 나머지값)이고 흑인 피고인들은 45%이다.

달리 말하면, 흑인 비범죄자들은 부정확한 고위험 지수의 피해를 입을 가능성이 거의 두 배나 더 높다. 그리고 흑인 범죄자들은 부당한 저위험 지수의 혜택을 누릴 공산이 현저히 더 낮다. 이것은 명백히 불공평하다. 에릭 홀더Eric Holder 미 법무부장관이 2014년에 썼듯이(프로퍼블리카의 기사에 인용된 대로), "비록 이런 평가 기준은 선의로 개발됐지만, 나는 그것이 의도치 않게 개별적이고 평등한 정의를 확보하려는 우리의 노력을 훼손하고, 현행 형사 사법체계와 우리 사회에 이미 만연된 부당한 불평등을 더욱 악화하고 있다는 점을 우려한다."

하지만 이야기는 거기에서 끝나지 않는다.

공정성은 정의하기 어렵다

프로퍼블리카의 기사가 발표되고 몇달 뒤, 「워싱턴포스트」는 "보석과 형량 결정에 사용되는 컴퓨터 프로그램이 흑인들에게 편향적이라는 주장. 실상은 그리 명백하지 않다"라는 설명적 제목으로 그에 대응했다. 이 신문은 흑인 피고인들의 허위 양성률은 더 높고 허위 음성률은 더 낮다는 프로퍼블리카 기사의 결과들이 정확하다는 점은 인정한다. 그러면서도 흑인과 백인 두 그룹의 양성 예측치와 음성 예측치는 거의 비슷하다고 지적한다.

- **양성 예측치**: 고위험 지수를 가진 사람들중 백인 피고인은 59%가, 흑인 피고인은 63%가 또다른 범죄로 기소됐다.
- **음성 예측치**: 저위험 지수를 가진 사람들중 백인 피고인은 71%가, 흑인 피고인은 65%가 다시 기소되지 않았다.

따라서 이런 면으로 볼 때는 그 검사가 공정하다. 양쪽 그룹에서 고위험 지수는 같은 의미를 지닌다. 즉, 대체로 비슷한 확률의 재범률recidivism을 보여준다는 말이다. 그리고 저위험 지수도 비슷한 수준의 재범하지 않을 확률과 상응한다.

기이하게도, 콤파스는 성별 기준에서 한 유형의 공정성을 확보했고 인종 기준에서 또다른 유형의 공정성을 성취했다.

- 남성과 여성 피고인들의 경우, 오류율(error rate, 허위 양성과 허위 음성)은 대체로 같지만, 예측치는 다르다.
- 흑인과 백인 피고인들의 경우, 오류율은 상당히 다르지만, 예측치(양성 예측치와 음성 예측치)는 대체로 같다.

콤파스 알고리듬은 기업 비밀이기 때문에 그것이 왜 이런 식으로 설계되었는지, 혹은 이런 불일치가 의도적인지의 여부조차 알 길이 없다. 하지만 이 불일치는 필연적인 게 아니다. 콤파스는 모든 네 그룹들에서 균등한 오류율이나, 균등한 예측치를 갖도록 조정할 수 있다. 그러나, 동일한 오류율과 동일한 예측치를 둘다 한꺼번에 가질 수는 없다. 왜 그런지는 이미 앞에서 확인했다. 만약 오류율이 같고 기저율이 다르다면 다른 예측치가 나온다. 다른 한편, 만약 예측치가 같고 기저율이 다르다면 다른 오류율이 나오게 된다.

이 지점에서 우리는 알고리듬은 태생적으로 불공정하므로, 알고리듬 대신 사람들에게 의존해야 한다고 결론짓고 싶은 유혹에 빠진다. 하지만 이 선택은 생각만큼 매력적이지 않다. 첫째, 그것이 실제로 문제를 해결하지는 않는다. 알고리듬과 마찬가지로, 인간 판사도 다른 그룹들에 대해 균등한 오류율과 균등한 예측치를 동시에 성취할 수 없다. 인간이나 기계나 수학을 벗어날 수는 없다.

둘째, 만약 그 직무가 데이터를 사용해 예측을 생성하는 것이라면, 인간은 거의 언제나 알고리듬보다 열등하다. 왜 그런지 보기 위해, 사람과 알고리듬이 서로 일치하지 않는 이유들을 고려해 보자.

1. 인간은 알고리듬이 사용할 수 없는 추가적인 정보를 고려할 수 있을 것이다. 예를 들면, 판사는 피고인의 법정내 행동을 근거로 그가 잘못을 뉘우치는지 평가할 수 있을 것이다.
2. 인간은 알고리듬과 똑같은 정보를 참작하더라도 다른 변수들에 다른 비중을 둘 수 있다. 예를 들면, 판사는 알고리듬보다 나이에 더 비중을 두고, 과거 체포 경력에는 덜 비중을 둘지 모른다.
3. 인간은 알고리듬이 아무런 영향도 받지 않는 정치적 신념, 개인적 편견, 기분 같은 변수들에 영향을 받을 수 있다.

입장을 바꿔 보면,

1. 만약 인간 판사가 알고리듬보다 더 많은 정보를 사용한다면, 추가 정보는 유효할 수도 유효하지 않을 수도 있다. 유효하지 않다면 아무런 이점이 없다. 유효하다면 그것은 알고리듬에 포함될 수 있다. 예를 들어, 판사들이 피고가 뉘우치고 있거나 뉘우치지 않고 있다는 자신들의 판단을 녹음한다면, 그들의 평가가 실제로 예측 가능한지 점검해볼 수 있고, 만약 가능하다고 여겨지면 그것을 알고리듬에 더할 수 있다.
2. 만약 인간 판사가 알고리듬과 비교해 일정 변수들에 더 큰 비중을 두고, 다른 변수들에 덜 비중을 둔다면, 그 결과들은 더 나아질 가능성이 없다. 따지고 보면, 어떤 변수가 예측 가능하며 각 변수에 얼마만 한 비중을 둬야 할지 파악하는 것이야말로 알고리듬을 설계한 목적이고, 알고리듬은 그런 일에 인간보다 대체로 더 낫다.
3. 마지막으로, 판사들은 저마다 일관되게 다르며, 시간이 지남에 따라 스스로도 판단이 달라진다는 증거가 많다. 어떤 재판의 결과는 그 사안이 엄격한 판사나 관대한 판사에게 배정되느냐에 따라, 혹은 재판을 점심 전이나 후에 하느냐에 따라 달라져서는 안 된다. 그리고 무엇보다 판사가 인종, 성별, 그리고 다른 소속 단체에 근거한 편견으로 판결해서는 안 될 터이다.

알고리듬이 이런 유형의 편견으로부터 자유롭다는 보장이 있어야 한다는 뜻은 아니다. 만약 그것이 이전의 결과에 근거하고, 그 결과가 편향적이었다면, 알고리듬은 그런 편향을 반복하고 영구화할 수 있다. 예를 들면, 프로퍼블리카가 콤파스의 유효성을 확인하기 위해 사용한 데이터세트는 각 피고인이 주어진 관찰 기간 동안 또다른 범죄로 기소됐는지의[charged] 여부를 나타낸다. 하지만 우리가 정말로 알고 싶은 것은 그 피고가 또다른 범죄를 저질렀는지의committed 여부이고, 둘은 같지 않다.

범죄를 저지른 모두가 기소되지는 않는다. 어림도 없다. 특정한 범죄로 기소될 확률은 범죄의 유형과 위치, 증인들의 존재와 그들이 경찰과 협력할 용의, 어디를 정찰하고 무엇을 수사하며 누구를 체포할지에 관한 경찰의 결정, 그리고 누구를 기소할지에 관한 검사들의 결정에 따라 달라진다. 이 모든 변수 하나하나는 피고인의 인종과 성별에 따라 달라질 가능성이 높다.

이런 유형의 데이터 편향은 콤파스 같은 알고리듬이 지닌 문제이다. 하지만 그것은 사람이 가진 문제이기도 하다. 편향된 데이터에 노출되면, 우리는 편향된 판단을 내리는 경향이 있다. 차이점은 인간은 다룰 수 있는 데이터의 양이 더 적고, 그로부터 신뢰할 만한 정보를 추출해 내는 능력도 떨어진다. 같은 데이터로 훈련시키면, 알고리듬은 평균적인 판사와 비슷한 편향을 보이겠지만 최악의 판사보다는 덜 편향적이며, 다른 어떤 판사보다도 덜 시끄러울 것이다.

또한 알고리듬은 사람보다 교정하기가 더 쉽다. 어떤 알고리듬이 편향된 것을 발견하면 그 문제를 파악할 수 있고 바로잡을 수도 있다. 만약 우리가 사람들에 대해 그렇게 할 수 있었다면, 세상은 더 좋은 곳이 됐을 것이다. 이 모든 이유 때문에, 나는 콤파스 같은 알고리듬이 형사 사법체계에 기여할 여지가 있다고 생각한다. 하지만 그러자면 조정calibration의 문제로 돌아가야 한다.

공정성은 성취하기 어렵다

예측성 알고리듬을 형사 사법체계에 사용하면 안 된다고 생각하는 사람들도 있지만 현실은 우리가 이미 그것을 사용하고 있다는 점이다. 따라서 우리는 적어도 몇몇 어려운 질문들에 대답하지 않으면 안 된다.

1. 우리는 예측치가 모든 그룹들에 동일하도록 알고리듬을 조정하고 (흑인과 백인 피고인들의 경우에서 보듯) 다른 오류율을 수용해야 하는가?
2. 아니면 오류율이 모든 그룹들에 동일하도록 알고리즘을 조정하고 (남성과 여성 피고인들의 경우에서 보듯) 다른 예측치를 수용해야 하는가?
3. 아니면 두 극단 사이를 절충해 다른 오류율, 그리고 다른 예측치를 수용해야 하는가?

우리가 첫 두 선택지 중 하나를 고르면, 두 가지 문제에 직면하게 된다. 그룹들의 숫자는 크고, 모든 피고인은 그 그룹들 중 여러 곳에 속하게 된다. 50세의 아프리카계 미국인 여성 피고를 고려해 보자. 그녀가 속한 그룹의 허위 양성률은 무엇일까? 앞에서 본 것처럼, 흑인 피고인의 허위 음성률은 45%이다. 하지만 흑인 여성의 허위 양성률은 40%이다. 45세 이상인 여성은 15%이고 45세 이상인 흑인 여성은 24%이다. 허위 음성률에서도 같은 문제가 나온다. 예를 들면, 백인 피고인의 허위 음성률은 48%지만 백인 여성은 43%이다. 25세 미만인 여성은 18%이고 25세 미만인 백인 여성은 고작 4%밖에 되지 않는다!

양성 예측치와 음성 예측치는 그룹들 간에는 크게 다르지 않지만 극단 수치를 찾는다면 상당히 다르다는 점을 알 수 있다. 매우 작은 그룹들을 제외하고 살펴본 하위 그룹들subgroups 중에서,

- 콤파스는 25세 미만인 흑인 남성들에서 가장 높은 양성 예측치인

70%를 보여준다. 가장 낮은 양성 예측치 수치는 45세 이상의 히스패닉 피고인들로 29%이다.

- 콤파스는 25세 미만인 백인 여성들에서 가장 높은 음성 예측치인 95%를 보여준다. 가장 낮은 음성 예측치 수치는 인종 범주가 '기타'로 분류된 25세 미만의 남성들로 49%이다.

6개의 인종 범주, 3개의 연령대, 2개의 성별을 함께 고려하면 81개의 하위 그룹을 갖게 된다. 알고리듬이 이 모든 그룹들에서 동일한 오류율이나 동일한 예측치를 갖도록 조정하는 것은 가능하지 않다.

그러면, 그룹들 간에 다양한 오류율과 예측치를 갖도록 허용하는 알고리듬을 사용한다고 가정해 보자. 어떻게 그것을 설계하고, 어떻게 그것을 평가해야 할까? 먼저 몇 가지 원칙들을 제시해 본다.

1. 만약 수감의 목표 중 하나가 범죄를 줄이는 것이라면, 석방될 경우 재범하지 않을 사람보다는 또다른 범죄를 저지를 사람을 계속 감옥에 가둬 두는 것이 더 낫다. 물론 우리는 누가 재범할지 확신할 수 없지만 확률적 예측은 내릴 수 있다.
2. 정확한 예측이 공익에 부합한다. 그렇지 않다면 필요 이상으로 많은 사람들을 수감하거나, 필요 이상으로 더 많은 재범을 용인하거나 아니면 둘 다를 허용하는 사태로 이어질 것이다.
3. 그러나, 정의 구현 차원에서 어느 정도의 정확도는 희생할 용의가 있어야 한다. 예를 들면, 거의 모든 면에서 비슷한 남성과 여성 피고인을 비교했을 때 여성의 재범 확률이 더 높게 나왔다고 치자. 그런 경우, 알고리듬에 성별 변수를 더하면 정확도가 개선될 수 있다. 그럼에도 불구하고, 그것이 법적 평등의 원칙에 위배된다면 이 정보를 배제하기로 결정할 수도 있다.

4. 형사 사법체계는 공정해야 하며, 공정하다고 일반에 인식돼야 한다. 그러나, 공정성에는 서로 충돌하는 규정들이 있고, 그 모두를 만족시키기는 수학적으로 불가능하다는 점을 앞에서 확인했다.

설령 이 원칙들이 우리의 결정을 이끌어야 한다고 동의하더라도, 이것은 어떤 결정보다는 논의를 위한 틀을 제공할 뿐이다. 예를 들면, 사람들은 알고리듬에 어떤 변수들이 포함돼야 하는지를 놓고 논쟁을 벌일 수 있다. 나는 앞에서, 설령 예측의 정확도를 개선한다고 해도 성별 변수는 제외돼야 한다고 제안했다. 같은 이유로, 우리는 인종도 배제해야 할지 모른다.

하지만 나이는 어떨까? 만약 두 피고인이 모두 비슷한데 나이만 한 사람은 25세이고 다른 사람은 50세라면, 젊은 쪽이 재범할 확률이 상당히 더 높다. 그러므로 나이를 포함한 알고리듬이 그렇지 않은 쪽보다 더 정확할 것이다. 그리고 표면적으로 볼 때, 누군가를 연로하다는 이유로 석방하는 것이 명백히 부당해 보이지는 않는다. 하지만 인종이나 성별처럼 한 사람이 자기 나이를 선택하는 것은 아니다. 그런 면에서는 어떤 원칙이 인종과 성별은 배제하면서 나이는 포함시키는 결정을 정당화하는지 분명치 않다.

이 사례의 핵심은 이런 결정들이 어렵다는 점이다. 그런 결정의 기반이 되는 가치가 보편적이지 않기 때문이다. 다행히 우리는 사람들이 서로 동의하지 않을 때 결정을 내릴 수 있는 공공 담론이나 대의적 민주주의 같은 틀이 있다. 하지만 위 문장의 키워드는 '공공public'과 '대의적representative'이다. 우리가 형사 사법체계에서 사용하는 알고리듬은 공공 담론의 주제여야지, 기업 비밀이어서는 안 된다. 그리고 그 담론은 범죄의 가해자와 피해자를 비롯한 모든 관련 인사들을 포함해야 한다.

기저율의 모든 것

때로 기저율의 오류는 재미있다. 이런 아주 오래된 농담이 있다. "교통사고의 21%가 음주 운전자들에 의한 것이라는 글을 읽었네. 그게 무슨 뜻인지 아나? 그건 교통사고의 79%는 술 취하지 않은 멀쩡한 운전자들이 일으켰다는 뜻이지. 술 취하지 않은 운전자들은 안전하지 않아 — 그 자들이 운전 못하게 해야 돼!" 그리고 때로 기저율은 xkcd 만화가 이렇게 설명하듯 뻔하다. "명심해, 모든 기저율 오류의 90%는 오른손잡이들이 저지르는 거라고."

하지만 더 많은 경우는 잘 드러나지 않는다. 누군가가 어떤 의료 검사는 정확하다고 말할 때, 그는 보통 그것이 민감하고sensitive 특이하다는specific 뜻이다. 즉, 그것이 탐지하는 조건이 존재한다면 양성 결과를 보여주고, 그런 조건이 부재하면 음성 결과를 보여줄 가능성이 높다는 뜻이다. 그리고 그것은 검사가 가져야 할 좋은 특성들이다. 하지만 그것들은 우리가 정말로 알고 싶은 것, 즉 특정한 결과가 정확한지의 여부를 알려주는 데는 미흡하다. 그 때문에 우리는 기저율이 필요하며, 그것은 검사의 환경에 좌우될 때가 많다.

예를 들어 특정한 질병의 증상이 있어서 의사를 찾았고, 의사가 그런 질병 여부를 검사한다면 그것은 진단 검사이다. 만약 그 검사가 민감하고 특이하다면 결과는 양성이며, 당신은 그 질병을 가졌을 가능성이 높다. 하지만 아무런 증상이 없지만 정기 검진 차 의사를 찾아갔는데 그 결과가 양성이라면, 당신이 그 질병을 가졌을 확률은 설령 그 검사의 특이도가 높다고 하더라도 낮을 것이다. 당신이 이런 점을 아는 것은 중요하다. 왜냐하면 당신의 의사는 기저율을 모르고 있을 가능성이 높기 때문이다.

출처와 관련 문헌

- COVID-19 항원 검사의 민감도와 특이도는 「뉴욕타임스」의 'Wirecutter(와이어커터)' 기획 기사로 보도됐다[64].
- 오리진Orig3n 랩에서 나온 허위 양성 COVID-19 검사는 「Boston Globe(보스턴글로브)」가 보도했다[80].
- 의사들에게 한 의료 검사 결과를 해석하도록 요청한 실험은 「JAMA Internal Medicine(JAMA 내과 저널)」에 실렸다[74].
- 대마 흡입후 운전을 한 혐의로 잘못 체포된 조지아주 운전자들의 이야기는 조지아주 애틀랜타의 11 Alive(11 얼라이브), WXIA-TV가 보도했다[58].
- 위 사건에 대해 ACLU가 피해자들을 대신해 제기한 불만과 항소 내용은 ACLU 웹사이트에 실려 있다[36].
- 1985년의 랩 테스트와 DRE 프로토콜은 미국 고속도로교통안전국National Highway Traffic Safety Administration의 기술 보고서에 실려 있다[14]. 1986년 현장 검사는 또다른 기술 보고서에 나와 있다[20].
- 이름을 밝히지 않은 언론인이 출연해 기저율 오류를 저지른 팟캐스트는 'The Joe Rogan Experience(조 로건 익스피리언스)'이다[39].
- 그가 보고한 데이터는 영국 공중보건국에서 나왔다[24].
- 콤파스에 관한 프로퍼블리카 기사와 「워싱턴포스트」의 반응은 온라인에서 구해 볼 수 있다[7][22].
- 컴퓨터의 편향에 관한 논의는 'Elements of Data Science(데이터 과학의 요소들)' 커리큘럼의 일부로 포함된 사례 연구에 근거한다[33]. 내가 그 데이터를 분석하는 데 사용한 파이썬 코드는 주피터

노트북에서 구할 수 있다[34].

- 인간 판사들의 괴팍한 행태에 관한 논의는 『Noise: A Flaw in Human Judgment』(HarperCollins, 2021)의 1장을 읽어보시라고 권한다[57].
- 2016년 콤파스를 만든 회사는 노스포인트Northpointe이다. 프로퍼블리카 기사가 나간 뒤, 그 회사의 이름은 에퀴반트Equivant로 바뀌었다.
- 기저율 오류에 관한 만화 xkcd의 번호는 2476이다[82]. 근처에 적힌 텍스트는 "물론, 인구 1인당으로 기준치를 조정할 수도 있지만 문제를 풀고 싶다면, 이것이 바로 초점을 맞춰야 할 그룹이야."라고 돼 있다.
- 2022년 1월 「뉴욕타임스」의 'The Upshot' 블로그에 실린 한 글은 희귀한 유전자 질환을 진단하는 검사의 높은 허위 양성률을 논의하고 있다[60].
- 2022년 「뉴욕타임스」에 실린 한 기사는 희귀 암들에 대한 검사의 증가가 가진 잠재적 해악을 논의하고 있다[61].

10장

펭귄, 염세주의자 그리고 역설

2021년, 내가 9장에서 언급한 그 언론인은 COVID 팬데믹에 관한 허위 기사들을 잇따라 보도했다. 그의 실명을 거론하지는 않겠지만, 4월 1일, 만우절에 걸맞게 시사잡지 「Atlantic」은 그를 '팬데믹 최악의 오보 맨Pandemic's Wrongest Man'으로 꼽았다. 11월 이 언론인은 '60세 이하 영국 백신 접종자는 같은 연령대 비접종자의 비율보다 두 배 높은 사망률을 보인다'라는 제목의 온라인 뉴스레터를 게재했다. 그와 함께 젊은 접종자의 전체 사망률이 2021년 4월과 9월 사이에 증가했고, 실상은 백신 비접종자들보다 백신 접종자의 사망률이 더 높았음을 보여주는 그래프를 더했다.

예상하다시피, 이 뉴스레터는 대중의 많은 관심을 끌었다. 백신 회의론자들 사이에서, 그것은 백신이 비효율적일 뿐 아니라 심지어 해롭다는 증거처럼 보였다. 그리고 팬데믹 종식이 백신에 달렸다고 믿었던 사람들에게는 중대한 타격으로 여겨졌다. 많은 사람들이 그 기사의 '팩트 체크'에 나섰고, 처음에는 그 결과가 팩트인 것처럼 보였다. 그 그래프는 영국의 국립통계청이 발표한 데이터를 정확히 반영한 것 같았다. 구체적으로, 그 그래프는 2021년 3월부터 9월까지 10-59세의 영국인들의 원인을 불문한 사망률을 나타냈다. 그리고 4월과 9월 사이에, 이 비율은 완전접종자들 사이에서 백신 비접종자들과 비교해 거의 두 배 더 높았다. 그러니 그 결과에 대한 이 언론인의 묘사는 정확했다.

그러나 백신이 더 많은 사망을 초래한다는 그의 결론은 전적으로 틀린 것이었다. 실상은, 그가 보고한 데이터는 백신이 이 인구 대에서 안전하고 효과적이며, 명백하게 수많은 생명을 구했음을 입증한다. 그렇다면 어떻게 증가한 사망률이 구제된 생명들의 증거일 수 있느냐고 당신은 반문할지 모른다. 대답은 심슨의 역설Simpson's paradox에 있다. 그것을 전에 본 적이 없다면, 심슨의 역설은 불가능해 보일 수 있다. 하지만 그것이 가능할 뿐 아니라 일상적이라는 점을 지금부터 보여주겠다. 그리고 충분히 많은 사례들을 보고 나면 더 이상 놀랍지도 않을 것이다. 쉬운 사례로 시작해 더 복잡한 내용으로 옮아가도록 하자.

늙은 낙관주의자, 젊은 비관주의자

당신은 사람들이 대부분의 경우 도움을 주려고 노력한다고 보는가, 아니면 대개 자신들의 이익에 급급하다고 보는가? 1972년 이후 거의 매년, GSS(General Social Survey, 일반사회조사)는 이 질문을 미국 성인 주민들의 대표 표본들에게 던졌다. 다음 그림은 시간이 지나면서 어떻게 응답이 바뀌었는지 보여준다. 회색 점들은 각 조사에서 도움을 주려 노력한다고 대답한 사람들의 비율이다.

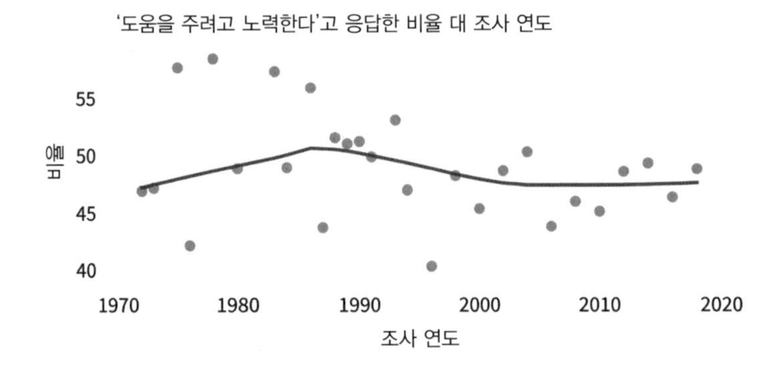

그 비율은 해마다 다른데, 부분적으로는 GSS가 각 조사에서 다른 사람들을 포함하기 때문이다. 극단적 수치들을 보면, 1978년 약 58%가 "도움을 주려고 한다"고 대답한 반면, 1966년에는 겨우 40%만이 그렇게 대답했다. 그림의 실선은 LOWESS 곡선을 보여주는데, 이것은 단기적 변이를 부드럽게 만들어 장기적 트렌드를 보여주기 위한 통계적 방식이다. 극단적으로 높고 낮은 값을 배제하면, 낙관주의자들의 비율은 1990년 이후, 약 51%에서 48%로 감소한 것 같다.

이 결과들은 언제 질문하느냐에 따라서만 달라지지 않는다. 누구에게 묻느냐에 따라서도 달라진다. 특히 이 결과들은 다음 그림에서 보듯이 응답자들이 언제 출생했느냐에 따라 표나게 달라진다.

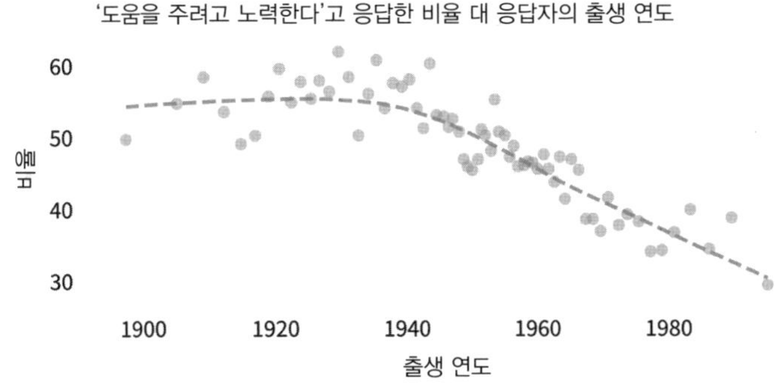

주목할 것은 x축이 응답자의 출생 연도이지 그들이 조사에 참여한 연도가 아니라는 점이다. GSS의 최고령 참가자는 1883년에 출생했다. GSS는 성인들만 대상으로 하기 때문에 2021년 현재, 가장 젊은 응답자는 2003년생이다. 이번 그림에서도 조사 결과의 변이도가 나타나며, 파선은 장기적 트렌드를 보여준다.

1940년대에 태어난 사람들을 시작으로, 인간성에 대한 미국인들의 신뢰는 꾸준히 하락해 왔다. 1930년 이전에 태어난 사람들의 경우 55%였던 것이 1990년 이후 태어난 사람들의 경우는 약 30%밖에 되지 않았다. 그것은 상당한 감소다! 무슨 일이 벌어지는지 파악하기 위해, 1940년대에 태어난 사람들을 부각해 보자. 다음 그림은 이 집단에서 도움을 주려 노력한다고 대답한 사람들의 비율을 시간대에 따라 보여준다.

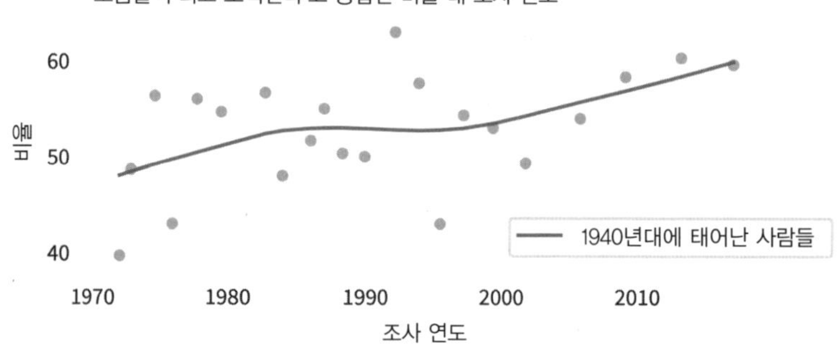

이번에도 해마다 다른 사람들을 조사했고, 많은 변이도가 나타난다. 그럼에도 불구하고, 명확한 증가세가 보인다. 이 집단을 1970년대에 인터뷰했을 때 약 46%가 긍정적으로 응답했다. 2010년대에 인터뷰했을 때, 약 61%가 긍정적이었다. 그러니 이것은 놀라운 현상이다.

지금까지 우리는 다음과 같은 내용을 확인했다.

- 사람들은 시간이 지나면서 더욱 비관적으로 변했다.
- 그리고 이어지는 세대들은 더욱 비관적으로 변했다.
- 하지만 한 집단을 오랜 시간에 걸쳐 따라가 보면, 이들은 나이가 들수록 더 긍정적으로 변한다.

어쩌면 1940년대에 태어난 사람들에게 무엇인가 특이한 점이 있을지도 모른다. 이들은 2차 세계대전 직후에 어린 시절을 보냈고, 소비에트 연방과 냉전이 부상하는 기간에 청소년기를 보냈다. 이런 경험들은 이들을 더 불신적으로 만들어 1970년대 인터뷰에서 그와 같은 반응을 보였을지도 모른다. 그러다 1980년대를 거쳐 현재로 이르면서 이들은 수십년에 걸친 평화와 경제 발전의 혜택을 누렸다. 그리고 2010년대 인터뷰 무렵에는 대부분 은퇴했고 많은 경우 부유한 삶을 누리고 있었다. 그 때문에 이들의 사고방식은 더 긍정적으로 바뀌었을 것이다.

그러나, 이런 식의 추론에는 한 가지 문제가 있다. 나이가 들수록 긍정적으로 바뀌는 경향은 한 집단에만 국한된 현상이 아니었다. 모두가 그런 경향을 보였다. 다음 그림은 이 질문에 대한 대답을 10년 단위 출생년도로 묶고 시간의 흐름에 따른 변화를 보여준다. 명확성을 위해 연간 결과들을 보여주는 점들을 버리고 부드럽게 조정한 선들로 표시했다. 실선들은 각 집단 내의 흐름을 보여주는데, 그에 따르면 사람들은 나이를 먹으면서 더 낙관적이 된다. 파선은 전체 트렌드를 보여주는데, 평균적으로 사람들은 시간이 지나면서 덜 낙관적으로 바뀐다.

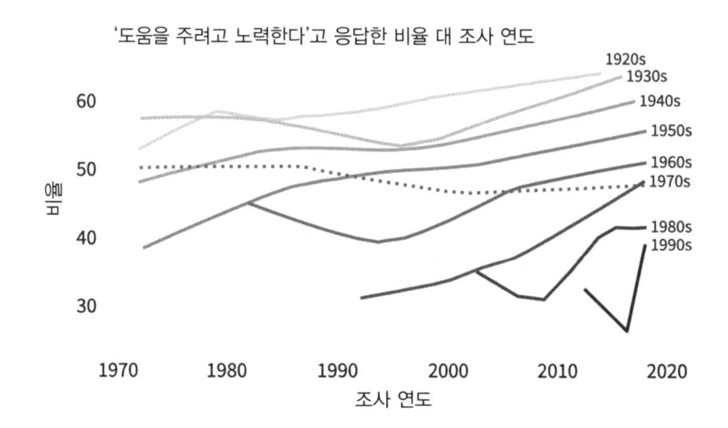

이것은 2차 세계대전중 블레칠리 파크Bletchley Park에서 일했던 암호 해독자codebreaker 에드워드 H. 심슨Edward H. Simpson의 이름을 딴 '심슨의 역설'의 한 사례다. 그것을 직접 본 적이 없는 사람들에게는 그 효과가 종종 불가능해

보인다. 만약 모든 그룹들이 증가하고 그 그룹들을 한 그룹으로 모두 통합했을 때, 어떻게 그 합이 감소할 수가 있는가? 이 사례에서, 해명은 '세대교체generational replacement'이다. 최고령에 더 낙관적인 집단이 사망으로 사라지는 자리를 가장 젊고 더 비관적인 집단이 대체하는 것이다.

이 세대들 간의 차이는 상당하다. 가장 근래 데이터에서, 1990년대에 태어난 응답자의 39%만이 남들에게 도움을 주려고 노력한다고 대답해, 1960년대 출생자의 51%, 그리고 1920년대 출생자의 64%와 대조를 이뤘다. 그리고 인구 구성은 지난 50여년간 눈에 띄게 변했다. 다음 그림은 조사가 시작된 1973년, 1990년 중반 근처, 그리고 가장 가깝게는 2018년 응답자들의 출생년도 분포도를 보여준다.

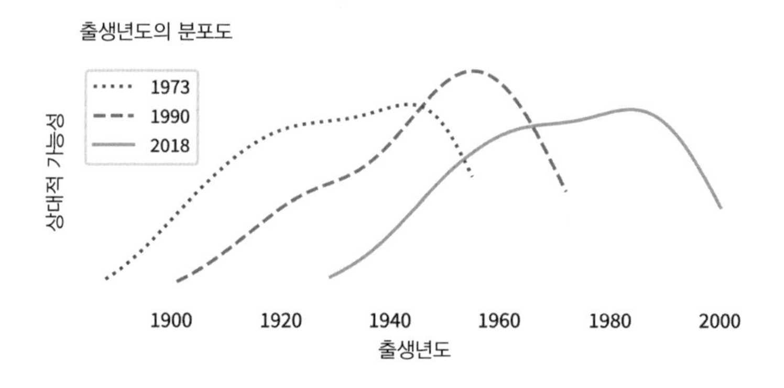

처음 조사가 시작될 무렵, 응답자의 대부분은 1890년과 1950년 사이에 태어났다. 1990년 조사에서 대다수 응답자는 1901년과 1972년 사이였다. 2018년 조사에서는 대부분은 1929년과 2000년 사이였다.

이 설명을 토대로, 나는 심슨의 역설이 더 이상 불가능해 보이지 않게 됐기를 바란다. 하지만 그래도 여전히 놀랍다면, 또다른 사례를 살펴보자.

실질 임금

2013년 4월, 「뉴욕타임스」의 금융 담당 수석 기자인 플로이드 노리스Floyd Norris는 “Median Pay in U.S. Is Stagnant, but Low-Paid Workers Lose(미국의 중간값 임금 정체, 그러나 저임금 노동자들은 손실)”이라는 제목의 기사를 썼다. 그는 미국 노동통계국Bureau of Labor Statistics의 데이터를 사용해 2000년과 2013년 사이, 교육 수준을 기준으로 분류한 중간값 실질 임금에서 다음과 같은 변화를 계산해냈다.

- 고교 미졸업자: −7.9%
- 고교 졸업, 대학 미진학: −4.7%
- 기타 전문대: −7.6%
- 대학 학사 학위나 그 이상 학위자: −1.2%

모든 그룹들에서, 2013년의 실질 임금은 2000년보다 낮아졌고, 그것이 이 기사의 메시지였다. 하지만 노리스는 중간값 실질 임금의 전체 변화도 보도했다. 같은 기간 동안, 전체적으로는 0.9% 임금이 증가했다. 여러 독자들은 노리스 기자가 실수를 저질렀다고 말한다. 모든 그룹들에서 임금이 줄고 있는데, 어떻게 전체 임금은 올라간단 말인가?

그 이유를 설명하기 위해, 나는 미국 인구조사국과 노동통계국이 공동 시행한 CPS(Current Population Survey, 현재인구조사)의 데이터를 사용해 노리스 기자의 기사 결과를 반복해 볼 것이다. 이 데이터세트는 1996년과 2021년 사이 조사에 참여한 약 190만 명의 임금과 교육 수준 자료를 담고 있다. 임금은 인플레이션을 감안해 조정한 수치로 1999년 달러화 수준에 맞췄다. 다음 그림은 시간의 흐름에 따른 각 교육 수준별 평균 실질 임금을 보여준다.

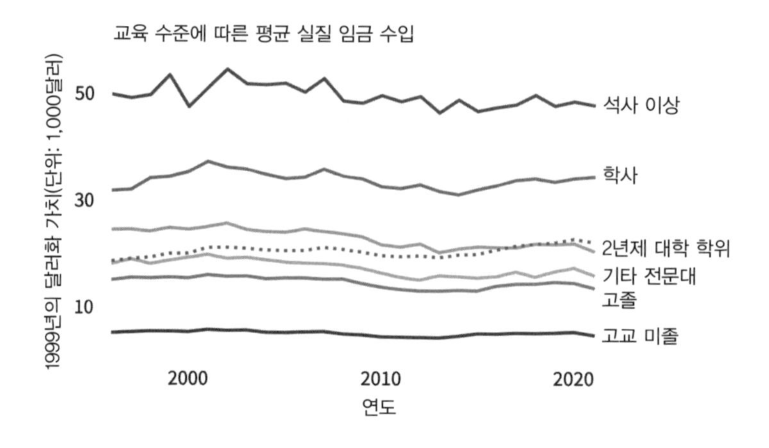

이 결과들은 노리스의 기사 내용과 일치한다. 모든 교육 수준에서 실질 임금은 줄었다. 2년제 대학 학위 소지자들의 감소세가 가장 가팔라서 26년간 연 190달러가 줄었다. 가장 적은 감소세는 고등학교를 졸업하지 않은 사람들로 연 30달러 수준이었다. 그러나, 만약 이 그룹들을 한데 통합하면, 점선이 보여주듯 실질 임금은 동기간 동안 매년 80달러 정도가 증가한 것으로 나타난다. 다시 한번, 이것은 모순처럼 보인다.

이 사례에서, 해명은 교육 수준들이 이 기간 동안 상당히 변했다는 것이다. 다음 그림은 각 교육 수준의 인구 비율이 시간이 지남에 따라 어떻게 변해왔는지 보여준다.

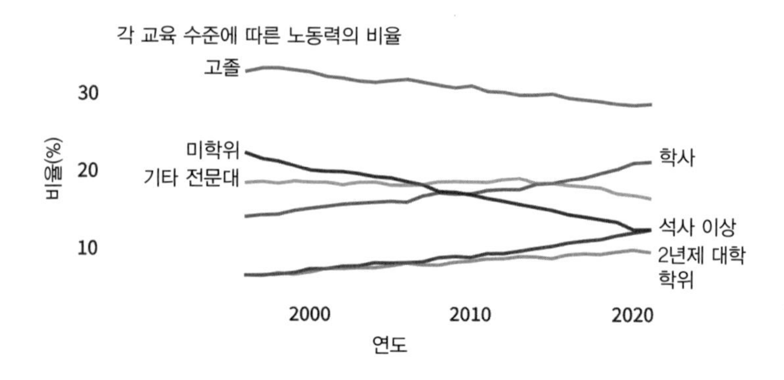

1996년과 비교해, 2021년에는 사람들의 교육 수준이 더 높아졌다. 2년제 대학 학위, 학사 학위, 혹은 석사 이상 학위를 가진 그룹들이 3-7% 증가했다. 한편 학위 미소지자, 고졸자, 혹은 기타 전문대 졸업자의 그룹은 2-10% 감소했다.

따라서 실질 임금의 전체적 증가는 어느 특정 수준에서 급여가 높아졌기 때문이 아니라 응답자들의 교육 수준이 바뀌었기 때문이다. 예를 들면, 학사 학위 소지자의 2021년 평균 임금은 1996년에 비해 더 낮다. 하지만 2021년에는 아무나 무작위로 선택할 경우 학사 학위(또는 그 이상)를 소지했을 확률이 1996년보다 높고, 이들은 평균적으로 다른 교육 수준의 경우보다 더 많은 임금을 받는다.

지금까지 살펴본 두 사례에서, 심슨의 역설에 대한 해명은 인구는 여러 그룹의 혼합이고 그 혼합의 비율은 시간에 따라 변화한다는 것이다. GSS 사례의 경우, 인구는 세대들의 혼합이고 더 나이든 세대는 더 젊은 세대에 의해 대체된다는 것이다. CPS의 경우로 보면, 인구는 교육 수준들의 혼합이고 각 교육 수준에 해당하는 사람들의 비율은 시간에 따라 변화한다는 것이다.

하지만 심슨의 역설은 x축의 변수로 꼭 시간을 요구하지는 않는다. 더 일반적으로, 심슨의 역설은 x축과 y축에 어떤 변수를 놓든, 어떤 세트의 그룹에서든 발생할 수 있다. 이를 입증하기 위해 시간에 구애받지 않는 일례를 살펴보기로 하자.

펭귄들

2014년 일단의 생물학자들은 남극 파머 연구 정거장Palmer Research Station 근처에 사는 3종의 펭귄들로부터 수집한 측정값을 발표했다. 344마리의 펭귄을 조사해 수집한 데이터세트는 체질량body mass, 물갈퀴 길이, 부리의 가로 길이와 세로 길이를 포함하는데, 특히 부리는 능선稜線, culmen[1]이라고 불리는 부위를 측정했다. 이 데이터세트는 머신러닝 전문가들 사이에서 인기를 끌게 됐는데, 온갖 유형의 통계적 방법, 특히 분류 알고리듬classification algorithms을 시연하는 재미난 방법이기 때문이다.

이 데이터세트를 무료로 공개하는 데 기여한 환경학자 앨리슨 호스트Allison Horst는 이 데이터를 심슨의 역설을 입증하는 데 사용했다. 다음 그림은 호스트가 발견한 한 사례를 보여준다.

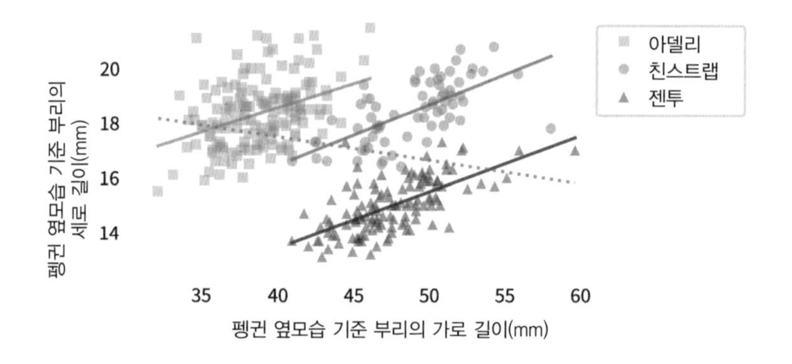

각 표지는 개별 펭귄의 옆모습을 기준으로 한 부리의 가로와 세로 길이를 대표한다. 다른 모양의 표지는 아델리, 친스트랩, 젠투라는 펭귄 종들을 표시한다. 실선들은 각 종에서 최적 수치를 나타낸다. 세 종 모두에서 부리의 가로 길이와 세로 길이 간에 양의 상관관계가 존재한다. 가로로 하향하는 점선은 세 종의 펭귄 모두에 최적인 수치를 표시한다. 종들 사이에서, 가로 길이와 세로 길이 간에 음의 상관관계가 나타난다.

이 사례에서, 종들 내부의 상관관계는 일정한 의미를 지닌다. 가로 길이

1 culmen은 조류의 부리에 있는 중앙 세로선의 융기를 뜻하는 단어인데, 펭귄의 경우 옆모습을 기준으로 한 부리의 가로 길이와 세로 길이를 가리킨다. – 옮긴이

와 세로 길이가 상관관계를 갖는 가장 유력한 이유는 둘 다 몸 크기와 상관성을 갖기 때문이다. 더 몸집이 큰 펭귄은 더 큰 부리를 갖는다. 그리고 다른 종들이 저마다 다른 점들 주위에 무리지어 놓인 것도 의미심장하다. 다윈이 갈라파고스 핀치Galapagos finch[2]를 관찰해 설파했듯이 새의 부리는 일반적으로 그 종의 생태적 환경에 맞춰 다른 모양을 갖는다. 만약 다른 펭귄 종들이 다른 식습관을 갖고 있다면, 이들의 부리는 그런 특성에 맞춰 분화했을 가능성이 높다.

그러나, 여러 종들로부터 채취한 표본들을 한데 더하면 이 변이들의 상관관계는 더 낮아지는데, 이것은 통계적 가공물이다. 어떤 종을 고를지, 그리고 각 종에서 얼마나 많은 펭귄들을 측정할지에 따라 달라진다. 따라서 이것은 실제로 별 의미가 없다.

펭귄들의 사례는 흥미로울지 모르지만, 개들의 경우는 심슨의 역설을 새로운 수준으로 끌고 간다. 2007년, 네덜란드 레이덴 대학교Leiden University와 스위스 베른 소재 자연사박물관의 생물학자들은 심슨의 역설이 적용되는 비상한 사례를 다음과 같이 묘사했다.

- 종들을 비교하면, 체중과 수명 간에는 양의 상관관계가 존재한다. 대체로 더 큰 동물이 더 오래 산다.
- 그러나, 개의 품종들을 비교하면 음의 상관관계가 나타난다. 평균적으로 더 큰 품종일수록 수명이 더 짧다.
- 그러나, 같은 품종의 개들을 비교하면, 다시 양의 상관관계가 존재한다. 더 큰 개는 같은 품종의 더 작은 개보다 더 오래 살 것으로 예상된다.

2 다윈 핀치라고도 불린다. 갈라파고스제도의 여러 섬에 살며, 주로 먹이의 종류에 따라 동일한 계통이면서도 부리 모양이 다르다. – 옮긴이

요약하면, 코끼리는 쥐보다 더 오래 살고, 치와와는 그레이트데인[3]보다 더 오래 살며, 몸집 큰 비글[4]이 작은 비글보다 더 오래 산다. 이 경향은 종, 품종, 그리고 개체 수준에서 다르다고 할 수 있다. 각 수준의 관계는 다른 생물학적 과정에 의해 결정되기 때문이다. 이런 결과들은 그룹들 '내부의 within' 경향과 그룹들 '간의between' 경향이 같다고 생각한 경우에만 어리둥절하게 여겨진다. 그것이 사실이 아니라는 점을 깨닫고 나면, 역설은 해소된다.

심슨의 처방

심슨의 역설을 보여주는 가장 당혹스러운 사례들 중 몇몇은 의료계에서 나온다. 이를테면 어떤 처방이 남성에게 효과적이고, 여성에게 효과적인데도, 둘을 합친 사람들 전반에는 비효과적이라는 내용이다. 이런 사례들을 이해하기 위해 GSS로부터 얻은 유사 사례로 시작하자. 1973년 이래로, GSS는 응답자들에게 이런 질문을 던졌다. "이 근처에서 — 다시 말해 1.6km 반경 안에서 — 밤에 혼자 걷기 무서운 지역이 있습니까?" 이 질문에 응답한 3만 7000명 이상의 참가자들 중 약 38%는 "예"라고 대답했다. 1974년 이후, GSS는 또한 "이 나라에서 이혼하기는 지금보다 더 쉬워져야 할까요, 아니면 더 어려워져야 할까요?"라는 질문을 던졌다. 응답자의 약 49%는 이혼하기가 더 어려워져야 한다고 대답했다.

이제 두 질문을 두고, 당신이라면 이 응답들은 서로 상관관계가 있을 것이라고 짐작하는가? 다시 말하면, 밤에 혼자 걷기가 무섭다고 말하는 누군

---

3 털이 짧고 몸집이 아주 큰 개. – 옮긴이

4 몸집이 작은 사냥개. 만화 스누피의 모델이 비글이다. – 옮긴이

가는 이혼이 더 어려워져야 한다고 대답할 확률이 더 높을 것이라고 생각하는가? 드러난 사실은, 이들이 약간의 상관관계를 보인다는 점이다.

- 밤에 혼자 걷기가 무섭다고 말한 사람들 중 약 50%는 이혼이 더 어려워야 한다고 말했다.
- 무섭지 않다고 말한 사람들 중 약 49%는 이혼이 더 어려워야 한다고 말했다.

그러나, 이 상관관계를 너무 심각하게 받아들여서는 안 되는 이유가 몇 가지 있다.

- 그룹들 간 차이가 너무나 작아서, 설령 유효하다고 해도 어떤 실질적 차이로 이어지지는 않는다.
- 이것은 1974년부터 2018년까지 결과를 더한 것이기 때문에 둘 모두 시간에 따른 응답의 변화를 무시하고 있다.
- 이것은 사실은 심슨의 역설의 가공물이다.

세 번째 이유를 설명하기 위해, 남성과 여성의 응답을 따로 분리해서 보도록 하자. 다음 그림은 그 결과를 보여준다.

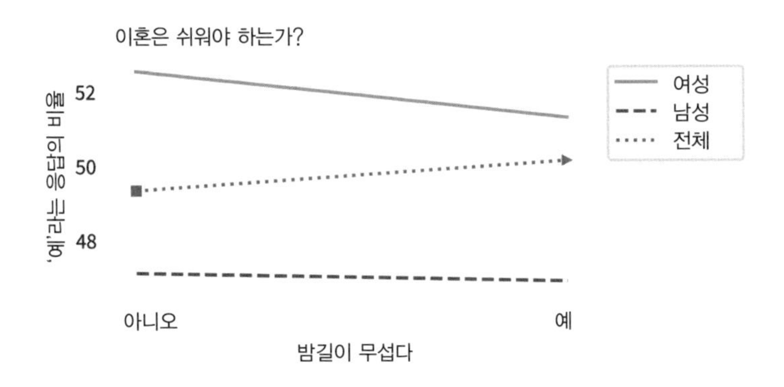

여성들의 경우, 밤길이 무섭다는 사람들은 이혼이 어려워야 한다고 대답할 가능성이 더 낮았다. 남성들의 경우, 밤길이 무섭다는 사람들 역시 이혼은 어려워야 한다고 대답할 가능성이 (아주 조금) 더 낮았다. 두 그룹 모두에서, 상관관계는 음(–)이지만 둘을 합치면 양(+)이다. 밤길이 무섭다는 사람들은 이혼이 어려워야 한다고 말할 공산이 더 크다.

심슨의 역설을 둘러싼 다른 사례들과 마찬가지로, 이것은 불가능한 상황으로 보인다. 하지만 다른 사례들에서 본 것처럼, 실상은 그렇지 않다. 이 경우 깨달아야 할 핵심 내용은 응답자의 성별과 두 질문들에 대한 이들의 대답 사이에 상관관계가 있다는 사실이다. 특히 밤길이 무섭지 않다고 말한 사람들 중 41%는 여성이고, 무섭다고 말한 사람들 중 74%는 여성이다. 사실은 이 비율을 위 그림에서 볼 수 있다.

- 왼쪽 사각 점은 남성과 여성간 비율의 41% 지점을 표시한다.
- 오른쪽 삼각 점은 남성과 여성간 비율의 74% 지점을 나타낸다.

두 경우 모두에서, 전체 비율은 남성과 여성 비율의 혼합이다. 하지만 왼쪽과 오른쪽은 다른 양상의 혼합이다. 그것이 바로 심슨의 역설이 가능한 이유이다.

이 사례를 이해했으니, 우리는 심슨의 역설을 보여주는 가장 유명한 사례들 중 하나를 살펴볼 준비가 됐다. 이것은 런던 세인트폴 병원St. Paul's Hospital의 연구자들이 1986년에 발표한 논문으로, 신장 결석에 대한 두 가지 처방을 비교했다. (A) 개복 수술, 그리고 (B) 피부 경유 신장 결석 제거술皮膚經由腎臟結石除去術, percutaneous nephrolithotomy. 논의의 목적상, 이 처방들이 무엇인지 알아보는 것은 중요하지 않으므로 간단히 A와 B로 부르겠다.

A 처방을 받은 350명의 환자들 중 78%는 긍정적 결과를 얻었다. B 처방을 받은 다른 350명의 환자들의 경우는 83%가 긍정적 결과를 얻었다.

그에 따른다면 B 처방이 더 나은 것 같다.

그러나, 연구자들이 환자들을 두 그룹으로 나누자 그 결과는 역전됐다.

- 비교적 작은 신장 결석을 가진 환자들에게는 A 처방이 성공률 93%로 B 처방의 86%보다 더 나았다.
- 더 큰 신장 결석을 가진 환자들의 경우에도 A 처방이 73% 대 69%로 B 처방보다 더 나았다.

다음 그림은 이 결과들을 그래프 형태로 보여준다.

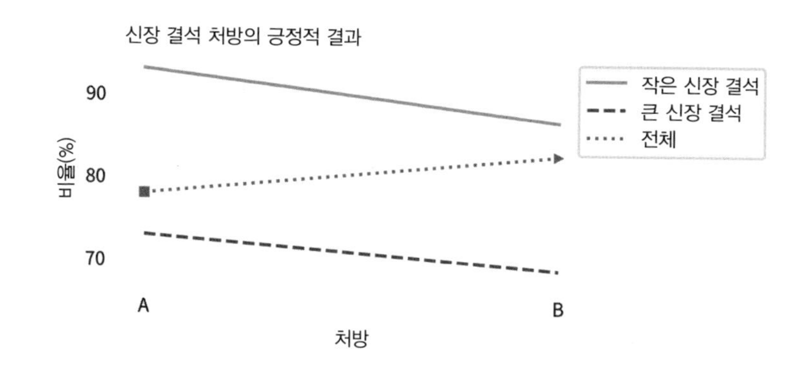

이 그림은 앞에서 본 것과 닮았는데, 설명도 양쪽 경우에서 동일하다. 사각 점과 삼각 점 표시가 보여주듯 전체 비율은 두 그룹들로부터 얻은 비율의 혼합이다. 하지만 이들은 왼쪽과 오른쪽은 다른 혼합이다.

의료적 이유로, 더 큰 신장 결석을 가진 환자들은 A 처방을 받을 확률이 더 크고, 더 작은 신장 결석을 가진 환자들은 B 처방을 받을 확률이 더 높다. 그 결과, A 처방을 받은 사람들 중 75%는 커다란 신장 결석을 가진 것으로 드러났고, 그 때문에 왼쪽의 사각 점은 큰 신장 결석 그룹 쪽에 더 가깝다. 그리고 B 처방을 받은 사람들 중 77%는 작은 신장 결석을 가진 것으로 밝혀졌고, 그 때문에 오른쪽의 삼각 점은 작은 신장 결석 그룹 쪽에 더 가깝다.

나는 이 설명이 타당하기를 바라지만, 설령 그렇다고 해도, 독자 입장에서는 어떤 처방을 고를까 고민할 수 있다. 당신이 환자라고 가정하고 의사가 다음 몇 가지를 설명한다고 치자.

- 신장 결석이 작은 사람에겐 A 처방이 더 낫다.
- 신장 결석이 큰 사람에겐 A 처방이 더 낫다.
- 하지만 전체적으로는 B 처방이 더 낫다.

그러면 어떤 처방을 골라야 할까? 다른 고려 사항들이 같다면, 당신은 A를 골라야 한다. 신장 결석의 크기와 상관없이 성공률이 더 높기 때문이다. B 처방의 성공은 다음 두 인과 관계의 결과에 따른 통계적 가공물이다.

- 더 작은 신장 결석은 B 처방을 받게 될 가능성이 더 높다.
- 더 작은 신장 결석에 대한 처방은 바람직한 결과로 나타날 가능성이 더 높다.

전체 결과를 보면, B 처방이 훌륭해 보이는 것은 단지 그것이 처치가 더 쉬운 처방에 사용되기 때문이다. A 처방이 비효율적으로 보이는 것은 단지 그것이 처치가 어려운 처방에 사용되기 때문이다. 어떤 처방을 선택할지 결정하려면, 두 그룹 간의 결과가 아니라 그룹들 내부의 결과를 봐야 할 것이다.

백신은 효과가 있는가? 힌트: 그렇다

이제 심슨의 역설을 마스터했으니, 이 장의 시작 부분에서 소개한 사례로 돌아가자. "백신을 접종받은 영국의 60세 이하 성인들은 같은 연령대의 비접종자들보다 두 배 더 높은 비율로 사망한다."라는 주장으로 논란을 빚은 뉴스레터의 사례이다.

그 뉴스레터는 영국의 국립통계국으로부터 얻은 데이터에 근거한 그래프를 담고 있다. 나는 동일한 데이터를 내려받아 그래프를 반복해 보았고, 그 결과는 다음과 같다.

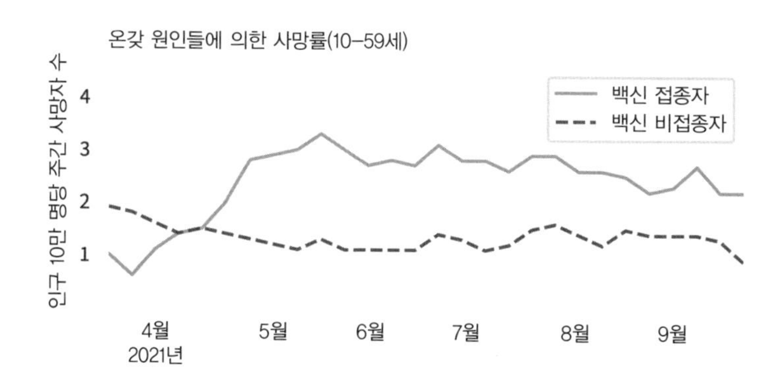

두 선은 2021년 3월부터 9월까지, 온갖 원인들에 의한 10–59세 연령대의 인구 10만 명당 주간 사망률이다. 실선은 백신 접종을 완료한 사람들을 대표하고, 파선은 백신 접종을 받지 않은 사람들을 대표한다.

그 뉴스레터를 작성한 저널리스트는 이렇게 결론짓는다. "60세 이하의 백신 접종자들은 사망할 확률이 비접종자들보다 두 배 더 높다. 그리고 영국의 전체 사망자 수는 보통보다 훨씬 더 높다. 나는 이것을 백신으로 초래된 사망vaccine-caused mortality이라는 것 말고 달리 어떻게 설명할지 알 수 없다." 글쎄, 나는 설명할 수 있다. 문제의 데이터에 대한 그의 해석은 두 부문에서 잘못됐다.

- 첫째, 한 연령대와 시간 간격을 선택함으로써, 그는 자신의 결론과 맞는 데이터만 고르고 그렇지 않은 데이터는 무시했다.

- 둘째, 그 데이터는 10세부터 59세까지 너른 연령대를 포괄하기 때문에, 그는 심슨의 역설에 속았다.

이제 한 번에 하나씩 잘못을 짚어보자. 첫째, 1월부터 시작되는 전체 데이터세트를 포함하면 그래프는 이런 모양을 보인다.

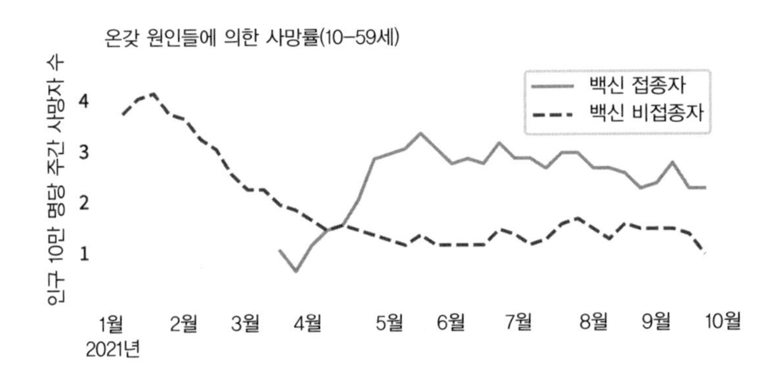

10–59세 연령대에서 거의 아무도 백신 접종을 받지 않은 1월과 2월에, 전체적인 사망률은 "정상 수준보다 훨씬 더 높았다." 이 시기의 사망은 백신에 의해 초래된 것일 수가 없다. 사실 이 때 갑자기 높아진 사망률은 COVID-19의 알파 변이가 치솟으면서 초래된 것이었다.

그 언론인은 자신의 주장과 배치되는 기간은 제외했다. 자신의 주장과 어긋나는 연령대도 누락했다. 더 높은 연령대에서 모두, 백신 접종자의 사망률은 일관되게 더 낮았다. 다음 그림은 60대와 70대, 그리고 80세 이상인 사람들의 사망률을 보여준다.

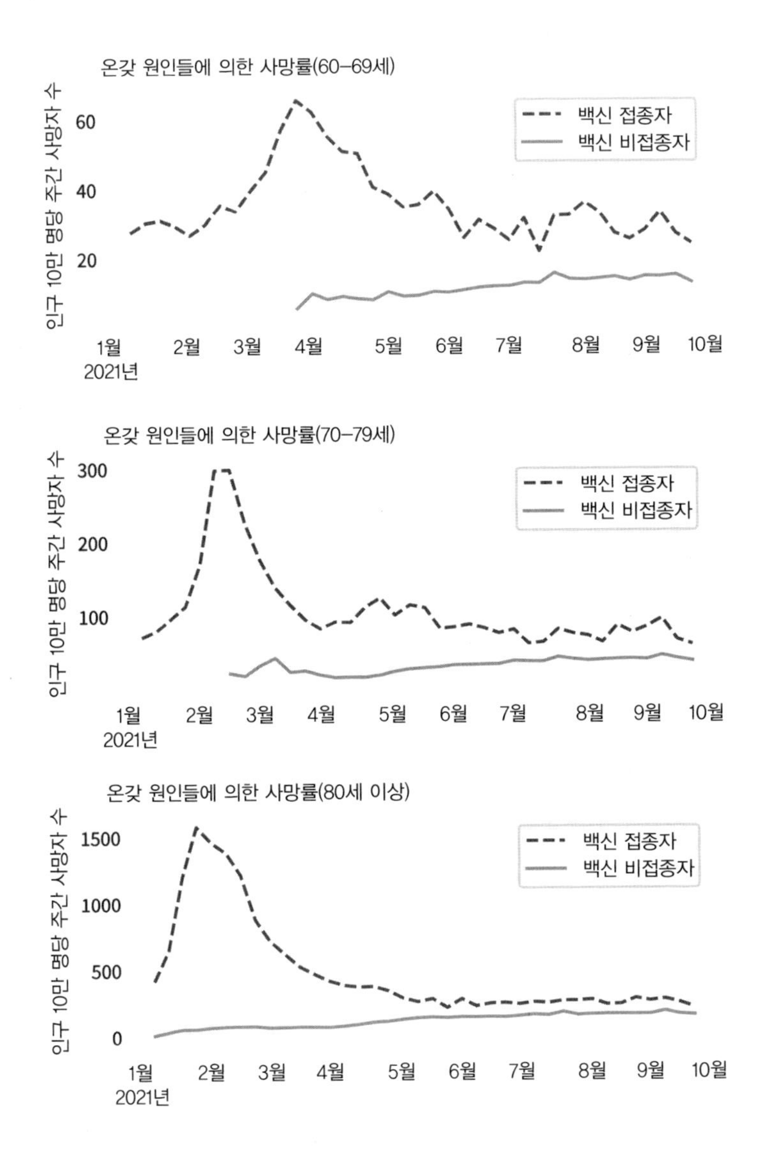

y축의 숫자 단위가 다르다는 점을 주목하기 바란다. 사망률은 고령자 그룹에서 훨씬 더 높다. 이 모든 연령대에서 백신 접종자의 사망률은 상당히 더 낮고, 이것은 대규모 임상 실험을 통해 안전하고 효과적임을 입증한 백신으로부터 기대하는 결과이다.

그렇다면 10-59세 연령대에서 보이는 명백한 반전은 어떻게 설명할 수 있을까? 이것은 심슨의 역설이 초래한 통계적 가공물이다. 구체적으로는, 다음 두 상관관계가 그런 결과를 낳았다.

- 이 연령대에서, 고령자일수록 백신 접종을 받을 확률이 더 높았다.
- 고령자일수록, 바로 고령이기 때문에, 어떤 원인으로든 사망할 확률이 더 높았다.

두 경우 모두 관계의 상관성이 강하다. 예를 들면, 8월초, 이 연령대의 가장 높은 쪽에 속하는 사람들의 약 88%가 백신 접종을 받은 데 반해, 가장 낮은 쪽은 아무도none 접종을 받지 않았다. 그리고 높은 연령대의 사망률이 낮은 연령대보다 54배나 더 높았다.

이 상관관계들이 괄목할 만한 사망률의 차이를 낳을 만큼 밀접하다는 점을 보여주기 위해 나는, 이 언론인의 주장이 가진 맹점을 불과 며칠 만에 폭로한 전염병학자 제프리 모리스Jeffrey Morris의 분석을 따라가 볼 것이다. 그는 지나치게 넓은 10-59세의 연령대를 5년 간격의 10개 그룹으로 나눈다.

팬데믹이 닥치기 전, 이 그룹들의 정상적인 사망률을 추정하기 위해 그는 영국 국립통계국으로부터 얻은 2019년의 데이터를 사용한다. 각 그룹의 백신 접종률을 추정하는 데는 영국 보건안전국Health Security Agency이 제공하는 코로나바이러스 대시보드의 데이터를 사용한다. 마지막으로, 각 연령 그룹에 속한 사람의 비율을 추정하기 위해 그는 유엔 경제사회부United Nations Department of Economic and Social Affairs의 데이터를 정리해 공개하는 인구피라미드PopulationPyramid라는 웹 사이트의 데이터를 사용한다.

모리스는 이 데이터세트들을 조합해 (오리지널 그래프에서 간격의 중간 근처

지점을 선택하는 방식으로) 2021년 8월 초의 백신 접종 그룹과 비접종 그룹의 연령 분포를 계산할 수 있었다. 다음 그림은 그 결과를 보여준다.

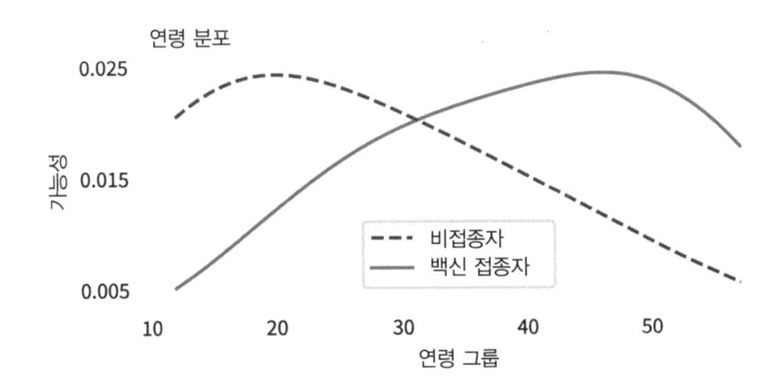

백신이 공급되던 이 무렵, 접종자의 다수는 높은 연령대일 가능성이 높았고, 비접종자는 낮은 연령대일 공산이 더 컸다. 백신 접종자들의 평균 연령은 약 40세였고, 비접종자는 27세였다.

이 사례의 논의를 위해서, COVID-19로 인한 사망도, 백신 접종으로 인한 사망도 없다고 상상해 보자. 나이의 분포와 2019년의 사망률에만 근거해서, 우리는 접종자와 비접종자 그룹의 예상 사망률을 계산할 수 있다. 이 두 확률의 비ratio는 약 2.4이다. 따라서 팬데믹 이전에는, 접종자의 연령 분포를 가진 사람들의 사망률이 비접종자의 연령 분포를 가진 사람들보다 2.4배 더 높았다. 이는 단순히 전자의 그룹이 더 고령이었기 때문이다.

현실적으로, 팬데믹은 두 그룹의 사망률을 모두 높였기 때문에, 실제 비는 약 1.8배로 줄었다. 그러므로, 그 언론인이 제시한 결과들은 백신이 유해하다는 증거가 아니다. 모리스가 결론짓듯이, 그 결과들은 "예기치 못한 것이 아니고, 심슨의 역설로 충분히 해명될 수 있다."

실체 폭로 재론

지금까지 우리는 2021년 11월에 공개된 데이터만을 사용했지만, 만약 더 근래 데이터의 이점을 활용한다면 당시 어떤 일이 벌어지고 있었는지, 그리고 이후 무슨 일이 일어났는지에 관해 더 명확한 그림을 얻을 수 있다. 더 근래에 나온 보고서에서, 영국 국립통계국의 데이터는 더 조밀한 연령대로 구분되어 있다. 10–59세의 한 그룹 대신에, 18–39세, 40–49세, 그리고 50–59세의 세 그룹으로 나뉘어 있는 것이다.

이 하위그룹들 중 최고령대부터 시작하자. 50대 중에서, 온갖 원인들에 의한 비접종자들의 사망률은 2021년 3월부터 2022년 4월까지 전체 기간에 걸쳐 상당히 더 높다.

온갖 원인에 의한 사망률(50–59세).

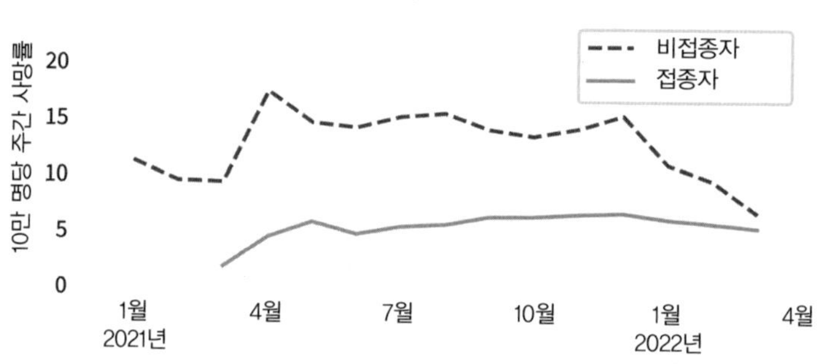

40대 그룹을 선택하는 경우에도 같은 현상이 나타난다. 전체 시간 간격에 걸쳐 비접종자의 사망률이 더 높았다.

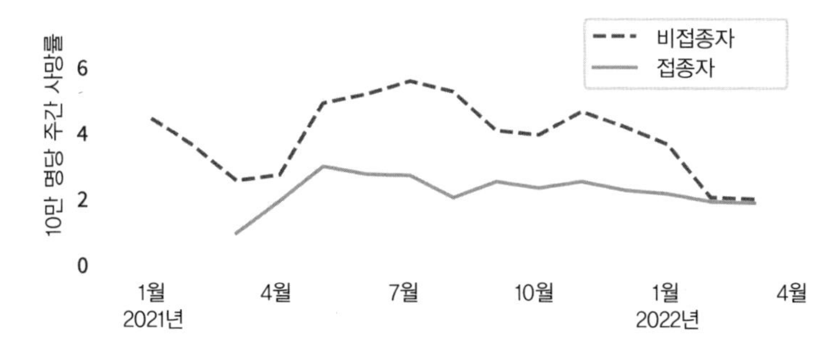

그러나, 두 그룹 모두 2021년 4월이나 5월 이후 사망률이 줄면서 거의 수렴된다는 점이 눈길을 끈다. 가능한 해명은 COVID-19 질환에 대한 처방이 향상됐고 COVID-19의 더 치명적인 변이들이 감소했다는 점이다. 영국의 경우, 2021년 12월은 델타 변이가 그보다 덜 심각한 오미크론Omicron 변이로 대부분 대체된 시기였다.

마지막으로, 가장 젊은 18–39세 연령대에 어떤 일이 생겼는지 살펴보자.

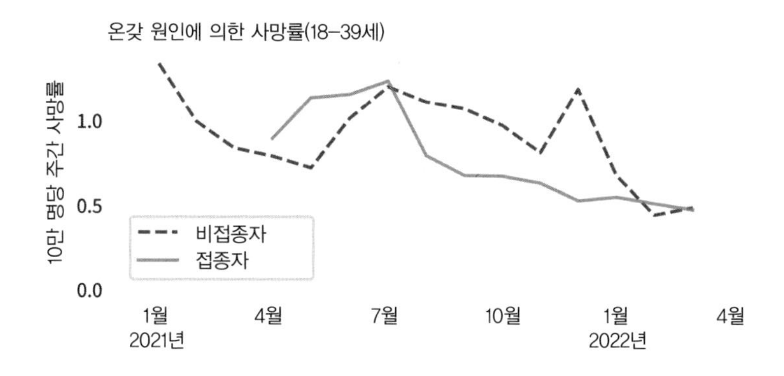

이 연령대에서도 다른 그룹들과 마찬가지로 백신 비접종자들의 사망률이 대체로 더 높다. 패턴이 역전된 시기가 몇 달 있지만, 다음 몇 가지 이유로 이것을 심각하게 받아들여서는 안 된다.

- 이 연령대의 사망률은 매우 낮다. 백신 접종 여부와 상관없이 주간 사망률이 10만 명당 1명 꼴도 되지 않는다.
- 두 그룹 간의 명확한 차이는 그보다 더 작은데, 이는 무작위 변이의 결과일 것이다.
- 이 연령대는 여전히 넓어서 그 결과가 심슨의 역설 현상을 보일 수 있다. 이 그룹에서 백신 접종자들은 비접종자들보다 나이가 더 많고, 이 그룹에서 더 고령인 사람들은 단지 나이 때문에 사망할 확률이 젊은 사람들보다 10배쯤 더 높다.

요약하면, 2021년에 나타난 접종자들의 지나치게 높은 사망률은 심슨의 역설로 완전히 설명된다. 그 데이터세트를 적절한 연령 그룹들로 나누면, 모든 연령대에서, 백신 공급부터 현재까지 전체 기간에 걸쳐 비접종자들의 사망률이 더 높다는 점을 알 수 있다. 그리고 백신이 수많은 인명을 구했다고 결론지을 수 있다.

공개 데이터, 공개 토론

이 에피소드를 돌아보면, 우리는 무엇이 잘못됐는지를 놓고 여러 요소들을 판별할 수 있다. 문제의 언론인은 정확히 해석할 전문성을 갖추지 못한 상태로 데이터를 내려받았다. 그에 대해 뉴스레터에 써서, 아무런 편집 상의 검토도 거치지 않고 세상에 공개했다. 그 잘못된 내용은, 조금만 신경을 써서 확인하면 얼마든지 진위를 파악할 수 있는데도 영향력 큰 팟캐스터가 이를 무시하고 방송하는 바람에 더욱 빠른 속도로 확산됐다. 그리고, 그처럼 틀린 정보의 확산 규모를 고려하면, 그것이 백신에 대한 거짓정보에 크게 기여했고 따라서 거의 확실하게 예방 가능한 죽음을 초래했을 것이다.

그 모든 것이 사실이다. 그럼에도 불구하고, 제대로 작동한 요소들을 고려해 보는 것도 중요하다.

첫째, 영국 정부는 팬데믹에 관한 신뢰할 만한 데이터를 수집해 널리 공개했다. 다른 나라들도 그 전례를 따랐고 일부 나라들은 더 큰 성공을 거두기도 했다. 'Our World in Data(데이터 속의 우리 세계)' 같은 그룹들은 전세계에서 비슷한 데이터를 수집해 누구나 쉽게 이용할 수 있게 했고, 그 덕택에 연구자들은 팬데믹을 더 잘 이해하고, 예측하고, 공공 정책 결정에 지침을 제공할 수 있었다. 이 데이터는 생명을 구했다.

둘째, 사실을 호도하는 뉴스레터가 11월 20일 온라인에 나온 뒤, 불과 며칠 안에 수십 개의 기사들이 그 주장의 허점을 폭로했다. 그 뉴스레터를 검색하자, 즉각 그에 대한 반박 기사들이 11월 21, 22, 23일에 나왔음을 확인할 수 있었다.

마지막으로, 가짜정보의 유포처로 악명 높은 소셜미디어 사이트들에서조차도, 그 기사에 대한 공개 토론은 일방적으로 나쁘지만은 않았다. 심슨의 역설은 이해하기 쉽지 않지만, 몇몇 설명은 매우 좋았다. 사람들이 공개 토론장에서 통계적 개념들과 씨름하는 장면을 보는 것은 희망적인 징후라고 나는 생각한다.

사상의 자유 시장marketplace of ideas은 결코 완벽하지 않겠지만, 이 에피소드는 그런 환경의 약점과 동시에 강점도 보여준다. 우리는 증거와 논리에 기반해 의사 결정을 내릴 때 더 나아질 수 있지만, 그것은 자유로운 데이터 접근과 어려운 아이디어를 자유롭게 논의할 수 있는 열린 공간이 보장될 때만 가능하다.

출처와 관련 문헌

- GSS는 시카고 대학의 독립 연구 기관인 NORC가 주로 국립과학재단NSF의 기금을 받아 운영하는 프로젝트이다. 데이터는 GSS 웹사이트에 구할 수 있다[44].
- 플로이드 노리스는 실질 임금의 변화에 관한 기사를 「뉴욕타임스」에 썼다[86]. 그 다음 주에는 그가 실수했다고 생각한 독자들에게 응답하는 블로그 기사를 작성했다[85].
- 펭귄 데이터세트는 「Ecological Sexual Dimorphism and Environmental Variability within a Community of Antarctic Penguins(남극 펭귄 커뮤니티 내부의 생태적 성적 이형(性的 異形)과 환경적 변이성)」이라는 논문에 포함되었다[49]. 앨리슨 호스트Allison Horst는 그 데이터세트의 온라인 기록에서 펭귄의 역설을 지적했다[53].
- 개 품종들에서 드러나는 심슨의 역설은 「Do Large Dogs Die Young?(큰 개는 일찍 죽는가?)」에 나와 있다[43].
- 신장 결석에 대한 처방 효과를 평가하는 논문은 1986년 「British Medical Journal(영국 의학 저널)」에 발표됐다[16].
- 데릭 톰슨Derek Thompson은 사실을 호도하는 글을 쓴 저널리스트에 관해 「Atlantic」에 기고했다[123]. 제프리 모리스는 일련의 블로그 포스팅을 통해 사실을 왜곡한 뉴스레터의 허점을 폭로한다[81].
- COVID-19의 여러 변이들의 유행 관련 정보는 영국 보건안전국에서 구해볼 수 있다[109].
- 내가 사용한 COVID-19 데이터는 영국 국립통계국에서 구할 수 있다[29].

11장

마음 바꾸기

1950년, 물리학자 막스 플랑크Max Planck는 과학의 진보에 대해 암울한 평가를 내렸다. 그는 이렇게 썼다. "새로운 과학적 진실은 그 반대자들을 확신시켜 빛을 보게 해서 정립되지 않는다. 그보다는 반대자들은 결국 죽어 사라지고, 그 진실에 친숙한 새로운 세대가 성장하면서 정립된다." 과학자들은 경제학자 폴 A. 새뮤얼슨Paul A. Samuelson의 더 간결한 표현을 흔히 인용하기도 한다. "과학은 장례식이 한 번 있을 때마다 진보한다." 이 견해에 따르면, 과학은 마음을 바꿔서가 아니라 세대 교체를 통해서만 진보한다.

과학에 대한 플랑크와 새뮤얼슨의 견해가 맞는지 확실하지 않지만 나는 이를 검증할 데이터가 없다. 그러나 GSS 덕택에 다른 유형의 진보를 평가할 만한 데이터는 있다. 도덕적 범위라고 할 수 있는 '도덕 서클moral circle'의 확장에 관한 데이터다. 이 용어의 개념은 역사가인 윌리엄 레키William Lecky가 저서 『A History of European Morals from Augustus to Charlemagne(아우구스투스로부터 샤를레망에 이르는 유럽식 도덕의 한 역사)』(D. Appleton, 1897)에서 처음 선보였다. 그는 이렇게 썼다. "한때 자비로운 애정은 가족만을 품었지만, 곧 그 서클은 처음에는 같은 계급을, 다음에는 소속된 나라를, 이어 나라들의 연대를, 다음에는 모든 인류를, 그리고 마침내, 그 영향은 인간이 동물의 세계를 취급하는 영역까지 포함하는 것으로 확장되었다."

이 장에서 우리는 GSS의 데이터를 근거로 인종, 성별, 그리고 성적 지향과 관련된 질문들에 초점을 맞춰 그 도덕 서클을 탐구할 것이다. 앞에서 검토한 심슨의 역설을 보여주는 사례도 더 보게 될 것이다. 예를 들면, 더 나이든 사람들은 인종주의적 견해를 가졌을 확률이 더 높지만, 그것은 사람들이 나이가 들수록 더 인종차별주의자가 된다는 뜻은 아니다. 이 결과, 그리고 그와 유사한 다른 결과들을 해석하기 위해 나는 연령-기간-집단 분석 age-period-cohort analysis과 오버튼 창Overton window이라고 불리는 개념을 소개할 것이다.

인종부터 시작하자.

나이든 인종차별주의자들?

노인들은 젊은이들보다 더 인종차별적이라는 게 일반적인 고정관념이다. 그것이 사실인지 알아보기 위해, 나는 인종 및 공공정책과 연관된 GSS의 세 가지 질문에 대한 응답들을 사용할 것이다.

1. 당신은 흑인[1]과 백인 간의 결혼을 금지하는 법이 있어야 한다고 생각하십니까?
2. 만약 당신의 지지 정당이 흑인을 대통령 후보로 지명해서 그가 그런 자격을 얻는다면 그에게 투표하시겠습니까?
3. 일반적인 주택 문제에 대한 지역 투표가 있다고 가정합시다. 가능한 두 가지 법이 찬반 투표의 대상입니다. 어느 법에 찬성표를 던지시겠습니까?
    - 첫 번째 법은 주택 소유자가, 설령 [특정 인종에게] 팔고 싶어

1 원문은 (Negroes/Blacks/African-Americans)로 표현돼 있다. – 옮긴이

하지 않는다고 하더라도, 자신의 집에 대한 판매 여부를 결정할 수 있도록 허용합니다.

- 두 번째 법은 주택 소유자가 특정 인종이나 피부색을 이유로 판매를 거부할 수 없도록 규정합니다.

이 문항들을 선택한 이유는 그것들이 1970년대 초 조사에 추가된 이후, 거의 매년 질문되었기 때문이다. 흑인을 (Negroes/Blacks/African-Americans)와 같이 괄호 안에 묶은 이유는 그 용어가 시간이 지나면서 인종 범주에 대한 현대적 표현들로 진화했기 때문이다.

다음 그림은 이 질문들에 대한 대답들을 응답자의 나이의 함수로서 보여준다. 대답들을 다른 질문들과 쉽게 비교하기 위해, y축은 인종주의적 응답으로 여겨지는 대답을 한 사람들의 비율을 보여준다. 그런 대답은 인종간 결혼은 불법이어야 한다, 흑인 대통령 후보에 표를 던져서는 안 된다, 그리고 구매자의 인종을 근거로 주택 판매를 거부하는 것은 합법이어야 한다는 것이다. 그 결과들은 해마다 다양하기 때문에 나는 데이터에 맞도록 부드러운 커브로 표시했다.

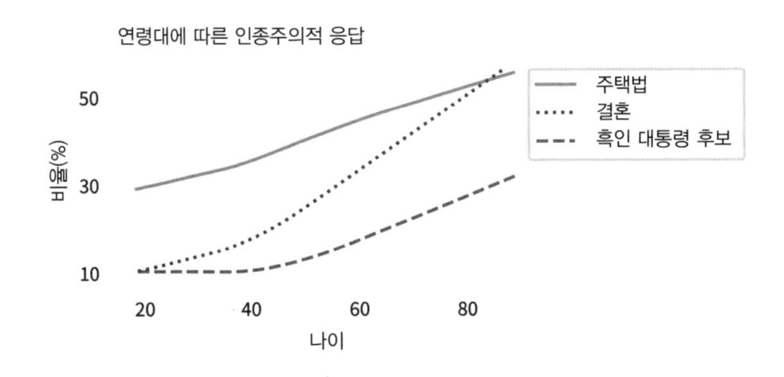

세 질문 모두에 대해, 고령자들은 인종주의적 응답을 선택할 비율이 상

당히 더 높고, 그런 면에서 일반의 고정관념은 얼마간 진실이다. 하지만 그것은 한 가지 질문을 제기한다. 사람들은 나이가 들면서 더 인종차별적이 되어가는가[become], 아니면 어린 시절에 습득한 신념이 지속되는 것인가? 우리는 데이터에 대한 또 다른 시각으로 그에 대답할 수 있다. 다음 그림은 첫 번째 질문, 인종간 결혼에 대한 응답들을 10년 단위의 출생년도와 나이에 맞춰 보여준다.

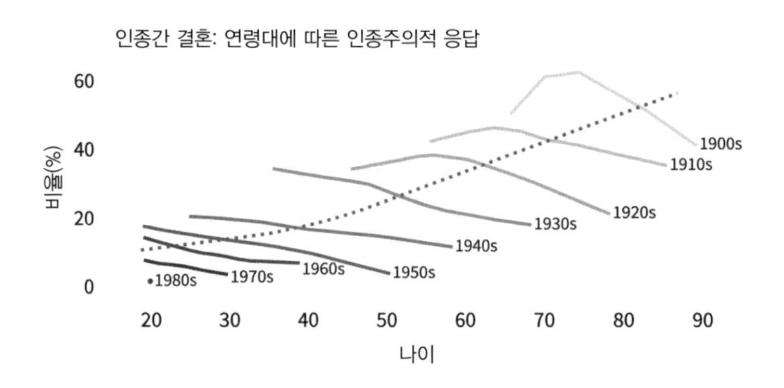

점선은 모든 응답자들의 경향을 보여준다. 이전 그림에서 본 것처럼, 더 나이든 응답자들은 인종간 결혼을 금지하는 법을 선호할 확률이 더 높다. 하지만 그것이 사람들이 나이를 먹으면서 이런 견해를 수용할 가능성이 더 높아진다는 뜻은 아니다. 사실은 그 반대다. 거의 모든 출생 집단에서, 사람들은 나이를 먹으면서 인종주의적 편견을 벗어난다.

그러므로 이것은 심슨의 역설을 보여주는 또 다른 사례인 셈이다. 그룹들 내에서는 나이가 들면서 그런 흐름이 줄어들지만, 전체적으로는 증가하는 양상을 보여준다는 뜻이다. 그 이유는, GSS의 설계 구조상, 다른 연령대의 다른 집단들을 관찰하기 때문이다. 위 그림의 왼쪽을 보면 젊은 응답자들은 대부분 가장 최근 세대이기 때문에 전체 평균은 낮다. 오른쪽을 보면 나이든 응답자들은 대부분 이전 세대들이기 때문에 전체 평균은 높다.

인지하겠지만 우리는 1980년대에 태어난 사람들의 응답만 볼 수 있을 뿐 1990년대 출생자의 데이터는 없다. 그것은 이 질문이 2002년 이후 GSS에서 제외되었기 때문이다. 당시 시점에서, 그런 법에 찬성하며 그렇다고 응답할 용의가 있는 사람들의 비율은 10% 미만으로 떨어졌다. 1980년대에 태어난 사람들 중에서는 찬성 응답자가 가까스로 1% 수준이었다.

당시 시점에서, GSS는 그 질문을 제외해야 할 여러 이유가 있었다. 첫째, 공공정책의 문제로서, 그 사안은 1967년 '러빙 대 버지니아Loving v. Virginia' 소송에 대한 미국 대법원의 판결로 이미 해소됐고, 1990년에 이르면 더 이상 정치적 논의의 주류가 아니었다. 둘째, 그에 대한 응답이 너무나 일방적이어서 굳이 물어서 얻을 내용이 거의 없었다. 그리고 마지막으로, 조사 데이터를 통해 작은 부분을 추산하는 것은 "파충류 인간lizard people"으로 알려진 현상 때문에 신뢰성이 없다.

그 용어는 2013년 공공정책여론조사Public Policy Polling가 수행한 한 악명높은 조사에서 나온 것으로, 여기에는 다양한 음모이론들에 관한 질문이 포함됐다. 그 질문들 중 하나는 이렇다. "당신은 형태를 바꾸는 파충류가 인간의 모습으로 변장하고 정치 권력을 장악함으로써 우리 사회를 조작하고 통제한다고 믿습니까?" 조사에 응한 등록 유권자 1247명 중에서 4%가 그렇다고 대답했다. 만약 그것이 이런 믿음의 확산 정도를 정확히 알려주는 추정치라면, 1200만 명의 미국인이 파충류 인간을 믿는다는 뜻이 된다.

하지만 이것은 조사 설계 상의 한 문제 때문에, 아마도 정확한 추정치가 아닐 것이다. 어느 그룹의 응답자들이든, 질문을 오해해서 의도하지 않은 응답을 우발적으로 선택하거나, 믿지 않으면서도 악의적으로 그런 대답을 고르는 사람들이 있게 마련이다. 그리고 이 사례에서, 아마도 개방적인 생각을 가진 몇몇 사람들이 힘있는 자리에 파충류 인간이 있다는 얘기를 전혀 들어본 적조차 없었지만, 질의가 그런 가능성을 제기하자 그럴 수도 있겠다고 수긍하기로 한 경우가 있었을 것이다.

이와 같은 오류들은 실제 발생률actual prevalence이 높게 나오면 허용될 수 있다. 위 경우, 오류의 숫자는 적법한 긍정적 응답수와 견주면 워낙 작기 때문에 심각한 문제는 되지 않는다. 그러나 실제 발생률이 낮으면, 진짜보다 더 많은 허위 양성 반응이 나올 수 있다. 만약 응답자의 4%가 파충류 인간 이론을 실수로 지지했다면, 실제 발생률은 0일 수 있다. 이 사례의 핵심은 조사 데이터에서 작은 비율은 측정하기 어렵다는 점이고, GSS가 이제는 무의미해진 인종간 결혼에 대한 질문을 뺀 이유도 거기에 있다.

다른 두 질문들에 대한 응답들은 동일한 패턴을 따른다.

- 지지 정당에서 지명한, 자격을 갖춘 흑인 대통령 후보에게 투표하겠느냐는 질문에 더 나이든 사람들은 투표하지 않겠다고 대답할 확률이 더 높았다. 하지만 모든 출생 집단 내에서, 사람들은 나이가 들어감에 따라 투표하겠다고 대답할 확률이 더 높았다.
- 개방적인 주택법을 지지하겠느냐는 질문에 더 나이든 사람들은 지지하지 않는다고 대답할 확률이 더 높았다. 하지만 모든 출생 집단 내에서, 사람들은 나이가 들어감에 따라 지지한다고 대답할 확률이 더 높았다.

따라서, 설령 더 나이든 이들이 인종주의적 신념을 고수할 확률이 높다고 관찰된다고 해도, 그것이 곧 사람들이 나이가 들면서 더 인종차별주의자가 된다는 뜻은 아니다. 사실은, 그 반대가 맞다. 1900년까지 거슬러 올라가는 모든 세대에서, 사람들은 나이가 들면서 인종차별적 시각이 줄었다.

젊은 페미니스트들

그와 비슷하게, 더 나이든 사람들은 성차별적 신념을 고수할 공산이 더 크지만, 그것이 사람들이 나이를 먹을수록 그렇게 변해간다는 뜻이 아니다. GSS는 성차별주의와 관련된 다음 세 가지 질문을 포함하고 있다.

1. 다음 진술에 적극 동의, 동의, 비동의, 적극 비동의 중 하나를 선택하십시오. 남성이 밖에서 일을 잘하고 여성이 가정과 가족을 잘 건사한다면 가족 모두에게 더 유익하다.
2. 다음 진술에 동의하거나 동의하지 않는지 선택하십시오. 대부분의 남성들은 대부분의 여성들보다 정서적으로 정치에 더 적합하다.
3. 만약 당신의 지지 정당이 여성을 대통령 후보로 지명한다면, 그리고 그 후보가 자격을 갖췄다면 지지표를 던지겠습니까?

다음 그림은 그 결과를 응답자 연령의 함수로서 보여준다. 이번에도 y축은 성차별적이라고 여겨지는 응답을 고른 사람들의 비율을 보여준다. 그 응답은 여성이 가정에 머무른다면 훨씬 더 나을 것이다, 남성들이 정서적으로 정치에 더 잘 부합한다, 그리고 여성 대통령 후보에게 투표하지 않겠다는 것이다.

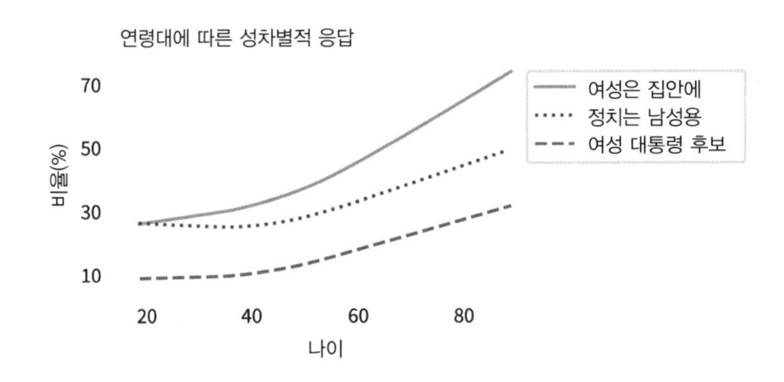

세 질문 모두, 나이든 사람들이 성차별적 응답을 고를 확률이 더 높다. 차이는 커리어 우먼과 관련된 첫 번째 질문에서 가장 두드러진다. 다른 질문들에서 보이는 차이는 그보다 더 작다. 그와 관련해 여성 대통령 후보에 대한 투표 여부를 묻는 세 번째 질문은 응답률이 파충류 인간의 수준까지 떨어지면서 2010년 이후 제외되었다. 다음 그림은 두 번째 질문에 대한 응답을 10년 단위의 출생년도와 연령대로 표시한 것이다.

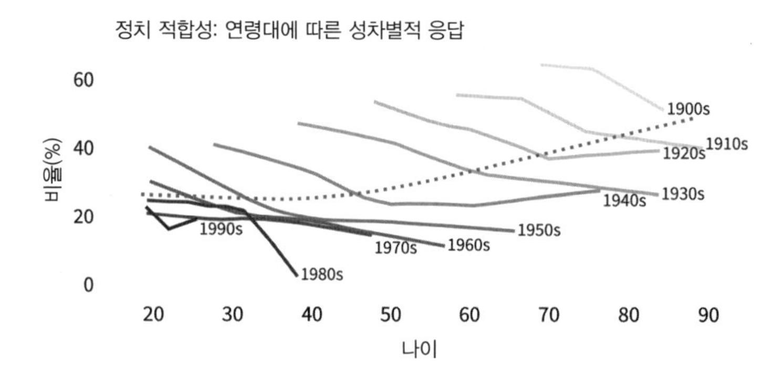

전체적으로 더 나이든 사람들이 성차별주의자일 가능성이 더 높지만 거의 모든 집단에서, 사람들은 나이가 들수록 그런 경향이 줄어든다. 다른 두 질문에 대한 응답 결과도 똑같은 패턴을 보여준다. 이전 사례들에서와 마찬가지로, 그 이유는 젊은 응답자들은 근래 출생 집단에 소속되었을 확률이 높고, 성차별적 성향이 더 적은 데 견주어, 고령 응답자들은 초기 출생 집단에 소속되었을 공산이 크고, 성차별적 성향이 더 크다.

이 사례는 "나이 효과age effect"와 "집단 효과cohort effect" 간의 차이를 잘 보여준다. 일반적으로, 시간에 따라 인구 동향이 변하는 데는 세 가지 방식이 있다.

- "나이 효과"는 특정한 나이나 생애 단계에서 대다수 사람들에게 영향을 미치는 어떤 것이다. 나이 효과는 유치乳齒를 잃는 것처럼 생물

학적이거나, 청춘의 순수성을 잃는 것처럼 사회적일 수 있다.

- "시대 효과period effect"는 특정한 시점point in time에 대다수 사람들에게 영향을 미치는 어떤 것이다. 시대 효과는 9/11 테러 공격처럼 주목할 만한 사건이나 냉전Cold War 같은 일정 기간을 포함한다.
- "집단 효과"는 특정한 시대에 태어난 사람들에게 영향을 미치는 어떤 것으로, 보통 그들이 성장하는 환경 때문에 발생한다. 사람들이 베이비붐 세대baby boomers와 밀레니얼 세대millennials의 특징을 일반화할 때, 이들은 (종종 뚜렷한 증거 없이) 집단 효과에 호소하고 있는 것이다.

이 효과들을 변별하기는 어려울 수 있다. 특히 집단 효과를 볼 때, 이를 나이 효과로 잘못 판단하기 쉽다. 나이든 사람들이 특정한 신념을 고수하는 것을 볼 때, 우리는 젊은이들이 나이가 들면서 그런 신념을 갖게 될 것이라고 추정할 (혹은 우려할) 수 있다. 하지만 그와 같은 나이 효과는 드물다.

대다수 사람들은 그들의 성장 환경에 바탕한 사회적 신념을 개발하는데, 그것이 기본적으로 집단 효과이다. 만약 그런 신념들이 이들의 생애에 걸쳐 변화한다면, 그것은 주로 어떤 일이 사회에서 벌어지고 있기 때문이고, 이것은 시대 효과다. 하지만 특정한 나이에 이르렀을 때 어떤 신념을 획득하거나 바꾼다면 그것은 특이한 일이다. 18세가 되어 유권자로 등록하는 일을 제외하면, 대부분의 정치적 행위는 케이크에 꽂는 초의 숫자에 좌우되지 않는다.

앞선 그림은 집단 효과와 나이 효과를 변별할 수 있는 한 가지 방법을 보여준다. 사람들을 출생 집단으로 묶고 이들의 응답을 나이의 함수로서 표시하는 것이다. 마찬가지로, 집단 효과와 시대 효과를 변별하기 위해 사람들을 출생 집단으로 묶고, 시간의 흐름에 따른 이들의 응답을 표시할 수 있다. 예를 들면, 다음 그림은 첫 번째 질문, 여성들이 가정에 머문다면 모두에게 이익인가에 대한 응답을 시간의 흐름에 따라 표시한 것이다.

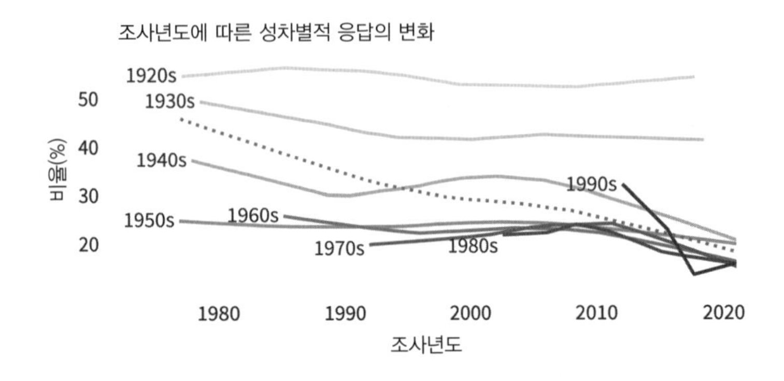

이 그림은 집단 효과의 증거를 보여준다. 1920년대부터 1950년대에 태어난 사람들을 비교하면, 각 집단은 성차별적 응답을 고를 확률이 이전 집단보다 낮다. 약하나마 시대 효과의 증거도 드러난다. 1950년대부터 1990년대에 태어난 집단들 중에서, 성차별적 응답의 비율은 2010년–2020년 기간과 평행을 이루며 감소했는데, 이는 이 기간 동안 어떤 일이 벌어졌고, 그것이 이 집단들의 마음을 바꾸게 만들었음을 시사한다. 다음 섹션에서는 동성애에 대한 시각을 바꾸는 데 시대 효과가 유력하게 작용한 증거를 보겠다.

동성애 공포증의 괄목할 만한 감소

GSS는 성적 지향과 관련된 네 가지 질문을 담고 있다.

1. 동성인 두 성인의 성관계에 대해 당신은 어떻게 생각하십니까? 언제나 잘못이다, 거의 언제나 잘못이다, 가끔만 잘못이다, 혹은 전혀 잘못이 아니다.

2. 그리고 동성애자임을 인정한 사람에 대해 어떻게 생각하십니까? 그런 사람은 강단에 서는 것이 허용돼야 할까요, 아닐까요?
3. 당신이 사는 지역의 일부 사람들이 그가 쓴 동성애 옹호 도서를 공공 도서관에서 없애야 한다고 주장한다면, 당신은 그에 찬성입니까, 아닙니까?
4. 동성애자임을 인정한 그 사람이 당신이 사는 지역에서 강연을 하고 싶어한다면, 그것은 허용돼야 할까요, 아닐까요?

이 질문들의 표현이 구시대적으로 여겨진다면, 그것이 1970년대, 누군가가 동성애자라고 커밍아웃하면 다수의 대중은 그것이 지극히 잘못된 것이라고 생각하던 시절에 쓰인 것임을 상기할 필요가 있다. 일반적으로, GSS는 웬만하면 질문의 문구를 고치려 하지 않는다. 심지어 미묘한 수정조차 결과에 영향을 미칠 수 있기 때문이다. 하지만 이 일관성으로 인해, 1970년에는 중립적으로 여겨졌던 표현이 지금은 모종의 저의가 있는 것처럼 읽히는 대가를 치른다.

그런 점은 논외로 치고, 결과를 보기로 하자. 다음 그림은 이런 질문들에 동성애 혐오적 응답을 고른 사람들의 비율을 나이의 함수로 나타낸 모양이다.

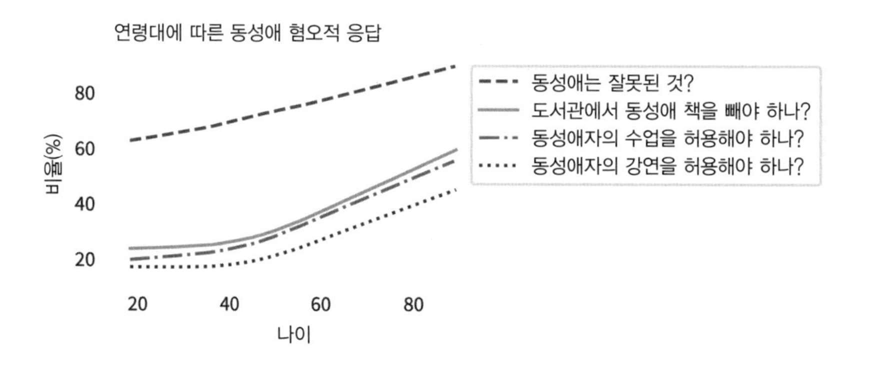

나이든 사람들일수록 동성애 혐오적 신념을 가졌을 확률이 높다는 점은 놀랍지 않다. 하지만 그것이 사람들이 나이를 먹을수록 그런 태도를 갖게 된다는 뜻은 아니다. 사실은, 모든 출생 집단에서, 이들은 나이가 들수록 동성애 혐오적 태도가 줄어든다. 다음 그림은 첫 번째 질문의 결과를 보여준다. 동성애는 (부사가 붙거나 붙지 않은 채) 잘못된 것이라고 대답한 응답자의 비율이다.

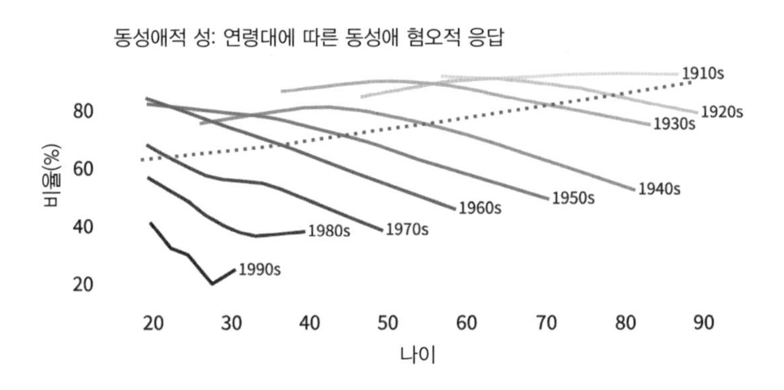

여기에는 명백하게 집단 효과가 있다. 각 세대는 이전 세대보다 동성애 혐오증이 상당히 덜하다. 그리고 거의 모든 집단에서, 동성애 혐오증은 나이가 들수록 감소한다. 하지만 그렇다고 해서 나이 효과가 있다는 뜻은 아니다. 만약 그렇다면, 모든 집단들에 대해 대략 비슷한 나이에서 모종의 변화가 관찰될 것으로 예상된다. 그런 징후는 없다. 그러면 시대 효과가 있는지 따져보자. 다음 그림은 나이가 아니라 시간 변화에 맞춰 똑같은 결과들을 표시한 내용이다.

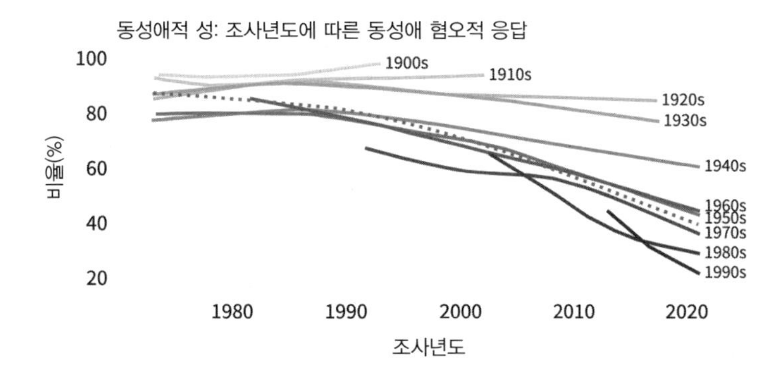

만약 시대 효과가 있다면, 모든 집단들에 대해 동일한 시점에서 변곡점 inflection point이 관찰될 것으로 예상된다. 그리고 일부 그런 증거가 있다. 맨 위부터 아래로 읽어가면 다음 내용을 볼 수 있다.

- 1900년대와 1910년대에 태어난 사람들의 90% 이상은 동성애는 잘못된 것이라고 생각했고, 무덤에 갈 때까지 그런 생각을 바꾸지 않았다.
- 1920년대와 1930년대에 태어난 사람들은 1990년 무렵부터 시각을 어느 정도 완화한 것으로 보인다.
- 1940년대와 1950년대에 태어난 사람들 중에서 주목할 만한 변곡점이 보인다. 1990년 이전까지 이들은 거의 태도를 바꾸지 않았지만 1990년 이후에는 시간이 갈수록 동성애를 관용하는 비율이 늘어났다.
- 마지막 네 집단에서, 시간의 경과와 더불어 명확한 흐름이 존재하지만, 1990년 이전에는 변곡점을 판별하기 위해 이 그룹들을 충분히 관찰하지 않았다.

전반적으로, 이것은 시대 효과처럼 보인다. 또한, 전체 흐름을 볼 때, 동성애 혐오 성향은 1990년 전에는 서서히 줄다가 그 이후에는 훨씬 더 빠르게 감소했다. 그러니 1990년에 대체 무슨 일이 있었을까 궁금해하지 않을 수가 없다.

1990년에 무슨 일이 있었나?

일반적으로, 이와 같은 질문들은 대답하기 어렵다. 사회적 변화들은 많은 원인과 결과가 상호 작용하면서 나타나는 현상이다. 하지만 이 경우, 적어도 그럴듯한 해명이 하나 있다고 생각한다. 동성애 수용을 옹호하는 운동이 사람들의 마음을 바꾸는 데 성공적이었다는 사실이다.

1989년, 마셜 커크Marshall Kirk와 헌터 매드슨Hunter Madsen은 『After the Ball』(Doubleday, 1989)이라는 책을 출간했는데, 그 부제가 퍽 예언적이었다. 90년대, 미국은 어떻게 게이들에 대한 공포와 증오를 극복할 것인가How America Will Conquer Its Fear and Hatred of Gays in the '90s. 심리학과 광고학 배경을 가진 저자들은 동성애에 관한 사람들의 인식을 바꾸기 위한 전략을 제시했는데, 그 내용을 두 부분으로 나누면 동성애가 눈에 띄도록 만들자, 그리고 동성애를 따분한 것으로 만들자로 요약될 수 있다. 첫 번째 목표를 위해, 이들은 동성애자들로 하여금 커밍아웃하도록, 그래서 자신들의 성적 지향을 공개하도록 독려했다. 두 번째 목표를 위해서는 동성애를 평범한 것으로 묘사하는 미디어 캠페인을 제안했다.

동성애자의 권리에 반대하는 일부 보수 세력은 이 책을 선동의 교과서이자 "동성애자 어젠다gay agenda"의 기록물이라고 낙인찍었다. 물론 현실은 그보다 더 복잡했다. 사회적 변화는 잘 조직된 음모 이론의 결과가 아니라, 많은 장소들에서 많은 사람들이 규합하고 추동한 결과이다.

커크와 매드슨의 책이 1990년대 미국민이 동성애 혐오증을 극복하도록 도왔는지는 분명치 않지만, 이들의 제안은 실제로 벌어진 현상에 대한 놀라운 예측이었음이 드러났다. 몇몇 두드러진 역사적 이정표를 꼽아보면, 1988년 처음으로 '전국 커밍아웃 데이National Coming Out Day' 행사가 열렸고, 1994년 처음으로 '게이 프라이드 데이 퍼레이드Gay Pride Day Parade'가 열렸으며(비록 이전의 비슷한 행사들은 다른 이름들을 사용했지만), 1999년에는 빌 클린턴 대통령이 6월을 '게이와 레즈비언 프라이드의 달Gay and Lesbian Pride Month'로 지정했다.

이 기간 동안, 게이임을 일반에게 밝힌 공적 인사들이 늘었고 텔레비전과 영화에서 게이 캐릭터가 많이 등장했으며 자신의 성 정체성을 친구와 가족에게 털어놓는 사람의 숫자도 급증했다. 그리고 퓨 연구 센터Pew Research Center의 조사 결과가 되풀이해서 보여주었듯이, "친숙해지면 이를 관용하는 사회적 정서도 커진다"는 점이 드러났다. 동성애 친구나 가족 구성원이 있는 — 혹은 그런 사람을 아는 — 이들은 동성애에 대해 긍정적인 태도를 보이고 동성애 권리를 지지할 확률이 훨씬 더 높다. 이 모든 것이 더해져 더 큰 시대 효과로 이어지면서 사람들, 특히 가장 최근의 출생 집단들 사이에서 태도 변화를 낳았다.

집단 효과인가, 아니면 시대 효과인가?

1990년 이후, 동성애에 대한 태도는 다음 두 가지 이유로 변해 왔다.

- 집단 효과: 나이든 동성애 혐오자들이 사망함에 따라, 이들은 더 관용적인 세대에 의해 대체된다. 그리고
- 시대 효과: 대다수 집단 내에서, 사람들은 시간이 흐르면서 더 관용적이 된다.

이 효과들은 부가적이기additive 때문에, 마치 심슨의 역설을 거꾸로 뒤집은

것처럼, 전체 경향은 집단 내의 경향보다 더 가파르다. 하지만 그것은 의문을 제기한다. 전체 경향의 어느 만큼이 집단 효과 때문이고, 어느 만큼이 시대 효과 때문인가?

그에 대답하기 위해, 나는 두 효과들의 기여도를 개별적으로 추산하는 모델을 사용했다(좀더 상세하게 언급하면 로지스틱 회귀 모델logistic regression model이다). 그 모델로 두 가지 반사실적counterfactual 시나리오들에 대한 예측을 생성했다. 만약 아무런 집단 효과도 없었다면 어땠을까, 그리고 아무런 시대 효과도 없었다면 어땠을까? 다음 그림은 그 결과들을 보여준다.

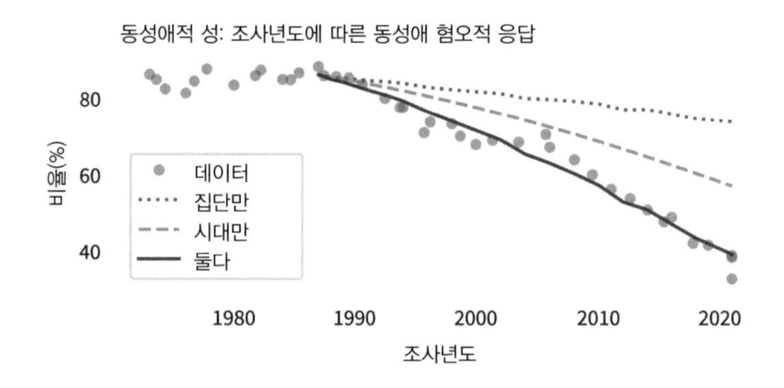

원점들은 실제 데이터를 나타낸다. 실선은 1987년부터 2018년까지, 집단과 시대 양쪽의 효과를 포함해 모델로부터 얻은 결과들을 나타낸다. 모델은 데이터를 관통해 그 경로를 부드럽게 다듬어 이 기간 동안의 전체 경향을 포착한다. 총 변화는 약 46% 포인트다. 점선은 만약 아무런 시대 효과가 없었다면 어떤 경향이 나타날지 모델이 예측한 것인데, 집단 효과만으로 초래될 총 변화는 약 12% 포인트다. 파선은 만약 아무런 집단 효과가 없었다면 어떤 경향이 나타날지 모델이 예측한 것으로, 시대 효과만으로 초래될 총 변화는 약 29%이다.

쉽게 감지할 수 있다시피 12 더하기 29는 46이 아니라 41밖에 안 된다.

이것은 오류가 아니다. 이와 같은 모델에서, 비율이 정확히 맞을 것으로 예상하지 않는다(왜냐하면 이것은 비율로 표시되는 퍼센티지 스케일이 아니라 로지스틱 스케일에서 선형적이기 때문이다). 그럼에도 불구하고, 우리는 시대 효과의 규모가 집단 효과보다 두 배 정도 더 높다고 결론지을 수 있다. 달리 말하면, 1987년 이후 우리가 목도한 변화의 대부분은 사람들의 의식이 변했기 때문이고, 세대 교체는 그보다 더 작은 규모로 그런 변화에 기여했다는 뜻이다.

그런 변화를 샌프란시스코 게이 멘스 코러스San Francisco Gay Men's Chorus보다 더 잘 실감하는 사람도 없다. 2021년 7월, 이들은 "A Message from the Gay Community(게이 공동체에서 보내는 메시지)"라는 제목으로 팀 로서Tim Rosser와 찰리 손Charlie Sohne의 노래를 공연했다. 그것은 이렇게 시작한다.

> 아직도 평등권에 반대하는 세상 사람들아, 당신에게 전하고 싶은 메시지가 있다네 [...]
> 당신은 우리의 어젠다가 저지되지 않으면 우리가 당신의 자녀를 망쳐놓을 거라 생각하지.
> 우습지, 지금 한 번만은, 당신이 옳아.
> 우린 당신의 자녀들을 개조시킬 거야, 하나씩 하나씩
> 조용히 그리고 미묘하게, 그래서 당신은 그것을 거의 눈치채지 못할 거야.

물론, 게이 "어젠다"라는 조롱이 섞인 말이고, "당신의 자녀들을 개조"하겠다는 위협은 게이들이 이성애자들을 동성애자로 개조할 수 있다고 (잘못) 생각하고, 게이 어린이는 나쁘다고 (잘못) 믿는 사람들을 겁주는 과장 섞인 표현이다. 대부분의 사람들에게 이 노랫말은 명백히 농담이다. 이어 이들은 급소를 찌르는 펀치라인을 날린다.

> 우리는 당신의 자녀를 개조할 거야. 우리는 그들을 관용적이고 공정하게 만들거야.

아직도 노랫말의 요점을 짚지 못한 사람들에게, 후반부 가사는 친절하게 설명한다.

> 당신의 자녀들을 솔직하고, 배려심 깊은 사람들로 바꿀 거야
> 우리는 당신의 자녀들을 개조할 거야. 증오하지 말라고 누구든 가르쳐야 해.
> 당신의 자녀들은 다른 이들에게 공정하고 정의로워질 거야.

그리고 마침내 이렇게 가사는 끝을 맺는다.

> 당신 자녀들은 당신을 개조하기 시작할 거야. 게이 어젠다가 오고 있어.
> 우리는 당신의 자녀들을 개조할 거고, 아직은 아니지만 당신을 우리의 동지로 만들 거야.

이 노래의 논지는 옹호 운동이 태도를, 특히 젊은이들의 시각을 바꿀 수 있다는 것이다. 그렇게 마음을 바꾼 사람들은 다음 세대가 더 "관용적이고 공정할" 가능성이 더 큰 환경을, 그리고 일부 나이든 사람들의 마음도 바꿀 수 있는 환경을 만든다. 데이터는 이 논지가 "지금 한 번만은, 옳다"라는 점을 보여준다.

오버튼 창

이 장에서, 우리는 인종과 관련된 세 가지 질문들, 페미니즘과 관련된 세 가지 질문들, 그리고 동성애와 관련된 네 가지 질문들을 검토했다. 각 질문에 대해 나는 하나나 그 이상의 응답들을 인종 차별적, 성차별적, 혹은 동성애 혐오적이라고 특징 지웠다. 나는 이 용어들이 가치 판단들로 가득찼음을 인식하지만 정확하다고 생각한다. 인종 간 결혼은 불법이어야 한다는 시각은 인종 차별적이다. 여성은 남성보다 정치에 덜 적합하다는 시각은

성차별적이다. 그리고 스스로 동성애자임을 "인정한admitted" 사람이 대학에서 가르치지 못하게 해야 한다는 시각은 동성애 혐오적이다. 이제, 그 결과들을 같은 y축에 놓을 수 있으므로, 나는 이 응답들을 묶어 "편협한bigoted" 그룹으로 규정할 것이다.

다음 그림은 지금까지 살펴본 10개의 질문 하나하나에 대해 편협한 응답들을 고른 사람들의 비율을 보여준다.

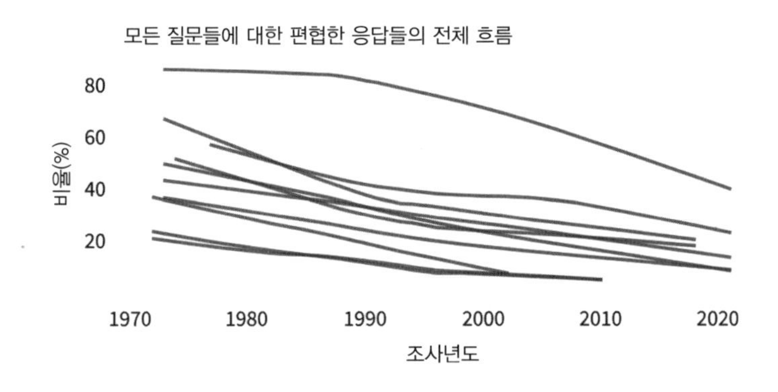

어느 실선이 어떤 질문에 대한 응답의 경향인지 중요하지 않기 때문에, 나는 이 선들에 따로 표지를 달지 않았다. 요는 이들 모두 편협한 시각이 감소하는 방향으로 향하고 있다는 점이다. 데이터를 부드럽게 조정했기 때문에 해마다 조금씩 달라지는 단기적 변이성은 확인할 수 없다. 하지만 장기적 경향은 일관적이다. 어떤 것은 더 빨라지기도 하고 어떤 것은 둔화되기도 하지만, 장기적으로 볼 때 반전은 없다.

1970년대에 처음으로 이 질문들을 던졌을 때, 대부분의 비율은 20%와 60% 사이였다. 질문들의 주제와 표현들은 매우 높거나 매우 낮은 비율을 피하기 위해 선택됐기 때문에, 이런 결과는 우연이 아니다. 매우 높거나 매우 낮은 경우 정확히 측정하기 어려울 뿐더러 그로부터 얻을 수 있는 정보도 더 적다. 살인이 나쁘냐고 묻는 것은 의미가 없다. 그러나, 1970년대 주류를 이루었던 시각들 중 많은 경우는 2010년대에 이르면 인기가 없어지거나, 주변부적 시각으로 밀려났다. 10개의 질문 중 3개는 거의 파충류 인간의 영역에 가까울 만큼 현실성이 떨어져 조사에서 제외됐고, 다른 여러 질문들도 멀지 않아 제외될 것으로 보인다.

이런 결과들은 주류 담론이 수용할 수 있는 주제들의 범위를 가리키는 정치학 용어인 "오버튼 창"의 좋은 예시다. 어느 시점에서, 수용할 만하거나, 합리적이거나, 인기 있다고 여겨지는 사상들은 그 창 안에 놓인다. 급진적이거나 고려할 가치가 없다고 여겨지는 사상들은 창 밖에 놓인다. 그 이론에 따르면 성공적인 정치인들은 창 안에 드는 사상들을 판별하고 밖에 놓이는 사상들을 회피하는 데 능하다.

중요한 대목은, 오버튼 창은 시간에 따라 움직일 수 있다는 점이다. 이 장에서 우리가 논의한 것과 같은 일부 주제들은, 일관되게 한 방향으로 움직인다. 다른 주제들은 앞뒤로 움직여 왔다. 일례로, 미국의 금주령을 생각해 보자. 이것은 1870년대 전에는 오버튼 창의 밖에 있다가 1920년 연방 정책이 됐고, 1933년 이후에는 다시 창 밖으로 밀려났다. 다음 장에서, 우리는 이 장에서 다룬 개념들 — 나이-시대-집단 분석과 오버튼 창 — 을 사용해 정치적 정체성의 역설을 설명할 것이다.

출처와 관련 문헌

- 플랑크의 자서전 제목은 『Scientific Autobiography and Other Papers』(Philosophical Library, 1968)이다[98].
- 윌리엄 레키는 『History of European Morals』에서 확장되는 도덕 서클을 설명한다[63]. 철학자 피터 싱어Peter Singer는 『사회생물학과 윤리』(연암서가, 2012)에서[113], 스티븐 핑커Steven Pinker는 『우리

본성의 선한 천사』(사이언스북스, 2014)에서[108] 그에 관해 썼다. 더 근래에는 시걸 새뮤얼Sigal Samuel이 그에 대한 기사를 온라인 뉴스 사이트인 복스Vox에 썼다.

- GSS는 시카고대학의 독립 연구 기관인 NORC가 국립과학재단의 기금을 받아 진행하는 프로젝트이다. 데이터는 GSS 웹사이트에서 얻을 수 있다[44].
- 복스는 파충류 인간에 관한 기사를 게재했다[4]. 파충류 인간에 관한 여론 조사 결과는 공공정책여론조사 웹사이트에 나와 있다[30].
- 친숙함이 관용으로 이어짐을 보인 퓨 연구소의 연구는 "Four-in-Ten Americans Have Close Friends or Relatives Who Are Gay(미국인 10명 중 4명은 게이인 절친이나 친척이 있다)"이다[106].
- "A Message from the Gay Community"의 낭송은 유튜브에서 볼 수 있다[3].
- 온라인 정치 뉴스 사이트인 폴리티코Politico는 오버튼 창의 기원과 그것이 대중문화에서 사용되는 경향에 관해 게재했다[103]. 금주령의 사례는 "The Overton Window of Political Possibility Explained(정치적 가능성의 오버튼 창을 설명한다)"라는 제목의 비디오에서 볼 수 있다[122].

12장

오버튼 창을 좇아서

자유주의자와 보수주의자에 관한 유명한 (하지만 출처 불명인) 격언은 대략 이렇다. "만약 25세에 자유주의자가 아니라면 당신은 가슴이 없는 것이다. 만약 35세가 돼서도 보수주의자가 아니라면 당신은 두뇌가 없는 것이다." 따지고 보면 이 말에 얼마간의 진실이 깃들어 있다. 30세 이하 사람들은 실제로 스스로를 자유주의자로 여기는 성향이 더 많고, 30세 이상인 사람들은 스스로를 보수주의자라고 여기는 경향이 더 강하다. 그리고 그것은 스스로를 그렇게 부르는 것만이 아니라, 나이든 사람들은 평균적으로 젊은 사람들보다 더 보수적인 성향을 보인다.

그러나 앞 장에서 보았듯이, 더 나이든 사람들이 특정한 견해를 가졌다고 해서, 모두가 나이가 들면서 그런 견해를 갖게 된다는 뜻은 아니다. 사실은 대부분의 출생 집단들에서, 사람들은 나이가 들수록 더 자유주의적 성향을 보인다. 이제 당신도 인식할지 모르지만, 이것은 심슨의 역설의 일례이다. 하지만 심슨의 역설은 왜 사람들이 실제로는 더 자유주의적 성향으로 가면서도 스스로를 더 보수적이라고 간주하는지consider는 설명해주지 않는다. 이를 이해하기 위해, 우리는 앞 장에서 두 가지 개념을 가져올 필요가 있다. 나이-시대-집단 분석과 오버튼 창이다.

늙은 보수주의자, 젊은 자유주의자?

정리해 보면, 내가 설명하려는 현상들은 이것이다.

- 사람들은 나이가 들수록 스스로를 보수주의자로 밝히는 경향이 더 강하다.
- 그리고 나이든 사람들은 평균적으로 더 보수적인 견해를 갖는다.
- 그러나, 나이가 든다고 해서 사람들의 견해가 더 보수적이 되는 것은 아니다.

다시 말하면, 사람들은 스스로 더 보수적이 돼 간다고 생각하지만 실상은 그렇지 않다는 얘기다. 먼저, 이 주장들 하나하나가 사실임을 보인 다음, 그 이유를 설명할 것이다.

첫 번째 주장을 입증하기 위해, 나는 다음 질문에 대한 응답들을 사용할 것이다. "당신의 정치적 입장을 측정하는 7점 척도를 보여드리겠습니다. '지극히 자유주의적extremely liberal' — 1점 — 부터 '지극히 보수주의적extremely conservative' — 7점 — 까지 분포된 이 척도에서, 당신은 스스로를 어느 지점에 놓으시겠습니까?" 척도에 놓인 7개의 선택 사항들은 '지극히 자유주의적', '자유주의적', '약간 자유주의적', "중도적moderate', '약간 보수주의적', '보수주의적', 그리고 '지극히 보수주의적'이다.

나는 첫 세 항목을 '자유주의적'으로, 그리고 뒤에 놓인 세 항목을 '보수주의적'으로 묶을 것이다. 그러면 그룹들의 숫자를 관리하기 더 용이하고, 드러난 결과에 따르면 대체로 양쪽이 비슷한 크기를 갖기 때문이다. 다음 그림은 스스로를 이 그룹들 중 어느 하나에 포함시킨 응답자들의 비율을 나이의 함수로서 보여준다.

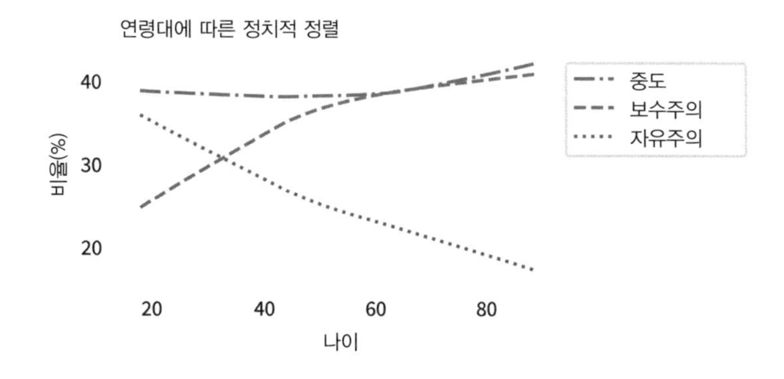

모든 연령대에서, 가장 큰 응답자 그룹은 스스로를 중도라고 간주한다. 하지만 출처 불명의 격언에 따르면, 30세 이하인 사람들은 스스로를 자유주의자로 간주할 공산이 더 크며, 30세 이상인 사람들은 스스로를 보수주의자로 간주할 확률이 더 높다.

대부분의 출생 집단들 내에서, 패턴은 같다. 나이가 들수록 사람들은 보수주의자라고 자칭할 확률이 더 커진다. 다음 그림은 스스로를 보수주의자로 식별한 사람들의 비율을 나이의 함수로 표시한 것으로, 나이는 10년 단위의 출생 연도로 묶었다.

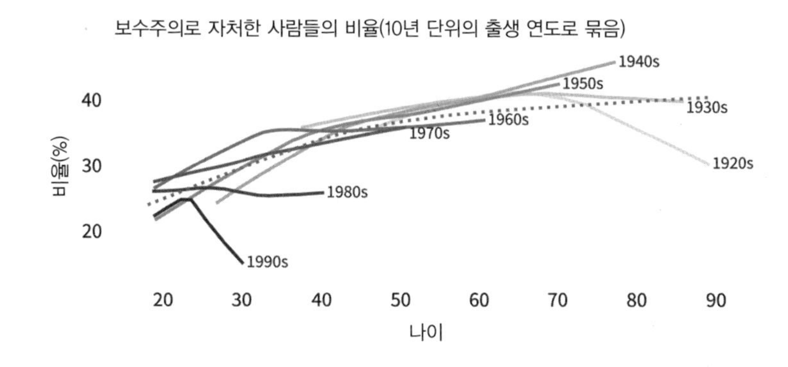

여기에는 나이 효과의 증거가 있다. 많은 그룹들에서 나이 30세 부근에서는 주목할 만한 증가세가 나타나다 40세 이후에는 수평선을 그린다. 데이터세트에서 가장 최근의 집단들인 1980년대와 1990년대생들은 예외일 수 있다. 현재까지 이들은 보수주의적 정체성으로 향하는 아무런 경향도 보여주지 않는다. 하지만 이들 중 가장 나이든 그룹은 30대이므로 뭐라고 평가하기는 아직 너무 이른지도 모른다.

'보수주의적'이라는 것은 무슨 뜻인가?

이제, 사람들은 나이가 들수록 더 보수주의적 견해를 갖게 된다는 두 번째 주장을 시험하자면 먼저 '보수주의적 견해'가 무엇인지 파악해야 한다. 그렇게 하기 위해, GSS에서 자칭 자유주의들과 보수주의자들 사이에서 가장 큰 차이를 보인 질문들을 찾았다. 그로부터 다양한 화제를 커버하는 15개의 질문 목록을 만들되, 조사에서 가장 빈번하게 나온 질문들에 우선권을 부여했다.

이 목록에 든 화제들은 놀랍지 않다. 여기에는 복지와 환경에 대한 공공지출 같은 경제 문제와 총기, 마약, 포르노물의 합법성 같은 정치 이슈, 성교육이나 교내 기도와 관련된 질문들, 사형제, 조력 자살assisted suicide, 그리고 (물론) 낙태 관련 질문이 포함돼 있다. 이 목록은 또한 이전 장에서 살펴본 질문들 중 인종 불문의 개방형 주택법, 여성의 정치 참여, 동성애 등 세 가지를 담고 있다. 지금 논의 중인 목적을 위해, 질문의 정확한 표현은 따지지 않기로 한다. 자유주의자들과 보수주의자들이 다른 대답들을 내놓았다는 사실만 알면 된다. 하지만 궁금한 사람은 이 장 말미에 딸린 질문의 목록을 참고하기 바란다.

각각의 질문에 대해, 나는 보수주의자들이 선택할 확률이 더 높은 응답들을 식별했다. 다음 그림은, 각각의 질문에 대해, 보수주의적 응답들 중 하나를 선택한 자유주의자, 중도파, 그리고 보수주의자의 비율을 보여준다.

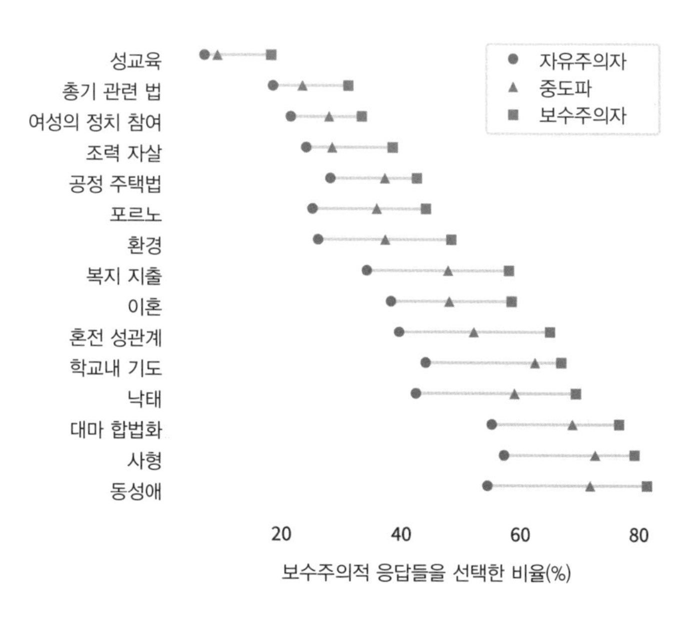

예상대로, 보수주의자들은 보수주의적 응답들을 선택할 확률이 자유주의자들보다 높고, 중도파는 대략 중간 어디쯤에 놓인다. 그룹들 간의 차이는 11~27% 범위다. 이 결과들은 1973년부터 2021년까지 기간을 포괄하기 때문에 최근 상태의 스냅숏은 아니다. 그보다는, 지난 50년간 보수주의자들과 자유주의자들을 뚜렷이 갈라놓았던 이슈들을 보여준다.

이제 더 나이든 사람들이 더 보수주의적인 견해를 견지한다는 게 사실인지 알아보자. 각 응답자에 대해, 나는 그가 선택한 보수주의적 응답의 숫자를 계산했다. 한 가지 어려움은 모두가 모든 질문에 대답한 것은 아니라는 점이다. 일부는 특정한 질문이 조사에 추가되기 전이나 조사에서 제외된 후에 조사에 응했다. 또 어떤 해에는 응답자들이 투표용지를 받듯이 무작위로 질문들의 일부만 받았다. 마지막으로, 일부 응답자들은 어떤 질문들에 관해 대답하기를 거부하거나 "모르겠다"라고 말한다.

이런 어려움을 해소하기 위해 나는 통계 모델을 사용해 각 응답자의 보수주의 수준을 추산하고, 이들이 15개 질문을 모두 받았을 때 보수적 응답을 할 질문의 숫자를 예측했다. 데이터를 지나치게 벗어나 추산하지 않도록, 15개 질문 중 적어도 5개 이상에 응답한 사람들만 골랐는데, 이는 6만 8000명 중 약 6만 3000명이었다. 다음 그림은 이 추정치의 평균을 정치적 지향(보수주의적, 중도적, 혹은 자유주의적)과 나이에 따라 무리 지은 결과이다.

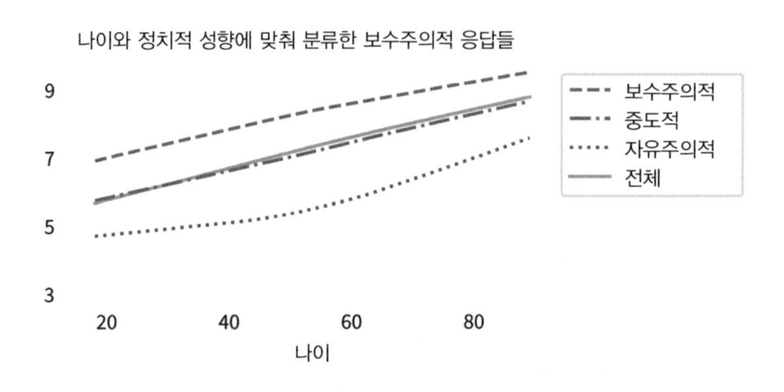

실선은 전체적 경향을 나타내는데, 더 나이든 사람일수록 더 보수주의적 견해를 보인다. 18세에서 보수주의적 응답의 평균 숫자는 15개 중 5.7인데 비해, 89세는 8.7이다. 보수주의자, 중도파, 그리고 자유주의자의 선들은 그 그룹들 내부의 경향이 그룹들 간의 경향과 같음을 보여준다.

그러나, 앞에서 확인했듯이, 그것이 곧 사람들이 나이가 들수록 더 보수적으로 변한다는 뜻은 아니다. 다음 그림은 나이의 함수로 나타낸 보수주의의 경향으로, 응답자들을 10년 단위의 출생 연도로 구분했다.

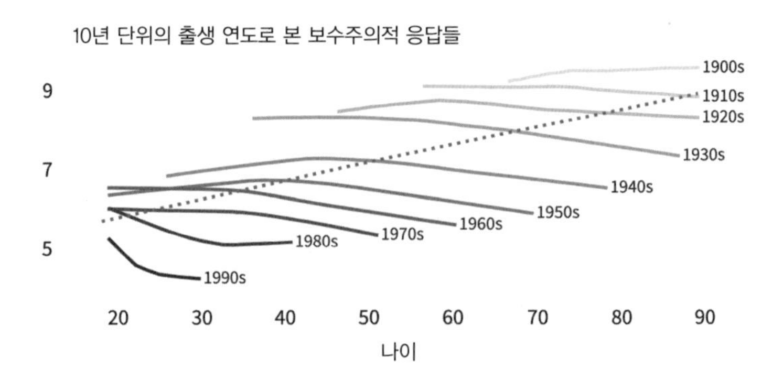

거의 모든 출생 집단은 나이를 먹으면서 더 자유주의적으로 변했다. 최고령 집단들 중 일부는 사실상 변화가 없었다. 아무도 더 보수적으로 변하지는 않았다. 여러 집단들에서 비교적 빠른 증가에 이어 완만한 감소로 이어지는 패턴이 비슷하게 나타나지만 임계점inflection point은 다른 그룹들에서 같은 나이에 나타나지 않으므로 나이 효과는 없다고 볼 수 있다.

어떻게 이럴 수 있을까?

이쯤에서 많은 이들은 이런 설명의 일부가 심슨의 역설을 보여준다는 점을 파악했을 것이다. 더 나이든 응답자들은 더 이른 세대에 속했을 가능성이 높기 때문에 더 보수주의적인 데 비해, 더 젊은 응답자들은 최근 세대일 가능성이 높으므로 더 자유주의이다. 이것은 더 나이든 사람들이 더 보수적인 이유를 설명하지만, 사람들은 나이가 들수록 더 보수적이 되지는 않는다. 따라서 이 명백한 증가 추세는 집단 효과이지 나이 효과가 아니다.

하지만 이것은 사람들이, 평균적으로 나이가 들수록 더 자유주의적인 성향을 띠게 되는데도 스스로를 보수주의적이라고 간주하는 이유를 설명하지는 않는다. 내가 제시하는 설명은 다음 세 가지 조각으로 구성된다.

- 첫째, 지난 50년간 여론의 중심은 자유주의 쪽으로 이동했다. 그 주된 이유는 집단 효과 때문이고, 부차적인 이유는 시대 효과 때문이다.
- 둘째, '자유주의적'과 '보수주의적'은 상대적인 용어들이다. 만약 누군가의 견해가 중심에서 좌편향이라면, 그는 스스로를 자유주의자라고 부를 공산이 높다. 만약 누군가의 견해가 중심에서 우편향이라면, 그는 보수주의자를 자처할 확률이 높다. 어느 쪽이든 이들이

선택한 표지는 그 중심이 어디에 있느냐에 따라 달라진다.

- 셋째, 지난 50년간, 자유주의자들과 보수주의자들 모두 더 자유주의적으로 변했다. 그 결과, 보수주의자들은 대체로 1970년대의 자유주의자들만큼 자유주의적이다.

이 조각들을 한데 맞추면 그 결과는 1970년대 자유주의자로 분류되었던 누군가는 2010년대에 보수주의자로 분류될 것이다. 따라서 젊은 시절 자유주의자로 간주되었던 누군가는, 시간이 지나면서 더 자유주의적으로 되었지만, 그럼에도 불구하고 나이가 들수록 더 보수적이라고 간주되고, 스스로도 그렇게 여길 수 있다.

이 사안들을 하나씩 짚어보도록 하자.

중심은 정지해 있지 않다

지난 50년간, 오버튼 창은 자유주의 쪽으로 이동해 왔다. 다음 그림은 15개 질문들에 대한 대답이 시간의 경과와 더불어 어떻게 변했는지 보여준다. 각 원점은 2000명으로 구성된 한 그룹의 실제 평균을 나타낸다. 점선은 데이터에 맞도록 부드럽게 조정한 결과이다.

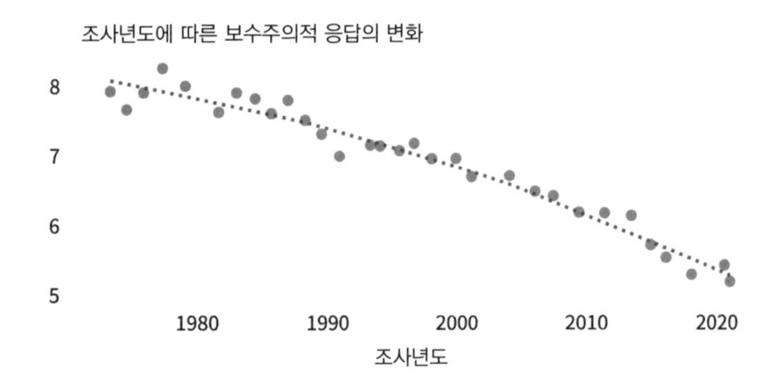

보수주의적 응답들의 평균 숫자는 감소해 왔다. 1973년, 평균적인 응답자는 15개의 질문들 중 8.1개에 대해 보수적 응답을 골랐다. 2021년에는 그 수치가 5.3으로 떨어졌다. 또한 일반적인 통념과는 대조적으로, 이 경향이 근래 들어 역전되었다는 증거는 어디에도 없다. 오히려 가속화하는 추세이다. 이 경향이 시대 효과와 집단 효과 중 어느 쪽의 영향을 더 주로 받았는지 파악하기 위해 다음 그래프를 살펴보자. 10년 단위의 출생 년도로 무리 지은 보수주의 경향을 시간의 경과에 따라 표시한 내용이다.

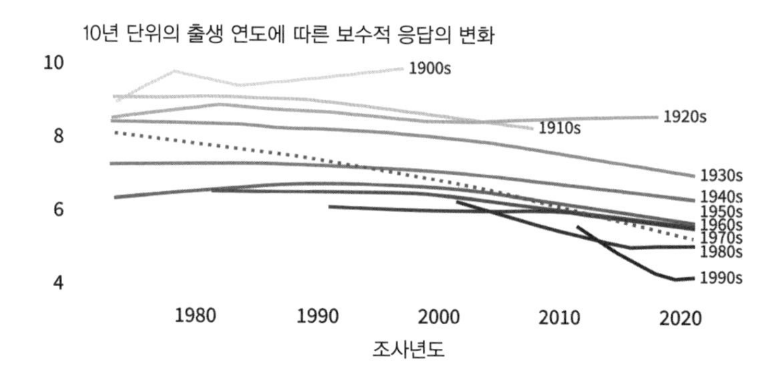

집단 효과가 뚜렷하게 드러난다. 거의 모든 출생 집단이 그 이전의 집단보다 더 자유주의적인 경향을 보인다. 만약 시대 효과도 있다면, 모든 그룹들은 동시에 등락하는 현상이 관찰돼야 한다. 그리고 그런 듯한 현상이 보인다. 여러 집단들은 1990년 이전에 보수주의 쪽으로 향하는 경향을 보이다가 그 이후에는 자유주의 쪽으로 향한다. 하지만 대다수 그룹들에서 순변화net change는 작기 때문에, 관찰된 변화의 대부분은 시대 효과가 아닌 집단 효과 때문으로 보인다.

그 결론을 계량화하기 위해, 앞 장에서 동성애에 대한 태도를 논의할 때 시도했듯이, 여기서도 반사실적 모델을 돌려볼 수 있다. 이전 사례에서, 우리는 집단 효과가 변화의 3분의 1 정도에 영향을 미쳤고, 나머지는 시대 효과의 영향이라는 점을 발견했다. 다음 그림은 지난 50년간에 걸친 보수주의의 실제 변화와 두 개의 반사실적 모델을 보여준다. 하나는 시대 효과만 가정한 경우, 다른 하나는 집단 효과만 가정한 경우이다. 집단 효과는 시대 효과보다 약 5배 더 큰 것으로 나오는데, 이는 관찰된 변화가 주로 세대 교체 때문이고, 생각이 바뀐 것은 부차적인 이유에 불과하다는 뜻이다.

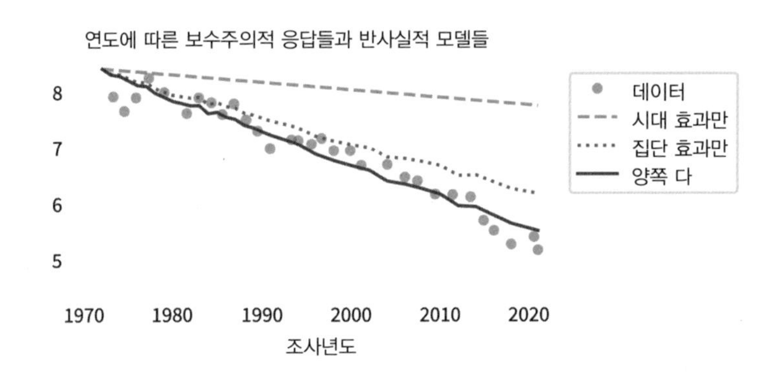

모든 것은 상대적이다

그러므로 여기에서도, 만약 사람들이 실제 더 자유주의적으로 된다면, 왜 그들은 점점 더 보수적이 되어간다고 생각하는 것일까? 설명의 두 번째 부분은 사람들이 자신들의 정치적 견해를 자의로 설정한 중심을 기준으로 분류한다는 사실이다. 그 증거로, 시간의 경과에 따라 자신을 중도파, 보수주의, 혹은 자유주의로 분별한 사람들의 비율을 보여주는 다음 그림을 검토해 보자.

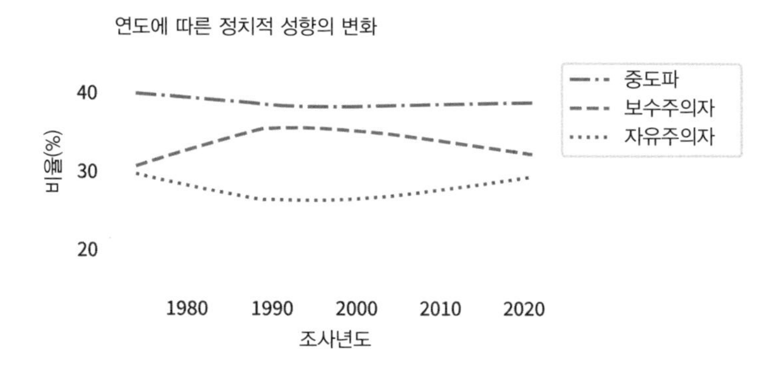

'중도적'이라고 자처한 사람들의 비율은 50년 동안 거의 변하지 않았다. 1980년대 동안, 보수주의자의 비율은 늘고 자유주의자의 비율은 줄었다. 나는 이 변화들이 레이건 집권기 동안 '자유주의'라는 단어에 부정적 이미지가 더해진 결과라고 추측한다. 많은 좌편향 정치인들은 수십년간 그 단어의 사용을 회피했다. GSS 응답자들도, 설령 자신들의 견해가 실제로는 중심에서 왼쪽으로 기운 경우에도 '자유주의'라는 단어로 스스로를 규정하는 데 소극적이었을 것으로 추정한다.

그 모든 것들에도 불구하고, 시간이 흐른 동안에도 응답들은 놀라우리만치 안정적이다. 이 결과들은 사람들이 스스로에게 붙이기로 선택한 표지는 주로 여론의 중심에 자신의 견해를 비교한 결과이며 아마도 부차적으로는 그런 표지에 붙은 이미지도 작용한 것으로 보인다.

우리는 더 양극화했는가?

설명의 세 번째 부분은 보수주의자들, 중도파들, 그리고 자유주의자들은 모두 시간이 지나면서 더 자유주의적으로 변했다는 것이다. 당대의 논평에 따르면, 미국에서 정치적 견해들이 더욱 양극화해 왔다는 사실을 당연시하는 것처럼 보이기도 한다. 만약 이것을 보수주의자들은 더욱 보수적으로,

자유주의자들은 더욱 자유주의적으로 변한다는 뜻으로 해석한다면, 그것은 사실과 다르다. 다음 그림은 시간 경과에 따른 보수주의의 변화를 정치적 성향들과 비교한 내용이다.

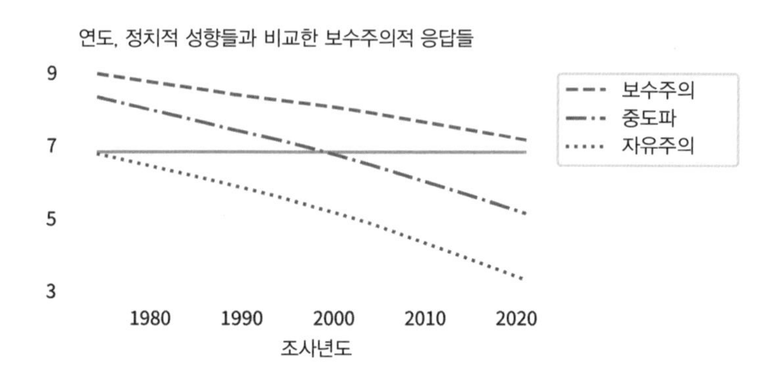

세 그룹 모두 더 진보주의적으로 변했지만, 선들의 기울기는 약간씩 다르다. 이 기간 동안, 보수주의자들은 평균 약 1.9 응답만큼 더 자유주의 쪽으로 기울었고, 중도파는 3.2, 그리고 자유주의자들은 3.4 응답만큼 더 변했다. 이것은 세 그룹들이 서로 더 멀어졌다는 의미에서는 일종의 양극화라고 볼 수 있지만, 이들이 반대 방향으로 움직였다는 의미에서는 그렇지 않다. 또한, 갈라진 규모도 크지 않다. 만약 시민 담론이 1973년, 보수주의자들과 자유주의자들이 평균 약 2.5개 질문들에 대해 서로 동의하지 않았던 시대에 가능했다면, 그 규모가 약 3.7개인 지금도 가능해야 마땅하다.

오버튼을 좇아서

이제는 설명의 세 조각들을 한데 맞출 준비가 됐다. 이전 그림에서, 수평선은 6.8개의 응답 수에 놓여있는데, 이는 1974년 자유주의자임을 자처하는 사람들 사이에서 예상되는 보수주의의 수준이었다. 타임머신을 타고 1974

년으로 돌아가 평균적인 자유주의자 한 사람을 데리고 새천년(2000년) 전환기로 돌아왔다고 가정해 보자. 15개 질문들에 대한 이들의 응답에 따르면, 이들은 2000년의 평균 중도파들과 구별되지 않는다. 그리고 만약 이들을 2021년으로 데려간다면, 이들의 1970년대식 자유주의는 평균 보수주의자의 견해만큼이나 보수적일 것이다. 1974년, 이들은 중심을 기준으로 좌편향이면서 아마도 자유주의자임을 자처했을 것이다. 2021년, 이들은 중심에서 상당히 오른쪽으로 기울었다고 판단하고 아마도 보수주의자라고 자처할 것이다.

이 타임머신 시나리오는 1940년대에 태어난 사람들에게 거의 정확하게 벌어진 상황이다. 다음 그림은 이전 그림과 똑같고, 실선이 1940년대에 태어난 사람들의 평균 보수주의 성향을 보여준다는 점만 다르다.

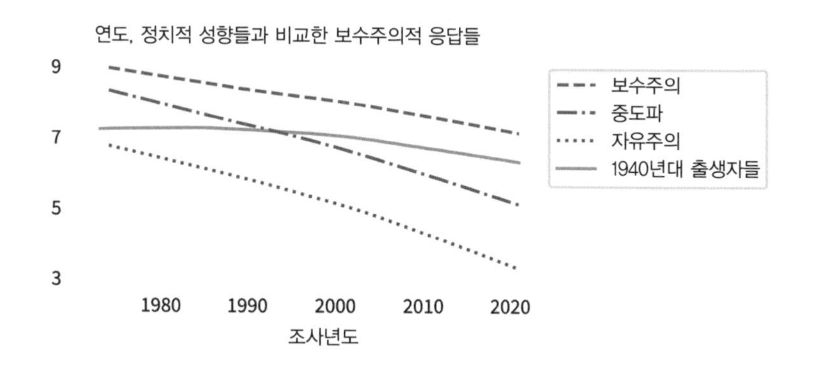

아직 30대였던 1970년대, 이들은 평균적으로, 자유주의자임을 자처한 사람들과 거의 비슷한 수준으로 자유주의적이었다. 살아가는 동안, 이들은 1990년까지 보수주의 쪽으로 기우는 성향을 보이다, 그 이후에는 자유주의 쪽으로 역전했고, 결국에는 처음 출발했던 때보다 약간 더 좌파적 성향으로 낙착되었다. 한편, 이들을 둘러싼 세계도 변했다. 1990년대, 50대가 되면서 이들은 중도파임을 자처하는 주위 사람들과 거의 구별하기 어려운 수준으로 변했다. 그리고 70대가 된 2010년대, 이들은 놀랍게도, 그리고 종종 실망스럽게도 자신들이 보수주의자임을 자처하는 사람들과 거의 비슷한 수준으로 보수적이 된 사실을 발견했다.

인기 애니메이션 드라마 '심슨 가족The Simpsons'의 할아버지 에이브 심슨Abe Simpson은 자기 세대의 역경을 이렇게 요약했다. "나는 '그것it'과 함께였지, 하지만 어느 날 '그것'이 바뀌어 버렸어. 지금 나와 함께 있는 건 '그것'이 아니야. 그리고 '그것'은 이상하고 무서워. 너에게도 그런 일이 벌어질 거야!" 그는 맞다. 당신의 견해가 오버톤 창보다 더 빨리 움직이지 않는다면 — 그리고 대부분의 경우, 그렇지 못하다 — 어느 날 잠자리에 들면서 '그것'을 가졌다고 생각했는데 다음날 아침 돌연 역사의 엉뚱한 쪽에서 일어나게 될 것이다.

출처와 관련 문헌

많은 장들에서, 나는 출간된 논문들에서 얻은 분석으로 시작한 다음 이를 반복하거나 연장했다. 이 장은 조금 다르다. GSS에서 구한 데이터를 사용해 직접 조사한 내용들을 주로 다뤘기 때문이다. 그 때문에 출처도 더 적고, 추천하는 관련 문헌도 얼마 안 된다. 그리고 이 장의 결과들은 정치학 분야의 전문가들에 의한 결정적 연구라기보다, 한 데이터 과학자가 일정한 툴과 개념들을 입증할 의도로 시도한 초기 탐구 정도로 간주하는 것이 적절할 것이다.

- 가슨 오툴Garson O'Toole이라는 사람이 인용의 출처를 찾기 위한 목적으로 운영하는 'Quote Investigator(인용 수사관)'는 출처 불명의 격언이 어디에서 유래했는지 검토한다[88].

- GSS는 시카고대학의 독립 연구 기관인 NORC가 국립과학재단의 기금을 받아 진행하는 프로젝트이다. 데이터는 GSS 웹사이트에서 얻을 수 있다[44].
- 「Chicago Tribune(시카고 트리뷴)」의 한 기사는 '자유주의liberal'라는 단어에 대한 사회적 인식을 논의한다[89].

부록: 15개의 질문

이 부록은 GSS에서 자유주의자들과 보수주의자들을 가장 뚜렷이 분별해 주는 15개 질문들로, 주제와 GSS의 코드명으로 식별했다(괄호 안의 단어가 코드명이다).

- 동성애homosex: 두 동성 성인 간의 성관계에 대한 견해 — 당신은 그에 대해 항상 잘못된 것, 거의 항상 잘못된 것, 가끔만 잘못된 것, 혹은 전혀 잘못된 것이 아니다 중 무엇이라고 생각하십니까?
- 사형cappun: 살인으로 기소된 사람들에 대한 사형에 찬성하십니까 아니면 반대하십니까?
- 대마초 합법화grass: 마리화나 사용은 합법화해야 한다고 생각하십니까 아닙니까?
- 낙태abany: 임신한 여성이 어떤 이유로든 그것을 원할 때 합법적인 낙태를 하는 것이 가능해야 한다고 보십니까 아닙니까?
- 공공 학교 내에서의 기도prayer: 미국 대법원은 어떤 주나 지방 정부도 공공 학교에서 주의 기도문이나 성경 구절을 읽도록 요구해서는 안 된다고 판결했습니다. 이에 대한 당신의 견해는 무엇입니까 — 대법원의 판결에 동의하십니까 아니면 동의하시지 않습니까?
- 혼전 성관계premarsx: 미국에서 성관계에 대한 도덕과 가치관이 변

화하는 양상을 놓고 많은 논의가 있었습니다. 만약 한 남성과 여성이 결혼 전에 성관계를 갖는다면 당신은 그것이 항상 잘못된 것, 거의 항상 잘못된 것, 이따금씩만 잘못된 것, 혹은 전혀 잘못이 없다 중에서 어느 것을 선택하시겠습니까?

- 이혼[divlaw]: 이 나라에서 이혼을 하기는 지금보다 더 쉬워져야 한다고 보십니까, 아니면 더 어려워져야 한다고 보십니까?
- 복지 지출[natfare]과 환경[natenvir]: 이 나라에서 우리는 많은 문제들에 직면해 있고, 그 중 어느 것도 쉽거나 값싸게 해결되지 않습니다. 이런 문제들 중 일부를 지명할 텐데, 각각의 항목에 대해 너무 많은 돈을 지출한다, 너무 적은 돈을 지출한다, 혹은 대략 적정 규모의 돈을 지출한다 중에서 어느 쪽이라고 생각하시는지 대답해 주십시오.
- 포르노물[pornlaw]: 다음 서술 중 포르노 관련 법에 대한 당신의 느낌과 가장 가까운 것은 무엇입니까?
  - 연령 불문하고 포르노물 유포를 불법화하는 법이 있어야 한다.
  - 18세 이하의 미성년자에게 포르노물을 유포하는 것을 금지하는 법이 있어야 한다.
  - 포르노물의 유포를 금지하는 어떤 법도 있어서는 안 된다.
- 개방형 주택법[racopen]: 일반적인 주택 문제에 관한 지역 전체의 투표가 있다고 가정합시다. 투표 대상은 두 개의 잠재적 법입니다. 어느 쪽에 투표하시겠습니까?
  - 한 법은 주택 소유자가 누구에게 자신의 집을 팔지, 설령 그가 [특정 인종의 사람들에게] 집을 팔고 싶어하지 않지 않는 경우라도, 마음대로 결정할 수 있어야 한다.

– 두 번째 법은 주택 소유자는 인종이나 피부색을 이유로 주택 판매를 거부할 수 없도록 규정한다.

- 조력 자살[letdie1]: 누군가 불치병이고, 그와 그의 가족이 조력 자살을 의사에게 요청한다면, 그 의사가 고통스럽지 않은 수단으로 그 환자의 생명을 끝내는 것이 법적으로 허용돼야 한다고 보십니까?
- 여성의 정치 참여[fepol]: 이 서술에 동의하시는지 동의하시지 않는지 알려주십시오: 대부분의 남자들은 대부분의 여성들보다 정서적으로 정치에 더 적합하다.
- 총기 규제[gunlaw]: 당신은 사람들이 총기를 구입하기 전에 경찰의 허가를 받도록 요구하는 법에 찬성하십니까, 반대하십니까?
- 성교육[sexeduc]: 당신은 공공 학교의 성교육에 찬성하십니까, 반대하십니까?

에필로그

나는 우리의 의사 결정이 증거와 이성에 바탕할 때 더 나은 사회로 나아갈 수 있다는 전제로 이 책을 시작했다. 하지만 그것이 쉬울 것이라고는 말한 적이 없다. 실제 상황에서, 데이터는 우리의 기대와 직관을 위배하는 방식들로 작용할 수 있고, 그 정도가 지나쳐서 '역설paradox'이라는 단어가 거의 진부하게 여겨질 때도 있다.

그리고 자칫하면 속기 쉽다. 앞선 장들에서 우리는 사안이 잘못될 수 있는 여러 경우들을 목격했다. 하나는 선택 편향으로, 2장에서 길이에 편향된 표본 추출로, 그리고 7장에서 충돌 편향으로 확인했다. 속을 수 있는 다른 사례들로는 10장에서 본 것처럼 별개로 검토돼야 할 것들을 한 그룹으로 묶는 경우, 그리고 11장에서 봤듯이 시대 효과를 나이 효과로 오인하는 경우가 있다. 이런 오류들은 강좌들의 규모처럼 측정을 왜곡할 수도 있고, 정상이나 비정상이라는 스스로에 대한 감각, 그리고 형사 사법 체계의 공정성이나 백신의 효능처럼 세계에 대한 우리의 인식을 왜곡할 수 있다.

그러나 데이터 작업은 내가 여러 곳에서 보여준 것만큼 까다롭지 않을 수도 있다. 왜냐하면 이 책 또한 선택의 편향으로부터 자유롭지 못하기 때문이다. 나는 가장 흥미롭고 실제 세계의 문제들과 연관돼 있다고 생각한 사례들을 골랐지만, 나중에 드러난 대로 일부 사례는 지극히 혼란스럽고

반 직관적이기도 했다. 보통은 그 정도로 어렵지는 않다. 우리는 정말로 데이터를 사용해 의문을 해소하고 논쟁을 해결할 수 있다.

그것이 가능하도록 하기 위해서는, 질문과 데이터, 그리고 방법론 세 가지가 함께 가야 한다. 대부분의 프로젝트들에서, 가장 어려운 대목은 우리가 묻는 질문에 해답을 줄 수 있는 데이터를 찾는 일이다. 그렇게 할 수 있다면, 우리에게 필요한 방법론들은 종종 수를 세거나 비교하는 것처럼 간단하다. 그리고 데이터를 효과적으로 시각화하는 것도 매우 중요하다. 여기에 좋은 사례가 있다. 아내가 첫 아기를 가졌을 때, 우리는 첫 아기들은 조산하는 경향이 있다는 말을 들었다. 한편 첫 아기들은 예정보다 늦게 나오는 경향이 있다는 말도 들었다. 어느 쪽이 맞을까?

나는 데이터 과학자의 기질을 발휘해 데이터를 찾아나섰고 곧바로 국립의료통계센터National Center for Health Statistics가 운영하는 NSFG를 발견했다. 이들은 1973년 이후 미국의 대표성 성인 표본들을 조사해 "가정 생활, 결혼과 이혼, 임신, 불임, 피임 기구의 사용, 그리고 남성과 여성의 건강에 관한 정보"를 수집해 왔다. 이들의 데이터세트는 웹사이트에서 무료로 내려받을 수 있다. 기억하겠지만 4장에서 NSFG로부터 얻은 출생 시 체중 데이터를 사용했고 5장에서는 임신 기간 데이터를 이용했다.

나는 이 데이터를 사용해 첫 아기들과 다른 아기들의 표본을 발견했고, 이들의 임신 기간을 비교했다. 그로부터 드러난 사실은, 첫 아기들은 다른 아기들보다 앞서, 혹은 뒤처져 태어날 확률이 조금 더 높고, 명목상의 임신 기간인 39주만에 태어날 확률은 더 낮았다. 평균적으로, 이들은 약 13시간 더 늦게 태어난다. 왜 그런 차이가 나는지에 대해 내가 아무런 생물학적 설명도 할 수는 없지만, 그런 현상은 일관되며, 심지어 유도 분만과 제왕절개 분만 같은 의학적 개입을 고려하더라도 마찬가지다.

그래서 나는 그에 대한 포스트를 2011년 2월 블로그에 썼다. 〈Probably Overthinking It〉이라는 이름을 붙인 나의 새 블로그에 여섯 번째로 올린 글이었다. 그 때 이후로 이것은 가장 많이 읽힌 글이 되어, 2022년 10월 현재 21만 페이지 조회수를 넘었다.

만약 컴퓨터 앞에 앉아 있다면, 브라우저를 열어 "첫 아기들은 일찍 태어날까 늦게 태어날까"라고 검색해 보기 바란다. 그러면 내가 쓴 글이나 이후 후속으로 쓴 글들이 검색 결과의 윗부분에 나타날 가능성이 높다. 설령 다른 글을 선택하더라도 그 내용 중에 내 글이 언급되어 있을 것이다. 어찌 된 연유든, 나는 이제 이 주제에 관한 한 전문가로 인식되고 있다.

자랑하려고 이 이야기를 하는 게 아니다. 요는 내가 한 일은 무엇인가 특별한 게 요구되지 않았다는 점이다. 나는 질문을 던졌고 그에 해답을 줄 수 있는 데이터를 찾았다. 기초적인 통계학을 써서 그 데이터를 분석해 그 결과를 간단한 시각 자료로 표현한 다음, 그 내용을 글로 써서 인터넷에 올렸다. 누구나 그런 일을 할 수 있다고 말할 수는 없어도, 많은 사람들이 할 수 있는 내용이다.

작업에 필요한 데이터와 툴은 과거 어느 때보다도 더 쉽게 구할 수 있다. 인터넷이 그 중 큰 부분을 차지한다는 점은 분명하며, 정보를 더 쉽게 찾아 줄 수 있는 서비스들도 많이 나왔다. 다른 큰 부분은 개방되고 재생산 가능한 과학의 기풍이 떠오르고 있다는 점이다. 그리 멀지 않은 과거, 내가 대학원에 다닐 때만 해도, 연구자들이 자신들의 데이터나 컴퓨터 코드를 공개하리라는 아무런 기대도 없었다. 누군가의 실험을 반복하거나 그들의 데이터에 대해 새로운 분석 작업을 하고 싶을 때는 그에게 직접 연락해야 했고, 그러면서도 해당 데이터를 구하지 못하거나 심지어 응답조차 받지 못할 수도 있다는 각오를 해야 했다. 그리고 다른 누군가의 코드를 돌려보고 싶은 경우라도 불가능할 때가 많았다. 그 코드를 구할 수 없거나, 코드 작성자가 이를 공유하고 싶어하지 않을 수도 있었다. 그 코드의 품질은 별로 높지 않을 공산이 컸고, 관련 기록이나 문서도 거의 없었다. 그리고 그 코드가 작동되는 환경을 반복하는 것이 불가능할 수도 있었다.

지금도 상황은 완벽하지 않다. 하지만 그 때보다 훨씬 더 낫다. 이 책에 소개한 사례들을 가지고 작업할 때 내가 가진 전략 중 하나는 이전의 작업을 반복한 다음 그것을 연장하는 것이었다. 때로는 그것을 새로운 데이터로 업데이트했고, 때로는 다른 방법론을 적용했으며, 때로는 5장에 소개한 불멸의 스웨덴인처럼 지나치게 멀리까지 나아가기도 했다.

대부분의 경우, 이전의 작업을 반복하려는 나의 시도들은 잘 통했다. 1차 소스들로부터 데이터를 내려받을 수 있을 때도 많았는데, 그 중 많은 경우는 정부 기관들이었다. 다른 경우에는 저자들이 자신들의 웹 사이트나 출판사의 사이트에 데이터를 공개했다. 몇몇 사례들의 경우 디지털 그림에서 데이터를 추출하는 편법을 써야 할 때도 있었지만, 대부분의 경우는 컴퓨터가 아직 널리 사용되기 전에 출간된 논문들이기 때문이었다.

코드를 공유하는 툴과 관행은 아직 충분히 성숙하지는 않았지만 점점 나아지고 있다. 그런 방향에 기여하고 싶은 바람에서, 나는 이 책의 모든 코드를 온라인에 공개했다[35]. 나는 적어도 일부 독자들이 내가 한 작업을 반복하고 확장할 기회를 갖기를 바란다. 그로부터 그들이 발견하는 새로운 내용을 나도 볼 수 있기를 희망한다.

| 참고문헌 |

[1] "Distribution of Women Age 40–50 by Number of Children Ever Born and Marital Status: CPS, Selected Years, 1976–2018." United States Census Bureau, 2018. https://www.census.gov/data/tables/time-series/demo/fertility/his-cps.html.
[2] "27th Anniversary Edition James Joyce Ramble 10K." Cool Running, 2010. https://web.archive.org/web/20100429073703/http://coolrunning.com/results/10/ma/Apr25_27thAn_set1.shtml.
[3] "A Message from the Gay Community." San Francisco Gay Men's Chorus, YouTube, July 1, 2021. https://www.youtube.com/watch?v=ArOQF4kadHA.
[4] Alex Abad-Santos. "Lizard People: The Greatest Political Conspiracy Ever Created." Vox, February 20, 2015. https://www.vox.com/2014/11/5/7158371/lizard-people-conspiracy-theory-explainer.
[5] Gregor Aisch and Amanda Cox. "A 3-D View of a Chart That Predicts the Economic Future: The Yield Curve." *New York Times,* March 19, 2015. https://www.nytimes.com/interactive/2015/03/19/upshot/3d-yield-curve-economic-growth.html.
[6] Robin George Andrews. "How a Tiny Asteroid Strike May Save Earthlings from City-Killing Space Rocks." *New York Times,* March 21, 2022. https://www.nytimes.com/2022/03/21/science/nasa-asteroid-strike.html.
[7] Julia Angwin, Jeff Larson, Surya Mattu, and Lauren Kirchner. "Machine Bias: There's Software Used across the Country to Predict Future Criminals. And It's Biased Against Blacks." *ProPublica,* May 23, 2016. https://www.propublica.org/article/machine-bias-risk-assessments-in-criminal-sentencing.
[8] "Anthropometric Survey of US Army Personnel." US Army Natick Soldier Research, Development and Engineering Center. 2012. https://www.openlab.psu.edu/ansur2/.
[9] "Archive of Wednesday, 7 September 2005." SpaceWeatherLive.com, 2005. https://www.spaceweatherlive.com/en/archive/2005/09/07/xray.html.
[10] Hailey R. Banack and Jay S. Kaufman. "The "Obesity Paradox" Explained." *Epidemiology* 24.3 (2013): 461–62.

[11] "Behavioral Risk Factor Surveillance System Survey Data." Centers for Disease Control and Prevention (CDC), 2020. https://www.cdc.gov/brfss.
[12] Hiram Beltrán-Sánchez, Eileen M. Crimmins, and Caleb E. Finch. "Early Cohort Mortality Predicts the Rate of Aging in the Cohort: A Historical Analysis." *Journal of Developmental Origins of Health and Disease* 3.5 (2012): 380–86.
[13] *Big Five Personality Test.* Open-Source Psychometrics Project. 2019. https://openpsychometrics.org/tests/IPIP-BFFM.
[14] George E. Bigelow, Warren E. Bickel, John D. Roache, Ira A. Liebson, and Pat Nowowieski. "Identifying Types of Drug Intoxication: Laboratory Evaluation of a Subject-Examination Procedure." Tech. rep. DOT HS 806 753. National Highway Traffic Safety Administration, 1985. http://www.decp.us/pdfs/Bigelow_1985_DRE_validation_study.pdf.
[15] "Carrington Event." Wikipedia, 2022. https://en.wikipedia.org/wiki/Carrington_Event.
[16] C. R. Charig, D. R. Webb, S. R. Payne, and J. E. A. Wickham. "Comparison of Treatment of Renal Calculi by Open Surgery, Percutaneous Nephrolithotomy, and Extracorporeal Shockwave Lithotripsy." *British Medical Journal (Clinical Research Edition)* 292.6524 (1986): 879–82.
[17] Y. B. Cheung, P. S. F. Yip, and J. P. E. Karlberg. "Mortality of Twins and Singletons by Gestational Age: A Varying-Coefficient Approach." *American Journal of Epidemiology* 152.12 (2000): 1107–16.
[18] "Child Mortality Rate, under Age Five." Gapminder Foundation. 2022. https://www.gapminder.org/data/documentation/gd005/.
[19] "China Is Trying to Get People to Have More Babies." *The Economist,* September 29, 2022. https://www.economist.com/china/2022/09/29/china-is-trying-to-get-people-to-have-more-babies.
[20] Richard P. Compton. "Field Evaluation of the Los Angeles Police Department Drug Detection Program." Tech. rep. DOT HS 807 012, 1986. https://trid.trb.org/view/466854.
[21] John D. Cook. "Student-t as a Mixture of Normals." 2009. https://www.johndcook.com/blog/2009/10/30/student-t-mixture-normals/.
[22] Sam Corbett-Davies, Emma Pierson, Avi Feller, and Sharad Goel. "A Computer Program Used for Bail and Sentencing Decisions Was Labeled Biased against Blacks. It's Actually Not That Clear." *Washington Post,* October 17, 2016. https://www.washingtonpost.com/news/monkey-cage/wp/2016/10/17/can-an-algorithm-be-racist-our-analysis-is-more-cautious-than-propublicas/.
[23] "Could Solar Storms Destroy Civilization? Solar Flares & Coronal Mass Ejections." Kurzgesagt—In a Nutshell. YouTube, June 7, 2020. https://www.youtube.com/watch?v=oHHSSJDJ4oo.
[24] "COVID-19 Vaccine Surveillance Report, Week 38." Public Health England, September 23, 2021. https://assets.publishing.service.gov.uk/government/uploads/system/uploads/attachment_data/file/1019992/Vaccine_surveillance_report_-_week_38.pdf.
[25] Tyler Cowen. "Six Rules for Dining Out: How a Frugal Economist Finds the

Perfect Lunch." *The Atlantic*, May 2012. https://www.theatlantic.com/magazine/archive/2012/05/six-rules-for-dining-out/308929/.

[26] Gilbert S. Daniels. "The 'Average Man'?" Tech. rep. RDO No. 695-71. Air Force Aerospace Medical Research Lab, Wright-Patterson AFB, Ohio, 1952. https://apps.dtic.mil/sti/pdfs/AD0010203.pdf.

[27] D. Scott Davis, David A. Briscoe, Craig T. Markowski, Samuel E. Saville, and Christopher J. Taylor. "Physical Characteristics That Predict Vertical Jump Performance in Recreational Male Athletes." *Physical Therapy in Sport* 4.4 (2003): 167–74.

[28] Jill De Ron, Eiko I. Fried, and Sacha Epskamp. "Psychological Networks in Clinical Populations: Investigating the Consequences of Berkson's Bias." *Psychological Medicine* 51.1 (2021): 168–76.

[29] "Deaths by Vaccination Status, England." UK Office for National Statistics, July 6, 2022. https://www.ons.gov.uk/peoplepopulationandcommunity/birthsdeathsandmarriages/deaths/datasets/deathsbyvaccinationstatusengland.

[30] "Democrats and Republicans Differ on Conspiracy Theory Beliefs." Public Policy Polling. April 2, 2013. https://www.publicpolicypolling.com/wp-content/uploads/2017/09/PPP_Release_National_ConspiracyTheories_040213.pdf.

[31] "Birth to 36 Months: Boys; Length-for-Age and Weight-for-Age Percentiles." Centers for Disease Control and Prevention (CDC), 2022. https://www.cdc.gov/growthcharts/data/set1clinical/cj41l017.pdf.

[32] "Distribution of Undergraduate Classes by Course Level and Class Size." Purdue University, 2016. https://web.archive.org/web/20160415011613/https://www.purdue.edu/datadigest/2013-14/InstrStuLIfe/DistUGClasses.html.

[33] Allen B. Downey. *Elements of Data Science: Getting Started with Data Science and Python*. Green Tea Press, 2021.

[34] ——. *Elements of Data Science: Recidivism Case Study*. 2021. https://allendowney.github.io/RecidivismCaseStudy.

[35] ——. *Probably Overthinking It: Online Resources*. 2022. https://allendowney.github.io/ProbablyOverthinkingIt.

[36] *Ebner v. Cobb County*. ACLU. September 25, 2017. https://acluga.org/ebner-v-cobb-county.

[37] Shah Ebrahim. "Yerushalmy and the Problems of Causal Inference." *International Journal of Epidemiology* 43.5 (2014): 1349–51.

[38] Jordan Ellenberg. *How Not to Be Wrong: The Power of Mathematical Thinking*. Penguin, 2015.

[39] *The Joe Rogan Experience* podcast, episode 1717. October 15, 2021. https://open.spotify.com/episode/1VNcMVzwgdU2gXdbw7yqCL?si=WjK0_EQ7TXGgFdVmda_gRw.

[40] K. Anders Ericsson. "Training History, Deliberate Practice and Elite Sports Performance: An Analysis in Response to Tucker and Collins Review—What Makes Champions?" *British Journal of Sports Medicine* 47.9 (2013): 533–35.

[41] Scott L. Feld. "Why Your Friends Have More Friends Than You Do." *American Journal of Sociology* 96.6 (1991): 1464–77.

[42] Erwin Fleischmann, Nancy Teal, John Dudley, Warren May, John D. Bower, and Abdulla K. Salahudeen. "Influence of Excess Weight on Mortality and Hospital Stay in 1346 Hemodialysis Patients." *Kidney International* 55.4 (1999): 1560–67.

[43] Frietson Galis, Inke Van Der Sluijs, Tom J. M. Van Dooren, Johan A. J. Metz, and Marc Nussbaumer. "Do Large Dogs Die Young?" *Journal of Experimental Zoology, Part B: Molecular and Developmental Evolution* 308.2 (2007): 119–26.

[44] "General Social Survey." NORC at the University of Chicago, 2022. https://gss.norc.org/Get-The-Data.

[45] Philip D. Gingerich. "Arithmetic or Geometric Normality of Biological Variation: An Empirical Test of Theory." *Journal of Theoretical Biology* 204.2 (2000): 201–21.

[46] Malcolm Gladwell. *Outliers: The Story of Success*. Little, Brown, 2008.

[47] *Global Leaderboard*. Chess.com, March 1, 2022. https://www.chess.com/leaderboard/live.

[48] Harvey Goldstein. "Commentary: Smoking in Pregnancy and Neonatal Mortality." *International Journal of Epidemiology* 43.5 (2014): 1366–68.

[49] Kristen B. Gorman, Tony D. Williams, and William R. Fraser. "Ecological Sexual Dimorphism and Environmental Variability within a Community of Antarctic Penguins (Genus Pygoscelis)." *PLOS One* 9.3 (2014): e90081.

[50] Gareth J. Griffith, Tim T. Morris, Matthew J. Tudball, Annie Herbert, Giulia Mancano, Lindsey Pike, et al. "Collider Bias Undermines Our Understanding of COVID-19 Disease Risk and Severity." *Nature Communications* 11.1 (2020): 1–12.

[51] Sara Hendren. *What Can a Body Do? How We Meet the Built World*. Penguin, 2020.

[52] Sonia Hernández-Díaz, Enrique F. Schisterman, and Miguel A. Hernán. "The Birth Weight 'Paradox' Uncovered?" *American Journal of Epidemiology* 164.11 (2006): 1115–20.

[53] Allison Horst. "Example Graphs Using the Penguins Data." Palmerpenguins, n.d. https://allisonhorst.github.io/palmerpenguins/articles/examples.html.

[54] Jennifer Hotzman, Claire C. Gordon, Bruce Bradtmiller, Brian D. Corner, Michael Mucher, Shirley Kristensen, et al. "Measurer's Handbook: US Army and Marine Corps Anthropometric Surveys, 2010–2011." Tech. rep. US Army Natick Soldier Research, Development and Engineering Center, 2011.

[55] Steven Johnson. *Extra Life: A Short History of Living Longer*. Penguin, 2022.

[56] *JPL Small-Body Database*. Jet Propulsion Laboratory, August 15, 2018. https://ssd.jpl.nasa.gov/tools/sbdb_lookup.html.

[57] D. Kahneman, O. Sibony, and C. R. Sunstein. *Noise: A Flaw in Human Judgment*. HarperCollins, 2021.

[58] Brendan Keefe and Michael King. "The Drug Whisperer: Drivers Arrested while Stone Cold Sober." *11 Alive*, WXIA-TV, January 31, 2018. https://www.11alive.com/article/news/investigations/the-drug-whisperer-drivers-arrested-while-stone-cold-sober/85-502132144.

[59] Katherine M. Keyes, George Davey Smith, and Ezra Susser. "Commentary: Smoking in Pregnancy and Offspring Health: Early Insights into Family-Based

and 'Negative Control' Studies?" *International Journal of Epidemiology* 43.5 (2014): 1381–88.
[60] Sarah Kliff and Aatish Bhatia. *When They Warn of Rare Disorders, These Prenatal Tests Are Usually Wrong*. *New York Times,* January. 1, 2022. https://www.nytimes.com/2022/01/01/upshot/pregnancy-birth-genetic-testing.html.
[61] Gina Kolata. "Blood Tests That Detect Cancers Create Risks for Those Who Use Them." *New York Times,* June 10, 2022. https://www.nytimes.com/2022/06/10/health/cancer-blood-tests.html.
[62] Michael S. Kramer, Xun Zhang, and Robert W. Platt. "Commentary: Yerushalmy, Maternal Cigarette Smoking and the Perinatal Mortality Crossover Paradox." *International Journal of Epidemiology* 43.5 (2014): 1378–81.
[63] William Edward Hartpole Lecky. *History of European Morals, from Augustus to Charlemagne*. Vol. 1. D. Appleton, 1897. https://www.gutenberg.org/files/39273/39273-h/39273-h.html.
[64] Ellen Lee. "At-Home COVID-19 Antigen Test Kits: Where to Buy and What You Should Know." *New York Times,* December 21, 2021. https://www.nytimes.com/wirecutter/reviews/at-home-covid-test-kits.
[65] Daniel J. Levitin. *This Is Your Brain on Music: The Science of a Human Obsession*. Penguin, 2006.
[66] Dyani Lewis. "Why Many Countries Failed at COVID Contact-Tracing—but Some Got It Right." *Nature* 588.7838 (2020): 384–88.
[67] Michael Lewis. *The Premonition: A Pandemic Story*. Penguin UK, 2021.
[68] Rolv T. Lie. "Invited Commentary: Intersecting Perinatal Mortality Curves by Gestational Age—Are Appearances Deceiving?" *American Journal of Epidemiology* 152.12 (2000): 1117–19.
[69] "Life Tables by Country." WHO Global Health Observatory, 2022. https://apps.who.int/gho/data/node.main.LIFECOUNTRY?lang=en.
[70] "List of Disasters by Cost." Wikipedia, 2022. https://en.wikipedia.org/wiki/List_of_disasters_by_cost.
[71] David Lusseau, Karsten Schneider, Oliver J. Boisseau, Patti Haase, Elisabeth Slooten, and Steve M. Dawson. "The Bottlenose Dolphin Community of Doubtful Sound Features a Large Proportion of Long-Lasting Associations." *Behavioral Ecology and Sociobiology* 54.4 (2003): 396–405.
[72] William MacAskill, Teruji Thomas, and Aron Vallinder. "The Significance, Persistence, Contingency Framework." GPI Technical Report No. T1-2022. Global Priorities Institute, 2022. https://globalprioritiesinstitute.org/wp-content/uploads/William-MacAskill-Teruji-Thomas-and-Aron-Vallinder-The-Significance-Persistence-Contingency-Framework.pdf.
[73] Benoit B. Mandelbrot. *The Fractal Geometry of Nature*. Vol. 1. Freeman, 1982.
[74] Arjun K. Manrai, Gaurav Bhatia, Judith Strymish, Isaac S. Kohane, and Sachin H. Jain. "Medicine's Uncomfortable Relationship with Math: Calculating Positive Predictive Value." *JAMA Internal Medicine* 174.6 (2014): 991–93.
[75] "MBTA Data." Massachusetts Bay Transportation Authority, 2021. https://www.mbta.com/developers.

[76] Julian J. McAuley and Jure Leskovec. "Learning to Discover Social Circles in Ego Networks." In *Advances in Neural Information Processing Systems 25 (NIPS 2012)*, ed. Peter L. Bartlett et al., 2012, 548–56. http://dblp.uni-trier.de/db/conf/nips/nips2012.html#McAuleyL12.

[77] Richard McElreath. *Statistical Rethinking: A Bayesian Course with Examples in R and Stan*. Chapman and Hall/CRC, 2020.

[78] H. Jay Melosh. *Planetary Surface Processes*. Vol. 13. Cambridge University Press, 2011.

[79] V. J. Menon and D. C. Agrawal. "Renewal Rate of Filament Lamps: Theory and Experiment." *Journal of Failure Analysis and Prevention* 7.6 (2007): 419–23.

[80] Dasia Moore. "State Suspends COVID-19 Testing at Orig3n, Boston Lab Responsible for at Least 383 False Positive Results." *Boston Globe*, September 8, 2020. https://www.bostonglobe.com/2020/09/08/nation/state-suspends-covid-19-testing-orig3n-boston-based-lab-responsible-least-383-false-positive-results/.

[81] Jeffrey Morris. "UK Data: Impact of Vaccines on Deaths." November 27, 2021. https://www.covid-datascience.com/post/what-do-uk-data-say-about-real-world-impact-of-vaccines-on-all-cause-deaths.

[82] Randall Munroe. "Base Rate." *xkcd*, 2021. https://xkcd.com/2476/.

[83] "National Longitudinal Survey of Youth 1997 (NLSY97)." US Bureau of Labor Statistics, 2018. https://www.nlsinfo.org/content/cohorts/nlsy97.

[84] "National Survey of Family Growth." Centers for Disease Control and Prevention (CDC), 2019. https://www.cdc.gov/nchs/nsfg.

[85] Floyd Norris. "Can Every Group Be Worse Than Average? Yes." *New York Times*, May 1, 2013. https://economix.blogs.nytimes.com/2013/05/01/can-every-group-be-worse-than-average-yes.

[86] ——. "Median Pay in U.S. Is Stagnant, but Low-Paid Workers Lose." *New York Times*, April 27, 2013. https://www.nytimes.com/2013/04/27/business/economy/wage-disparity-continues-to-grow.html.

[87] Numberphile. "Does Hollywood Ruin Books?" YouTube, August 28, 2018. https://www.youtube.com/watch?v=FUD8h9JpEVQ.

[88] Garson O'Toole. "If You Are Not a Liberal at 25, You Have No Heart. If You Are Not a Conservative at 35, You Have No Brain." Quote Investigator, February 24, 2014. https://quoteinvestigator.com/2014/02/24/heart-head.

[89] Clarence Page and a member of the *Chicago Tribune*'s editorial board. "When Did 'Liberal' Become a Dirty Word?" *Chicago Tribune*, July 20, 2007. https://www.chicagotribune.com/news/ct-xpm-2007-07-29-0707280330-story.html.

[90] Lionel Page. "Everybody Should Know about Berkson's Paradox." Twitter, 2021. https://twitter.com/page_eco/status/1373266475230789633.

[91] Mark Parascandola. "Commentary: Smoking, Birthweight and Mortality: Jacob Yerushalmy on Self-Selection and the Pitfalls of Causal Inference." *International Journal of Epidemiology* 43.5 (2014): 1373–77.

[92] John Allen Paulos. "Why You're Probably Less Popular Than Your Friends." *Scientific American* 304.2 (2011): 33.

[93] Judea Pearl and Dana Mackenzie. *The Book of Why: The New Science of Cause and Effect*. Basic Books, 2018.
[94] Caroline Criado Perez. *Invisible Women: Data Bias in a World Designed for Men*. Abrams, 2019.
[95] ——. "The Deadly Truth about a World Built for Men—From Stab Vests to Car Crashes." *The Guardian*, February 23, 2019. https://www.theguardian.com/lifeandstyle/2019/feb/23/truth-world-built-for-men-car-crashes.
[96] "Personal Protective Equipment and Women." Trades Union Congress (TUC), 2017. https://www.tuc.org.uk/research-analysis/reports/personal-protective-equipment-and-women.
[97] Steven Pinker. *The Better Angels of Our Nature: Why Violence Has Declined*. Penguin, 2012.
[98] Max Planck. *Scientific Autobiography and Other Papers*. Open Road Media, 2014.
[99] Samuel H. Preston. "Family Sizes of Children and Family Sizes of Women." *Demography* 13.1 (1976): 105–14.
[100] William Rhodes, Gerald Gaes, Jeremy Luallen, Ryan King, Tom Rich, and Michael Shively. "Following Incarceration, Most Released Offenders Never Return to Prison." *Crime & Delinquency* 62.8 (2016): 1003–25.
[101] Stuart Robbins. *Lunar Crater Database. Vol. 1.* August 15, 2018. https://astrogeology.usgs.gov/search/map/Moon/Research/Craters/lunar_crater_database_robbins_2018.
[102] ——. "A New Global Database of Lunar Impact Craters > 1–2 km: 1. Crater Locations and Sizes, Comparisons with Published Databases, and Global Analysis." *Journal of Geophysical Research: Planets* 124.4 (2019): 871–92.
[103] Derek Robertson. "How an Obscure Conservative Theory Became the Trump Era's Go-to Nerd Phrase." *Politico*, February 25, 2018. https://www.politico.com/magazine/story/2018/02/25/overton-window-explained-definition-meaning-217010/.
[104] Oliver Roeder. *Seven Games: A Human History*. W. W. Norton, 2022.
[105] Todd Rose. *The End of Average: How to Succeed in A World That Values Sameness*. Penguin UK, 2016.
[106] Tom Rosentiel. *Four-in-Ten Americans Have Close Friends or Relatives Who Are Gay*. Pew Research Center, May 27, 2007. https://www.pewresearch.org/2007/05/22/fourinten-americans-have-close-friends-or-relatives-who-are-gay/.
[107] Ryan A. Rossi and Nesreen K. Ahmed. "The Network Data Repository with Interactive Graph Analytics and Visualization." *AAAI*, 2015. http://networkrepository.com.
[108] Sigal Samuel. "*Should Animals, Plants, and Robots Have the Same Rights as You?*" *Vox*, April 4, 2019. https://www.vox.com/future-perfect/2019/4/4/18285986/robot-animal-nature-expanding-moral-circle-peter-singer.
[109] "SARS-CoV-2 Variants of Concern and Variants Under Investigation In England." Technical Briefing 44, UK Health Security Agency, July 22, 2022. https://assets.publishing.service.gov.uk/government/uploads/system/uploads/attachment_data/file/1093275/covid-technical-briefing-44-22-july-2022.pdf.

[110] Jonathan Schaeffer. *Marion Tinsley: Human Perfection at Checkers?* 2004. https://web.archive.org/web/20220407101006/http://www.wylliedraughts.com/Tinsley.htm.

[111] "Sentences Imposed." Federal Bureau of Prisons, 2019. https://www. bop.gov/about/statistics/statistics_inmate_sentences.jsp.

[112] "September 2005 Aurora Gallery." SpaceWeather.com, 2005. https://spaceweather.com/aurora/gallery_01sep05_page3.htm.

[113] Peter Singer. *The Expanding Circle*. Princeton University Press, 1981.

[114] Charles Percy Snow and Baron Snow. *The Two Cultures and the Scientific Revolution*. Cambridge University Press, 1959.

[115] *Southern California Earthquake Data Center*. Caltech/USGS Southern California Seismic Network, 2022. https://scedc.caltech.edu/.

[116] "Spud Webb." Wikipedia, 2022. https://en.wikipedia.org/wiki/Spud_Webb.

[117] Steven Strogatz. "Friends You Can Count On." *New York Times*, September 17, 2012. https://opinionator.blogs.nytimes.com/2012/09/17/friends-you-can-count-on.

[118] "Supplemental Surveys." United States Census Bureau, 2022. https://www.census.gov/programs-surveys/cps/about/supplemental-surveys.html.

[119] *Surveillance, Epidemiology, and End Results (SEER) Program*. National Cancer Institute. 2016. https://seer.cancer.gov/data/.

[120] *SWPC Data Service*. Space Weather Prediction Center. 2022. https://www.ngdc.noaa.gov/stp/space-weather/solar-data/solar-features/solar-flares/x-rays/goes/xrs/.

[121] Nassim Nicholas Taleb. *The Black Swan: The Impact of the Highly Improbable*. Vol. 2. Random House, 2007.

[122] "The Overton Window of Political Possibility Explained." Mackinac Center. YouTube, February 21, 2020. https://www.youtube.com/watch?v=ArOQF4kadHA.

[123] Derek Thompson. "The Pandemic's Wrongest Man: In a Crowded Field of Wrongness, One Person Stands Out: Alex Berenson." *The Atlantic*, April 1, 2021. https://www.theatlantic.com/ideas/archive/2021/04/pandemics-wrongest-man/618475.

[124] Benjamin Todd. *80,000 Hours: Find a Fulfilling Career That Does Good*. 2022. https://80000hours.org/.

[125] Zeynep Tufekci. "This Overlooked Variable Is the Key to the Pandemic." *The Atlantic*, September 30, 2020. https://www.theatlantic.com/health/archive/2020/09/k-overlooked-variable-driving-pandemic/616548/.

[126] "Tunguska Event." Wikipedia, 2022. https://en.wikipedia.org/wiki/Tunguska_event.

[127] Johan Ugander, Brian Karrer, Lars Backstrom, and Cameron Marlow. "The Anatomy of the Facebook Social Graph." 2011. https://arxiv.org/abs/1111.4503.

[128] Tyler J. VanderWeele. "Commentary. Resolutions of the Birthweight Paradox: Competing Explanations and Analytical Insights." *International Journal of Epidemiology* 43.5 (2014): 1368–73.

[129] James W. Vaupel, Francisco Villavicencio, and Marie-Pier Bergeron-Boucher. "Demographic Perspectives on the Rise of Longevity." *Proceedings of the National Academy of Sciences* 118.9 (2021): e2019536118.

[130] *Vital Statistics Online Data Portal.* Centers for Disease Control and Prevention (CDC), 2018. https://www.cdc.gov/nchs/nsfg.

[131] Allen J. Wilcox and Ian T. Russell. "Perinatal Mortality: Standardizing for Birthweight Is Biased." *American Journal of Epidemiology* 118.6 (1983): 857–64.

[132] Samuel H. Williamson. "Daily Closing Value of the Dow Jones Average, 1885 to Present." MeasuringWorth, 2022. https://www.measuringworth.com/datasets/DJA.

[133] J. Yerushalmy. "The Relationship of Parents' Cigarette Smoking to Outcome of Pregnancy—Implications as to the Problem of Inferring Causation from Observed Associations." *American Journal of Epidemiology* 93.6 (1971): 443–56.

[134] ——. "The Relationship of Parents' Cigarette Smoking to Outcome of Pregnancy—Implications as to the Problem of Inferring Causation from Observed Associations." *International Journal of Epidemiology* 43.5 (2014): 1355–66.

| 찾아보기 |

ㄱ

가우스 분포 35
가중 재표집 56
개리 카스파로프 111
개방형 주택법 306
검사의 역설 52, 54, 55, 57, 61, 62, 64, 66, 68, 70, 71
공군 인체측정학 조사 37
교모세포종 118, 124, 126
국립해양대기국 203
국민사망지수 169
국제역학저널 14
그레이 스완 199, 201, 205
기네스 세계 기록 101
기저율 210, 211, 212, 214, 215, 218, 219, 220, 225, 228, 230, 231, 233, 239
기저율 오류 15, 208, 216, 226, 241
긴 꼬리 분포 196, 197, 200, 202, 205
긴 꼬리 분포도 195, 196, 202
길이에 편향 52, 309
길이에 편향된 표집 61
꼬리가 긴 177

ㄴ

나심 니콜라스 탈레브 199
나이-시대-집단 분석 291
나이 효과 276, 277, 280, 293, 297, 309
내틱 솔저 센터 26
누적 분포 함수 33

ㄷ

대니얼 레비틴 109
대략 평균 37, 38, 39, 43, 45, 49
대표표본 77

ㄹ

렙토쿠르토틱 57
로그-t 모델 181, 186, 189, 190, 192, 193, 194, 198, 199, 200
로그 정규 분포 91, 92, 105, 107, 110, 111, 112, 122, 178, 179, 190, 195, 197, 202
롤브 리에 166

ㅁ

마그누스 칼센 111
마약에 취한 상태의 운전 216
마약 인식 전문가 216
마이클 루이스 63
마이클 앤서니 제롬 “스퍼드” 웹 141
마이클 조던 110
말콤 글래드웰 108
매리언 틴슬리 111, 112, 115

메저링워스 재단 203
미국 시민 자유 연맹 216
미국청소년추적연구 142
민감도 209, 210, 212, 213, 214, 218, 220, 227, 228, 230, 231, 240

ㅂ

반상관 관계 142
백분위 111
벅슨의 역설 14, 142, 148, 151, 152, 153, 154, 155, 156, 170, 173
베노이트 만델브로트 196, 205
변이도 80, 119, 180, 190, 245, 246
블랙 스완 199, 200, 201, 205
비상관 관계 142
비정상 점수 45, 46, 47, 49

ㅅ

상관 관계 142
새라 헨드렌 50
새뮤얼 프레스턴 7, 76
세레나 윌리엄스 110
슈퍼 전파자 52, 61, 62, 64
슈퍼플레어 191, 200, 201
스캇 펠드 59
시대 효과 277, 278, 280, 281, 283, 284, 285, 299, 300, 309
실질 재생산 지수 61
심슨 가족 304
심슨의 역설 14, 244, 247, 248, 251, 252, 253, 254, 255, 256, 258, 260, 262, 263, 266, 267, 268, 270, 272, 283, 291, 297

ㅇ

아동 사망률 131, 132, 133
아웃라이어 112
애틀랜타 브레이브스 101
양성 예측치 228, 232, 236
에드워드 H. 심슨 247
엘로 평점 시스템 105
역방향 추적 62
연방형무소국 66, 73
영국 공중보건국 221
오버튼 창 270, 288, 291, 298, 304
올리버 뢰더 115
우주 기상 예보 센터 203
웨인 그레츠키 110
윌리엄 레키 288
유병률 215
음성 예측치 228, 232, 236
일반사회조사 244

ㅈ

재범률 68, 70, 73, 208, 232
전국가족성장조사 96, 140
전국건강영양조사 169
접촉자 추적 62
정규 곡선 28, 57, 94, 96
정규 분포 35, 91, 92, 93, 97, 102, 103, 104, 110, 111, 112, 178, 180, 181, 200, 202
제이콥 예루샬미 157
제임스 조이스 램블 65, 102
제트추진연구소 203
조력 자살 307
조셉 벅슨 148
조정 235
존 앨런 파울로스 72
주피터 16, 17
중심 극한 정리 31, 97, 98
중요성-지속성-우발성 프레임워크 113
지향 가족 77
질병통제예방센터 93, 96, 114, 174
집단 효과 276, 277, 278, 280, 283, 285, 297, 299, 300

ㅊ

체스닷컴 106
출생시 기대 수명 129, 130, 131, 133, 139
출생시 저체중 13
출생시 저체중의 역설 14, 16, 157, 159, 160, 161, 162, 165, 166, 167, 170, 171, 172, 173, 174
충돌 편향 173
친구 관계의 역설 61

ㅋ

카를 프리드리히 가우스 28
캐럴라인 크리아도 페레즈 48
코로나바이러스감염증 48, 61, 62, 151, 155, 198, 209
쿠르즈게작트 204

ㅌ

토드 로즈 50
특이도 209, 213, 214, 220, 227, 228, 230, 231, 240

ㅍ

파이퍼 커먼 66
편의 표본 214
편차 34, 35, 36, 80
표준 편차 38, 39, 80, 104, 143, 144, 181
프레스턴의 역설 83

ㅎ

허위 발견율 216
허위 양성률 215, 216, 231, 232, 236, 241
허위 음성률 231, 232, 236
효율성 15, 222, 224, 225
히스토그램 32

A

ACLU(American Civil Liberties Union) 216, 217, 220
age effect 276
Air Force Anthropometric Survey 37
ANSUR 26, 30, 32, 35, 37, 38, 39, 45, 46, 49, 114
anti-correlated 142
approximately average 37
Atlanta Braves 101

B

backward tracing 62
base rate 210, 215
base rate fallacy 15, 208
Benoit Mandelbrot 196
Berkson's paradox 14, 142

C

calibration 235
Carl Friedrich Gauss 28
Caroline Criado Perez 48
CDC 174
CDF 35, 43, 93, 125
Central Limit Theorem 97
cohort effect 276
collider bias 173
contact tracing 62
convenience sample 214
correlated 142
COVID-19 216, 221
C. P. Snow 145
C. P. 스노우 145

D

Daniel Levitin 109

DRE(Drug Recognition Expert) 216, 217, 218, 219
drugged driving 216

E

effectiveness 222
effective reproduction number 61
Elo rating system 105

F

false discovery rate 216
false negative rate 231
false positive rate 215, 231
family of orientation 77
Federal Bureau of Prisons, BOP 66

G

Garry Kasparov 111
glioblastoma 118
GOAT 110
GSS(General Social Survey) 244, 269
Guinness World Records 101

H

histogram 32

J

Jacob Yerushalmy 157
James Joyce Ramble 65
John Allen Paulos 72
Joseph Berkson 148
Jupyter 16

K

K. Anders Ericsson 108
Kurzgesagt 204
K. 앤더스 에릭슨 108

L

leptokurtotic 57
letdie1 307
lognormal 91
long-tailed 177
low birthweight 13
low-birthweight paradox 14, 157

M

Magnus Carlsen 111
Malcolm Gladwell 108
Marion Tinsley 111
Michael Jordan 110
Michael Lewis 63

N

Nassim Nicholas Taleb 199
Natick Soldier Center 26
National Death Index 169
National Health and Nutrition Examination Survey 169
National Oceanic and Atmospheric Administration, NOAA 203
NBUE 127, 133, 138
negative predictive value 228
NLSY(National Longitudinal Survey of Youth) 142
NSFG(National Survey of Family Growth) 96
NWUE 127

O

Oliver Roeder 115
Overton window 270

P

period effect 277

Piper Kerman 66
positive predictive value 228
prevalence 215
Public Health England 221

R

racopen 306
recidivism 68, 232
representative sample 77
Rolv Lie 166

S

Samuel Preston 7, 76
Sara Hendren 50
Scott Feld 59
sensitivity 209
Serena Williams 110
significance-persistence-contingency framework 113
Simpson's paradox 14, 244
Space Weather Prediction Center 203
specificity 209
superflares 191
superspreader 52

T

Todd Rose 50

U

UCERF 185, 186
UCERF3 200
uncorrelated 142

W

Wayne Gretzky 110
weighted resampling 56

번호

8만 시간 프로젝트 114

통계의 함정

통계의 역설로 본 환상과 거짓

발 행 | 2024년 4월 26일

지은이 | 앨런 B. 다우니
옮긴이 | 김 상 현

펴낸이 | 권 성 준
편집장 | 황 영 주
편 집 | 김 진 아
임 지 원
김 은 비
디자인 | 윤 서 빈

에이콘출판주식회사
서울특별시 양천구 국회대로 287 (목동)
전화 02-2653-7600, 팩스 02-2653-0433
www.acornpub.co.kr / editor@acornpub.co.kr

ISBN 979-11-6175-834-3
http://www.acornpub.co.kr/book/probably-overthinking-it

책값은 뒤표지에 있습니다.